· 数控车削　· 数控铣削　· 综合加工

数控综合加工

廖声洋　周建　主编

黄超　刘勇　黄小琴　参编

四川科学技术出版社

图书在版编目（CIP）数据

数控综合加工 / 廖声洋，周建主编 . — 成都：四川科学技术出版社，2023.4（2025.8 重印）

ISBN 978-7-5727-0940-1

Ⅰ . ①数… Ⅱ . ①廖… ②周… Ⅲ . ①数控机床—加工 Ⅳ . ① TG659

中国国家版本馆 CIP 数据核字 (2023) 第 058222 号

数控综合加工

SHUKONG ZONGHE JIAGONG

廖声洋　周　建　主编

出 品 人　程佳月
责任编辑　王双叶
责任出版　欧晓春
出版发行　四川科学技术出版社
　　　　　成都市锦江区三色路 238 号　邮政编码 610023
　　　　　官方微信公众号 sckjcbs
　　　　　传真 028-86361756
成品尺寸　170 mm × 240 mm
印　　张　20
字　　数　350 千
印　　刷　四川泽杰文化科技有限公司
版　　次　2023 年 4 月第 1 版
印　　次　2025 年 8 月第 2 次印刷
定　　价　38.00 元

ISBN 978-7-5727-0940-1

邮　购：成都市锦江区三色路 238 号新华之星 A 座 25 层　邮政编码：610023
电　话：028-86361770

前　言

本书是根据国家关于职业教育教学改革的意见、职业教育的特点和数控技术的发展以及对职业院校学生的培养要求，按照“任务引领、工作过程导向”的职业教育理念，并参照了国家技能鉴定（中级）标准和行业生产加工编写而成的，是一本典型的“任务式”理实一体化教材。

本书的特点：

（1）坚持以就业为导向，以能力为本位的原则，注重理论与实践的有机结合，重点突出了数控车削加工工艺和技能操作。

（2）以编程和相关知识为基础，以固定器部分零件为载体，坚持适用、够用原则，按照由浅入深、循序渐进的方式介绍，适合中职学生或初学者使用，也可以作为理实一体化教学教材使用。

（3）本书将固定器中典型零件的数控加工工艺（工艺路线的确定、刀具的选择、数控加工工序卡的填写等）和程序编制方法等融合到实训生产中，充分体现了“理、实一体，产、教合一”的职教办学特色。

《数控综合加工》以 GSK980TDi 和 FANUC 0I MF 数控系统的编程和操作为基础，分为 3 个模块，17 个任务，1 到 8 为数控车削加工技术部分，9 到 15 为数控铣削加工技术部分，16 到 17 为综合加工部分。另外，本教材添加了技能鉴定中级数控车工和铣工操作样题，供初学者学习和参考。

本书车削部分由廖声洋主编，铣削部分由周建主编，适合中等职业技术学校和成人教育院校数控技术应用专业使用，也可供机械加工技术、机电技术应用等机电类相关专业选用。

由于时间仓促和编者水平有限，书中疏漏之处在所难免，恳请广大读者批评指正。

2021 年 12 月

目 录

绪　论

一、数控机床概述

1. 数控机床的产生与发展

随着科学技术的发展，机械产品日趋复杂、精密，更新换代越来越频繁，社会对机械产品的质量和生产效率提出了越来越高的要求。在航空航天、造船、军工和计算机等工业中，零件精度高、形状复杂、批量小、经常改动、加工困难、生产效率低、劳动强度大，质量难以保证。加之个性化的需求也使生产类型由大批、大量生产向多品种、小批量生产转化。为解决上述问题，满足多品种、小批量、复杂、高精度零件的自动化生产，迫切需要一种灵活、通用、高精度、高效率的“柔性”自动化生产设备——数控机床就是在这种情况下应运而生的。

世界上第一台数控机床是 1952 年美国 PARSONS 公司与麻省理工学院（MIT）合作研制的三坐标数控铣床，它综合应用了电子计算机、自动控制、伺服驱动、精密检测与新型机械结构等多方面的技术成果，可用于加工复杂曲面零件。1958 年我国北京机床研究所和清华大学开始研制数控机床，1965 年北京第一机床厂开始生产三坐标数控铣床。

数控机床的发展先后经历了电子管（1952 年）、晶体管（1959 年）、小规模集成电路（1965 年）、大规模集成电路及小型计算机（1970 年）和微处理机或微型机算机（1974 年）等五代数控系统。

2. 数控技术的基本概念

数字控制（numerical control，NC），是指用输入数控装置的数字化信息来控制机械执行预定的动作，其数字信息包括字母、数字和符号。

用数字化信息对机床的运动及其加工过程进行控制的机床，称作数控机床。早期的数控机床的 NC 装置是由各种逻辑元件、记忆元件组成随机逻辑电路，是固定接线的硬件结构，由硬件来实现数控功能，称作硬件数控，用这种技术实现的数控机床一般称作 NC 机床。

计算机数控（computer numerical control，CNC），是采用微处理器或专用微机的数控系统，由事先存放在存储器里的系统程序（软件）来实现逻辑控制，实现部分或全部数控功能，并通过接口与外围设备进行连接，称为 CNC 系统，这样的机床一般称为 CNC 机床。

二、数控机床的组成与分类

1. 数控机床的组成

数控机床一般由输入/输出装置、数控装置、伺服驱动及检测装置、可编程控制器及电气控制装置、检测反馈系统、机床本体等部分组成，如下图 0－1 所示。

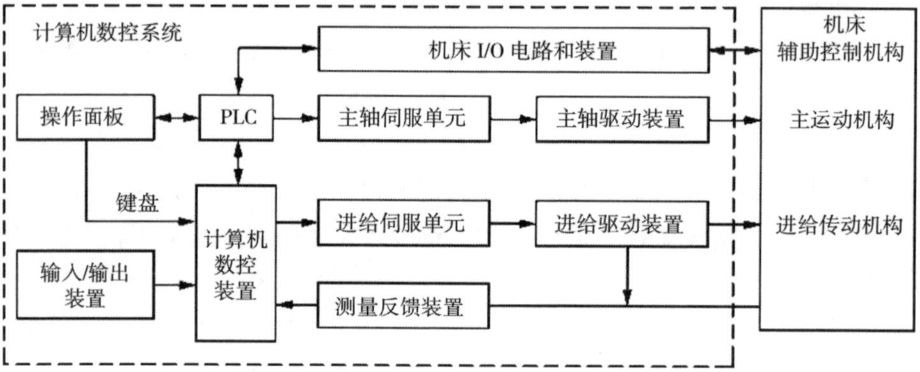

图 0－1　数控机床的组成

（1）输入/输出装置。输入装置的作用是将记录在信息载体（如磁盘）上的数控加工程序和各种参数、数据通过输入设备送到数控装置，输入方式有磁盘、键盘（MDI）、手摇脉冲发生器等。

输出装置的作用是使数控系统通过显示器为操作人员提供必要的信息。各种类型数控机床中最直观的输出装置是显示器，显示器有 CRT（阴极射线管）显示器和彩色液晶显示器两种。

（2）数控装置。数控装置是一种专用计算机，一般由中央处理器（CPU）、存储器、总线和输入/输出接口等构成。数控装置是整个数控机床数控系统的核心，决定了机床数控系统功能的强弱。

（3）伺服驱动及检测装置。伺服驱动及检测装置是数控机床的关键部分，它影响数控机床的动态特性和轮廓加工精度。伺服系统包括伺服单元、伺服驱动装置（或执行机构）等，是数控系统的执行部分。其作用是把来自数控装置的脉冲信号转换成机床移动部件的运动。

（4）可编程控制器及电气控制装置。可编程控制器与数控装置协调配合共同完成对数控机床的控制，其中数控装置主要完成与数字运算和管理等有关的功能，如零件程序的编辑、插补运算、译码、位置伺服控制等。它接收计算机数控装置的控制代码 M（辅助功能）、S（主轴转速）、T（选刀、换刀）等顺序动作信息，对顺序动作信息进行译码，转换成对应的控制信号，控制辅助装置完成机床相应的开关动作，如工件的装夹、刀具的更换、冷却液的开关等一些辅助动作。它还接收来自机床操作面板的指令，一方面直接控制机床的动作，另一方面将一部分指令送往数控装置用于加工过程的控制。

（5）检测反馈系统。检测反馈系统的作用是对机床的实际运动速度、方向、位移量以及加工状态加以检测，把检测结果转化为电信号反馈给数控装置，通过比较，计算出实际位置与指令位置之间的偏差，并发出纠正误差指令。检测反馈系统可分为半闭环和闭环两种。半闭环系统中，位置检测主要使用感应同步器、磁栅、光栅、激光测距仪等。

（6）机床本体。机床本体包括机床的主运动部件、进给运动部件、执行部件和底座、立柱、刀架、工作台等基础部件。

2. 数控机床的分类

数控机床的种类见表 0 - 1。

表 0 - 1　数控机床的分类

序号	分类方式	分类	应用
1	按控制系统特点	点位控制系统	数控坐标镗床、数控钻床、数控冲床等
		直线控制系统	数控车床、数控磨床等
		连续控制系统	加工中心等
2	按伺服系统	开环控制系统	适用于经济型数控机床和旧机床数控化改造
		半闭环控制系统	中档数控机床广泛采用半闭环数控系统
		闭环控制系统	一些精度高的数控铣床、超精数控车床、加工中心等
3	按数控机床的性能	低档数控机床	主要用于车床、线切割机床以及旧机床的数控化改造等
		中档数控机床	常采用半闭环控制系统
		高档数控机床	常采用闭环控制系统，主要用于高精度的数控机床

续表

序号	分类方式	分类	应用
4	按工艺用途	金属切削类数控机床	数控车床、数控钻床、数控铣床、数控磨床、数控镗床、加工中心等
		金属成型类数控机床	数控折弯机、数控组合冲床、数控弯管机等
		数控特种加工机床	数控线切割、数控电火花、数控激光切割机床等
		其他类型的数控机床	数控三坐标测量机

三、数控机床加工的优缺点与发展趋势

1. 数控机床加工与传统机床加工相比，具有以下优缺点

1）数控机床加工的优点

①自动化程度高；②加工精度高，质量稳定；③生产效率高；④适应性强；⑤便于实现计算机辅助设计与计算机辅助制造。

2）数控机床加工的缺点

①加工成本一般较高；②只适宜于多品种小批量或中批量生产；③加工过程中难以调整；④维修困难。

2. 数控技术的发展趋势

目前，数控机床的发展日新月异，高速化、高精度化、高可靠性、复合化、智能化、开放化、并联驱动化、网络化、极端化、绿色化已成为数控机床发展的趋势和方向。

1）高速化

高速化即高转速、高进给速度、高运算速度和高换刀速度。

（1）主轴转速：机床采用电主轴（内装式主轴电机），主轴最高转速达 200 000 r/min。

（2）进给率：在分辨率为 0.01 μm 时，最大进给率达到 240 m/min 且可获得复杂型面的精确加工。

（3）运算速度：微处理器的迅速发展为数控系统向高速、高精度方向发展提供了保障，开发出的 CPU 已发展到 32 位以及 64 位的数控系统，频率提高到几百兆赫、上千兆赫。由于运算速度的极大提高，使得当分辨率为 0.1 μm、0.01 μm 时仍能获得 24～240 m/min 的进给速度。

（4）换刀速度：目前国外先进加工中心的刀具交换时间普遍已在 1 s 左右，高的已达 0.5 s。德国 Chiron 公司将刀库设计成篮子样式，以主轴为轴

心，刀具在圆周布置，其刀到刀的换刀时间仅0.9 s。

2）高精度化

数控机床精度的要求现在已经不局限于静态的几何精度，机床的运动精度、热变形以及对振动的监测和补偿越来越获得重视。

（1）提高CNC系统控制精度：采用高速插补技术，以微小程序段实现连续进给，使CNC控制单位精细化，并采用高分辨率位置检测装置，提高位置检测精度（日本已开发装有106脉冲/转的内藏位置检测器的交流伺服电机，其位置检测精度可达到0.01 μm/脉冲），位置伺服系统采用前馈控制与非线性控制等方法。

（2）采用误差补偿技术：采用反向间隙补偿、丝杆螺距误差补偿和刀具误差补偿等技术，对设备的热变形误差和空间误差进行综合补偿。研究结果表明，综合误差补偿技术的应用可将加工误差减少60%～80%。

（3）采用网格解码器检查和提高加工中心的运动轨迹精度，并通过仿真预测机床的加工精度，以保证机床的定位精度和重复定位精度，使其性能长期稳定，能够在不同运行条件下完成多种加工任务，并保证零件的加工质量。

3）高可靠性

数控机床的可靠性是产品质量关键性指标，数控机床能否发挥其高精度、高性能、高效率并获得良好效益，关键取决于可靠性。随着复合功能的增多和密集型技术的引入，数控机床的故障隐患增多，先进功能和性能不稳定，先进性失去意义。数控机床的可靠性由指标MTBF衡量，MTBF即mean time between failures（平均故障间隔时间）。MTBF值越高，数控机床的可靠性就越高。国外数控系统平均无故障时间超过7万小时，国产数控系统平均无故障时间仅为1万小时左右，国外整机平均无故障工作时间在800小时以上，而国内最高只有300小时。

4）功能复合化

功能复合化是指在一台机床上实现或尽可能完成从毛坯至成品的多种要素加工。根据其结构特点可分为工艺复合型和工序复合型两类。工艺复合型机床如镗铣钻复合——加工中心、车铣复合——车削中心、铣镗钻车复合——复合加工中心等；工序复合型机床如多面多轴联动加工的复合机床和双主轴车削中心等。采用复合机床进行加工，减少了工件装卸、更换和调整刀具的辅助时间以及中间过程中产生的误差，提高了零件加工精度，缩短了产品制造周期，提高了生产效率和制造商的市场反应能力，相对于传统的工序分散的生产方法具有明显的优势。

加工过程的复合化导致了机床向模块化、多轴化发展。德国 Index 公司最新推出的车削加工中心是模块化结构，该加工中心能够完成车削、铣削、钻削、滚齿、磨削、激光热处理等多种工序，可完成复杂零件的全部加工。目前世界主流的数控系统依然是五轴联动式，少数数控系统向更多轴数发展，西门子 880 系统控制轴数可达 24 轴。

5）控制智能化

随着人工智能技术的发展，为了满足制造业生产柔性化、制造自动化的发展需求，数控机床的智能化程度在不断提高。具体体现在以下几个方面。

（1）加工过程自适应控制技术：通过监测加工过程中的切削力、主轴和进给电机的功率、电流、电压等信息，利用传统的或现代的算法进行识别，以辨识出刀具的受力、磨损、破损状态及机床加工的稳定性状态，并根据这些状态实时调整加工参数（主轴转速、进给速度）和加工指令，使设备处于最佳运行状态，以提高加工精度、降低加工表面粗糙度并提高设备运行的安全性。

（2）加工参数的智能优化与选择：在工艺专家或技师的经验、零件加工的一般与特殊规律基础上，用现代智能方法，构造基于专家系统或基于模型的“加工参数的智能优化与选择器”，利用它获得优化的加工参数，从而达到提高编程效率和加工工艺水平、缩短生产准备时间的目的。

（3）智能故障自诊断与自修复技术：根据已有的故障信息，应用现代智能方法实现故障的快速准确定位。

（4）智能故障回放和故障仿真技术：能够完整记录系统的各种信息，对数控机床发生的各种错误和事故进行回放和仿真，用以确定错误引起的原因，找出解决问题的办法，积累生产经验。

（5）智能化交流伺服驱动装置：能自动识别负载，并自动调整参数的智能化伺服系统，包括智能主轴交流驱动装置和智能化进给伺服装置。这种驱动装置能自动识别电机及负载的转动惯量，并自动对控制系统参数进行优化和调整，使驱动系统获得最佳运行。

（6）智能 4M 数控系统：在制造过程中，加工、检测一体化是实现快速制造、快速检测和快速响应的有效途径，将测量（measurement）、建模（modelling）、加工（manufacturing）、机器操作（manipulator）四者（即 4M）融合在一个系统中，实现信息共享，促进测量、建模、加工、装夹、操作的一体化。

数控车削篇

学习任务1　数控车床的基本操作

学习目标

◎知识目标

1. 了解数控车床的结构、原理、分类特点。
2. 了解控制面板上各功能键的作用与意义。
3. 掌握程序的新建、编辑、输入和验证的操作步骤。
4. 掌握数控车床程序的基本格式和常用功能字的含义。
5. 了解数控车床上常用程序指令的分类。

◎能力目标

1. 能正确、规范地开、关数控车床，启动主轴。
2. 能在数控车床上正确新建、编辑、输入、修改、删除和校验加工程序。

◎素养目标

1. 培养学生认真、细致的学习态度。
2. 养成安全、文明的操作习惯。

学习任务

认识 GSK980TDi 系统数控车床，了解控制面板上各功能键的作用，将表1-1中的数控程序手动输入到数控装置中，并对程序进行校验（空运行）。

表1-1　数控程序

○0001;	G1 X20.5 Z-10;
M03 S800 T0101;	G1 X28.5 Z-19;
G0 X40 Z2;	G0 X100 Z100;
G0 X28.5 Z2;	M05;
G1 X28.5 Z-30 F150;	M00;
G0 X30 Z2;	M03 S1200 T0101;
G0 X26 Z2;	G0 X18 Z2;

续表

G1 X26 Z-10;	G1 Z0;
G1 X28.5 Z-13;	X20 Z-1 F120;
G0 X30 Z2;	Z-10;
G0 X23 Z2;	X30 Z-20;
G1 X23 Z-10;	Z-30;
G1 X28.5 Z-16;	X30;
G0 X30 Z2;	G0 X100 Z100;
G0 X20.5 Z2;	M30;

学习流程

认识数控车床 → 认识GSK980TDi控制面板 → 程序的编辑与校验

学习过程

一、认识数控车床

应知

（1）数控车床的分类、组成、结构和特点。

（2）数控车床的安全操作规程。

应会

（1）能判断数控车床的结构、类型。

（2）牢记数控车床的安全操作规程，养成安全、文明的操作习惯。

知识探究

（一）数控车床的分类

数控车床只是数控机床中的一种，主要用于对各种形状不同的轴类或盘类回转表面进行车削加工。在数控车床上（见图1-1）可以进行钻中心孔、钻孔、镗孔、铰孔、车端面、切槽、车螺纹、滚花、车锥面、车成型面、攻螺纹以及高精度的曲面及端面螺纹等的加工。

1. 按数控系统的功能分类

（1）经济型数控车床。一般采用步进电动机驱动的开环伺服系统。

（2）全功能型数控车床。全功能型数控车床一般采用闭环或半闭环控制系统，可以进行多个坐标轴的控制，具有高刚度、高精度、高效率等特点。

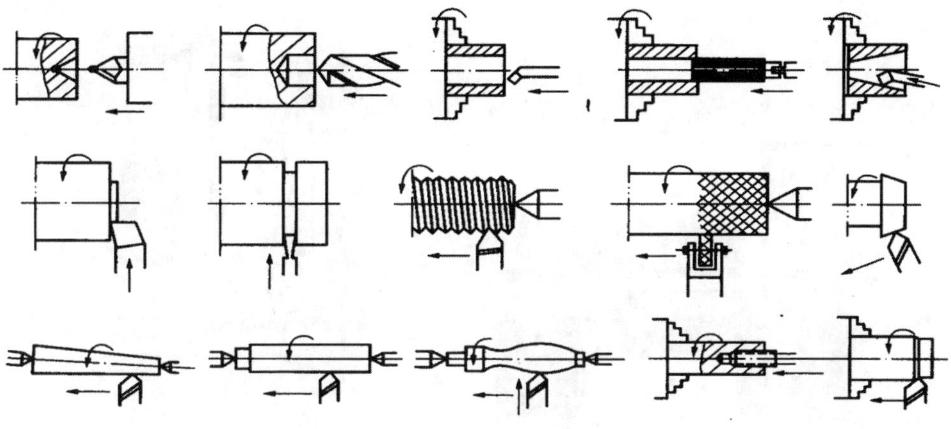

图1-1　数控车削加工的基本内容

（3）车削中心。车削中心是一种复合加工机床，工件在一次装夹后，它不但能完成对回转型面的加工，还能完成回转零件上个各表面的加工，如圆柱面或端面上铣槽或平面等。图1-2为双主轴、双刀架工序集约型复合式车削中心，图1-3为车削中心上的铣削零件。

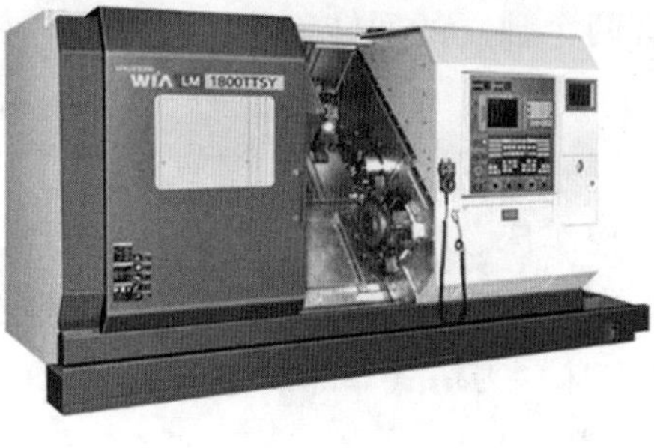

图1-2　复合式车削中心

图1-3　车削中心铣削零件

（4）FMC车床。FMC（flexible manufacturing cell，柔性加工单元）车床实际上是一个由数控车床、机器人等构成的柔性加工单元，它能实现工件搬运、装卸的自动化和加工调整准备的自动化。

2. 按主轴的配置形式分类

（1）卧式数控车床。即主轴轴线处于水平位置的数控车床，如图1-4所示。

（2）立式数控车床。即主轴轴线处于垂直位置的数控车床，如图1-5所示。

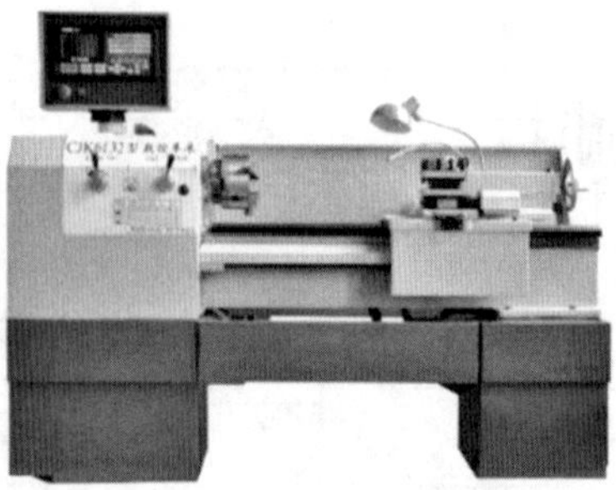

图1-4 卧式数控车床

图1-5 立式数控车床

此外，还有具有两根主轴的车床，称为双轴卧式数控车床或双轴立式数控车床。

3. 按数控系统控制的轴数分类

（1）两轴控制的数控车床。机床上只有一个回转刀架，可实现两坐标轴控制。

（2）四轴控制的数控车床。机床上有两个独立的回转刀架，可实现四轴控制。

4. 其他分类方法

按加工零件的基本类型分为卡盘式数控车床、顶尖式数控车床；按数控系统的不同控制方式分为直线控制数控车床、轮廓控制数控车床等；按性能可分为多主轴车床、双主轴车床、纵切式车床、刀塔式车床、排刀式车床等；按刀架数量可分为单刀架数控车床和双刀架数控车床。

（二）数控车床的组成以及布局

1. 数控车床的组成

数控车床与普通车床相比，其结构上仍然是由床身、主轴箱、刀架、进给传动系统、液压、冷却、润滑系统等部分组成。但数控车床的进给系统与普通车床的进给系统在结构上存在着本质上的差别。数控车床是采用伺服电机经滚珠丝杆传到滑板和刀架，实现纵向（*Z* 向）和横向（*X* 向）进给运动。因此，数控车床进给传动系统的结构大为简化。

2. 数控车床的布局

数控车床的主轴、尾座等部件相对于床身的布局形式与普通车床基本一致，而刀架和导轨的布局形式发生了根本的变化，这是因为其直接影响数控车床的使用性能及机床的结构和外观所致。

数控车床的床身导轨与水平面的相对位置有多种形式，如下图1－6所示，它有4种布局形式，图1－6（a）为水平床身；图1－6（b）为斜床身；图1－6（c）为平床身；图1－6（d）为立床身。

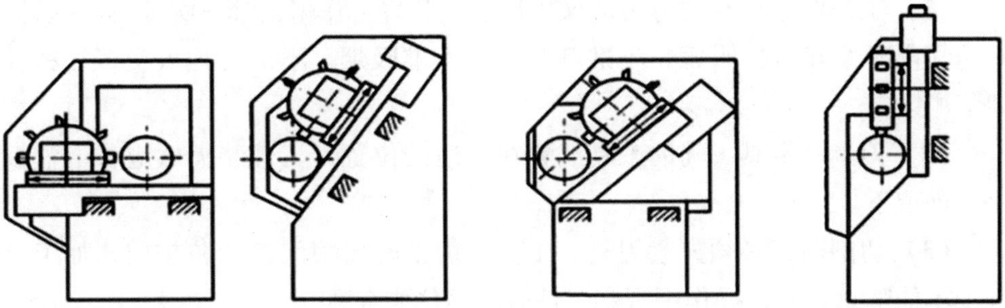

（a）　（b）　（c）　（d）

图1－6　数控车床的布局形式

（1）水平床身。水平床身配置水平滑板和刀架，工艺性好，一般用于大型数控车床或小型精密数控车床。但水平床身排屑困难，刀架水平放置加大了机床宽度方向的结构尺寸。

（2）斜床身。斜床身配置斜滑板，这种结构的导轨倾斜角度多采用45°和60°。整体床身刚性好、排屑方便。

（3）平床身。平床身配置倾斜放置的滑板，这种结构一方面具有工艺性好的特点，另一方面机床宽度方向尺寸较小，排屑方便，一般被中小型数控车床采用。

（4）立床身。立床身配置90°的滑板，即导轨倾斜角度为90°的滑板。

由于水平床身配置倾斜放置的滑板和斜床身配置斜滑板布局，具有排屑容易，便于安装自动排屑器；操作方便，易于安装机械手，以实现单机自动化；机床外观简洁、美观，占地面积小，容易实现封闭式防护等特点，所以中小型数控车床普遍采用这两种形式。

3. *刀架的布局*

刀架作为数控车床的重要部件之一，它对机床整体布局及工作性能影响很大。数控车床的刀架分为转塔式和排刀式刀架两大类。

转塔式刀架是普遍采用的刀架形式，它通过转塔头的旋转、分度、定位来实现机床的自动换刀工作。转塔式回转刀架有两种形式：一种主要用于加工盘类零件，其回转轴线垂直于主轴；另一种主要用于加工盘类零件和轴类零件，其回转轴线与主轴平行。两坐标联动数控车床一般采用 6 ~ 12 工位转塔式刀架。

排刀式刀架主要用于小型数控车床，适用于短轴或套类零件加工。

（三）数控车床安全操作规程

（1）工作前必须穿戴好劳动保护用品，戴好工作帽，禁止穿凉鞋、拖鞋。高速切削时戴好防护眼镜，不准戴手套，不准吸烟，不准与他人交谈，精神要集中。

（2）刀具、量具、辅助工具放置在合适的位置，工件装夹后应将卡盘扳手立即取下。

（3）切削前，必须夹紧刀具、工件，加工时要关闭机床防护门，加工过程中不能随意打开，操作中观察工件时，站位要合适。

（4）换刀时，刀架应远离卡盘和工件。在手动移动托板或对刀时，要正确使用快速移动键，刀尖接近工件的进给速度不能太快。

（5）自动加工之前，必须通过程序模拟或经过指导老师检查无误后，才能自动运行加工。

（6）不得随意删除机内的程序，且不能随意调出程序进行自动加工。

（7）加工时，不得用手清除切屑，可用铁钩清理，发现铁屑缠绕工件时，应停车清理。

（8）机床只能单人操作，不能多人同时操作，加工时，决不能把头伸向刀架附近观察，以防发生事故。

（9）工件转动时，严禁测量工件、清洗机床、用手去摸工件，更不能用手制动主轴头。

（10）使用活顶尖时要经常检查顶尖转动是否正常，发现问题立即停车检查；尾座不用时，要放远一些，以免碰手。

（11）关机之前，应将溜板停在 X 轴、Z 轴的中央区域。

二、认识 GSK980TDi 控制面板

应知

（1）数控 GSK980TDi 控制面板上各功能键的作用。

（2）数控车床开机、关机以及主轴初始转速的设置操作步骤。

应会

（1）熟悉各功能键的作用和位置。

（2）能正确开、关数控车床，设置主轴初始转速。

知识探究

（一）认识 GSK980TDi 数控车床操作面板

GSK980TDi 车床数控系统操作面板如图 1－7 所示，这是广州数控设备有限公司研制的经济与普及型数控系统。整个面板分为三个部分：左上角为液晶画面；右上角为编辑键盘部分；在此面板下，可以进行程序的编辑、位置的显示、刀补及参数的设置等；下半部分是机床控制显示区域，此界面用于机床辅助功能设定，诸如主轴正反转、冷却液的开关、进给速率的调整等一系列的功能。

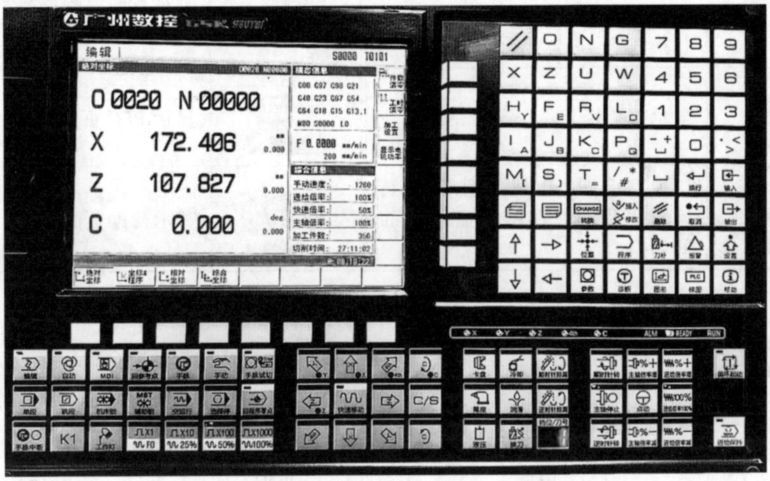

图 1－7　操作面板

1. 屏幕操作键显示

页面键是用于选择各种显示画面的，如图 1－8 所示。GSK980TDi 共有十种显示画面：位置、程序、刀补、报警、设置、参数、诊断、图形、梯图和帮助，其用途见表 1－2。

图 1－8　页面键与编辑键

表 1-2　页面区部分按键作用

图标	用途	图标	用途
	按下此键，LCD 显示现在位置，共有四页：[相对坐标]、[绝对坐标]、[综合]、[程监]，通过翻页键转换		系统参数及螺补参数显示，共有两项：[参数]、[螺距补偿参数]
	程序的显示、编辑等，共有三页：[MDI/模]、[程序]、[目录/存储量]		诊断信息及软键盘机床面板显示，反复按此键时在两种显示页面间切换
	设定补偿量和宏变量，共有两项：[偏置]、[宏变量]，反复按此键时在两种显示页面间切换		空运行时，图形显示页面
	显示报警信息		显示 PLC 页面
	设置显示及加工轨迹图形显示，反复按此键时在两种显示页面间切换		显示帮助页面

2. 键盘区部分按键作用

键盘区部分按键如图 1-8 所示，其按键用途见表 1-3。

表 1-3　键盘区部分按键作用

图标	用途	图标	用途
	复位键：解除报警、CNC 复位、光标回到程序起点		按下此键后，光标会自动跳到下一行
	从 PS232 接口输出文件启动		位参数、位诊断含义显示方式样的切换
	用于输入参数、补偿量等数据，MDI 方式下程序段指令的输入，从 PS232 接口输入文件的启动		编辑程序时插入或修改字符
	消除输入到键入缓冲寄存器中的字符或符号，即向前删除字符		删除程序或字符（向后删除）
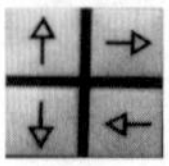	光标移动键：使光标向下或向上移动一个区分单位，持续地按光标上下键时，可使光标连续地移动		翻页键：使 LCD 画面的页向上或向下

3. 机床面板控制显示区上各键的作用

机床面板控制显示区的各个按键如图1-9所示，其按键用途见表1-4。

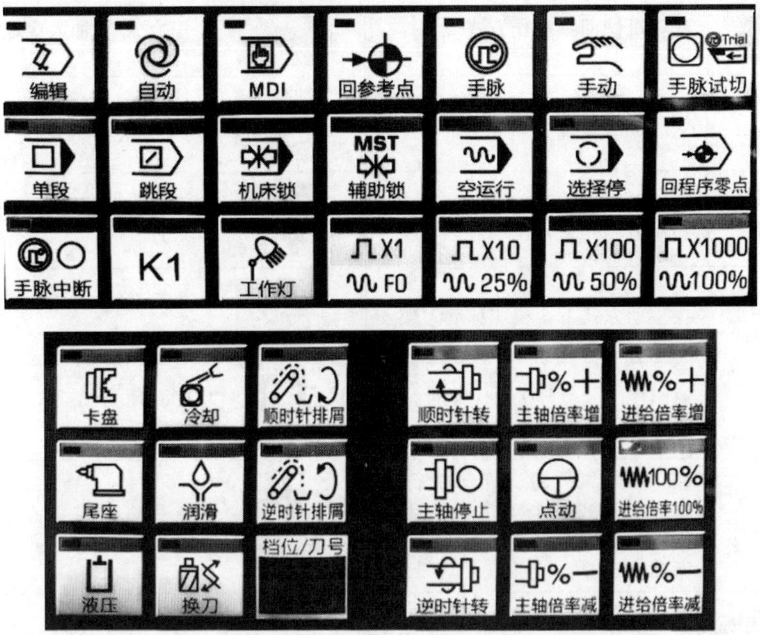

图1-9　机床面板控制显示区上的各个按键

表1-4　机床操作面板上的各键作用

图形	作用	图形	作用
	自动运行的启动		程序跳段
	自动运行中刀具减速停止（暂停作用），若需继续执行，要再次按［循环启动］键		在自动方式下，按键灯亮起，刀架不移动，M、S、T都能执行，主要用于程序校验
	在录入操作方式下，可以设置主轴转速、刀具以及运行简单的程序等操作		在自动方式下，按键灯亮起，M、S、T代码指令不执行，机床被锁住，主要用于程序校验
	在自动操作方式下可进行加工、空运行操作		在自动方式下，按键灯亮起，可以看到刀具移动的轨迹，主要用于程序校验
	在编辑操作方式下，可进行程序的建立、修改、删除等操作		按钮亮起时，程序里面使用的M01指令起作用

续表

图形	作用	图形	作用
回参考点	选择机械回零操作方式	冷却	开始/停止加入冷却液
手动	在手动操作方式时，可进行对刀、换刀等操作	润滑	开始/停止加入润滑液
手脉	使用手轮操作时，可进行对刀和换刀操作	换刀	在手动或手轮方式下，手动换刀
快速移动	在手动方式下，快速移动刀架	顺时针转	在手动方式下，主轴反转起动
回程序零点	返回程序起点开关为 ON 时，为回程序零点方式	逆时针转	在手动方式下，主轴正转起动
单段	在自动或录入方式下，执行一个程序段或一个动作后就会停止，若要继续执行，需再次按循环启动键	主轴停止	在手动方式下，停止主轴转动
主轴倍率增 主轴倍率减	可改变主轴的速度（含主轴模拟输出时）		
X1 F0　X10 25%　X100 50%　X1000 100%	在手动、自动和手轮状态下的快速倍率和进给量调节开关		
进给倍率增 进给倍率减	在手动和自动运行中，也可以对由程序指定的进给速度倍率进行调节，进给速度倍率按键具有 0 ~ 150% 的倍率共 16 挡		

4. 车床基本操作

1）开机操作

（1）合上总电源开关（由师傅操作）。

（2）打开机床主电源开关，通常在车床的背面。

（3）打开 CNC 控制器面板电源开关（顺时针方向旋转急停开关），使其跳起，等待机器运转 3 ~ 5 min（暖机）。

2）关机操作

（1）确认 X 轴、Z 轴已处于停止状态。

（2）确认辅助功能（如主轴、冷却液等）已关闭。

（3）先切断 CNC 控制器电源，再切断机床主电源。

3）设置主轴初始转速

车床开机后，直接按面板上的［逆时针转］键，车床主轴不会启动，需先在录入方式下设置初始转速。具体操作步骤：按下［MDI］键进入录入方式→按［程序］键→进入画面（见图1－10）→输入“M03 S800;”→按［输入］键→按［循环启动］钮，主轴开始转动。如要停止，需在［手动］或［手轮］方式下→选择［主轴停止］键。

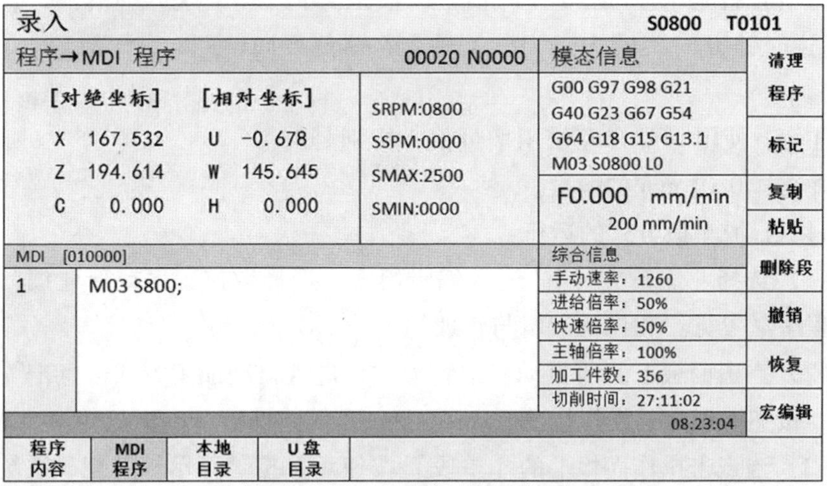

图1－10　初始转速的设定窗口

4）手动进给与手轮进给

A. 手动进给

按下［手动］方式，进入手动操作方式，这时屏幕左上角显示“手动”。点击操作面板上的  、  、  、  按钮，可使机床在 X 轴和 Z 轴的正、负方向移动，通过改变进给倍率 

和 

可调节移动速度。在移动时，若按下［快速移动］键  时，按键指示灯亮，刀架会以系统设定的快速进给速度移动，移动时可通过快速倍率键 

来调节移动速度。

注：快速移动在手动操作时要合理使用，刀具快接近工件时应取消快速移动即关掉  的指示灯，以免发生碰撞。

B. 手轮进给

图1-11　手轮

选择［手轮］方式，这时屏幕左上角显示“手轮”，再选择适当的移动增量：

增量值依次为 0.001 mm、0.01 mm、0.1 mm 和 1 mm，最后利用手轮如图 1-11 所示进行操作。操作时，顺时针旋转为退刀（*X* 轴、*Z* 轴正方向移动），逆时针方向旋转为进刀（*X* 轴、*Z* 轴负方向移动）。

注意：使用时要合理使用增量值，特别是对刀时最好选择 0.01 mm 的增量。

5）自动/单段方式的运行

（1）选择［编辑方式］，进入编辑模式，选择数控程序或新建编写一个完整程序（参见“程序的编辑与管理”）。

（2）点击面板上的［自动］运行方式，进入自动加工方式，点击［循环启动］按钮，程序开始执行。

（3）当点击操作面板上的［单段］按钮后，按键指示灯变亮，系统以单段程序方式执行，即点击一次［循环启动］按钮执行一个程序段，如果再按［循环启动］按钮，则执行下个程序段后停止。

注意：没有对程序进行检验和对刀操作，不能按［循环启动］按钮，以免发生事故。

6）车床紧急处理

如遇到不正常情况需要车床紧急停止时，可通过下列操作方法之一来实现。

A. 按［急停］按钮

图1-12　［急停］按钮

由于用户编程、操作以及产品故障原因，可能会出现一些意想不到的结果。此时必须使机床立即停止工作。这时及时地按下急停开关（见图 1-12），CNC 进入急停状态，此时机床的移动立即停止，主轴的转动、冷却液等输出全部关闭，同时闪烁报警信号。解除的方法是旋转后解除，CNC 进入复位状态。

注意：解除急停报警前必须确认故障已排除。

B. 按［RESET（复位）］键

在自动和手动数据输入运行方式下按［RESET］键 ，则车床全部运动均停止（包括主轴M、S功能全部停止）。

C. 按［进给保持］键

在自动和手动数据输入运行方式下，按［进给保持］键，可暂停正在执行的程序或程序段（但在车削螺纹、循环指令运行过程中不能立即停止），车床刀架停止运动，但车床的其他功能有效。当需要恢复车床运行时，按［循环启动］按钮，该键灯亮。此时程序暂停被解除，车床从当前位置开始继续执行下面的程序。

7）报警处理

在操作或运行过程中，如果刀具进入了由参数规定的禁止区域（存储行程极限），则显示超程报警，刀具减速后停止。此时用手动，把刀具向安全方向移动，按复位按钮，解除报警；若出现其他报警如程序报警，可通过修改程序中的错误后再按复位按钮，即可解除报警；对于设定数据方面的错误报警，只有修改指定的参数才可以解除。

三、程序的编辑与校验

应知

（1）程序的结构与格式。

（2）常用数控功能指令的格式与应用。

（3）程序的新建、编辑、校验的步骤。

应会

（1）掌握数控程序的结构与格式。

（2）能说出常用功能字的格式与应用。

（3）能正确输入程序并验证程序。

知识探究

（一）数控程序的结构与格式

一个完整的数控加工程序，由程序号、程序内容和程序结束指令三部分组成。如图1－13所示，以GSK980TDi数控车床的控制系统为例来说明程序的结构。

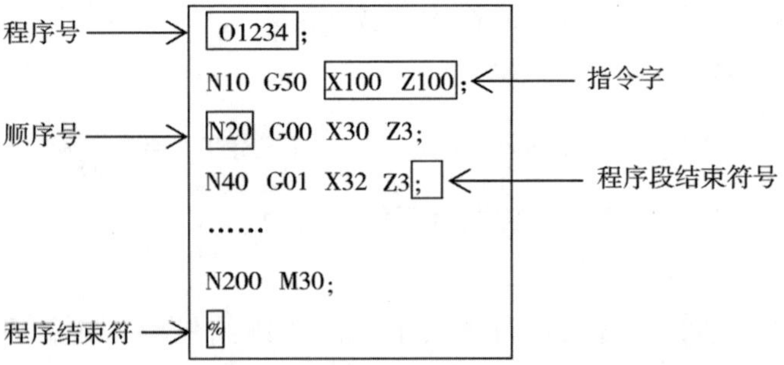

图 1－13　程序的结构

程序号：位于程序主体之前，是程序的开始部分，独占一行，每个程序必须要有程序号。一般由规定的英文字母 O 开头，后面紧跟若干位数字组成。常用的是 2 位和 4 位两种，本系统由 0000 ~ 9999 组成，前零可以省略。

程序内容：由若干个程序段组成。在书写和打印时，一个程序段一般占一行，根据机床的参数设置不同，程序中的顺序号可有，也可无。

程序结束：指令位于程序主体的后面，可用 M02（程序结束）或 M30（光标返回到开始）。

（二）常用数控指令的分类与含义

不同的数控系统对编程指令规定的含义有一定差异，我们在使用的过程中一定要对应系统指令，不然可能会造成对零件、机床甚至使用者的伤害事故。广数系统和法拉克系统的指令基本相同。

根据指令功能不同一般将指令分为：准备功能指令（G 代码）、辅助功能指令（M 代码）和工艺指令（F、S、T）。根据指令作用范围的不同将数控指令分为：模态指令和非模态指令，具体参照表 1－5。

表 1－5　常用的 G 代码一览表

代码	组别	格式	说明
* G00	01	G00 X(U)__Z(W) __	定位，快速移动
G01		G01 X(U)__Z(W) __ __F	直线插补
G02		G02 X(U)_Z(W)_R_(I_K_) F_	顺时针圆弧插补
G03		G03 X(U)_Z(W)_R_(I_K_) F_	逆时针圆弧插补
G04	00	G04 P_;或 G04 X_;	暂停
G20	06	G20	英制单位选择
* G21	06	G21	公制单位选择
G28	00	G28 X(U)__Z(W) __	返回参考点，X、Z 指定中间点

续表

代码	组别	格式	说明
* G40	07	G40	刀具半径补偿取消
G41		G41	左侧刀具半径补偿
G42		G42	右侧刀具半径补偿
G32	01	G32 X(U)__Z(W) __F(I)	等螺距螺纹切削
G33		G33 Z(W) __F(I)	攻丝循环
G34		G34 X(U)__Z(W) __F(I) K__	变螺距螺纹切削
G50	00	G50 X(U)__Z(W)__	坐标系设定
G65		G65 Hm P#I Q#J R#K	宏指令
G70	00	G70 P(ns) Q(nf)	精加工循环
G71		G71 U(ΔD) R(E) G71 P(NS) Q(NF) U(ΔU)W(ΔW) F(F) S(S)T(T)	外圆粗车循环
G72		G72 W (ΔD) R (E) G72 P(NS) Q(NF) U(ΔU) W(ΔW) F(F) S(S)T(T)	端面粗车循环
G73		G73 U (ΔI) W (ΔK) R (D) G73 P(NS) Q(NF) U(ΔU) W(ΔW) F(F) S(S)T(T)	封闭切削循环
G74		G74 R(e) G74 X(U) Z(W) P(Δi) Q(Δk) R(Δd) F(f)	端面深孔加工循环
G75		G75 R(e) G75 X(U) Z(W) P(Δi) Q(Δk) R(Δd) F(f)	外圆、内圆切槽循环
G76		G76 P(m) (r) (a) Q(△dmin) R(d) G76 X(U) Z(W) R(i) P(k) Q(△d)F(L)	复合型螺纹切削循环
G90	01	G90 X(U)__ Z(W)__ R__ F__	外圆、内圆车削循环
G92		G92 X(U)__ Z(W)__ R__ F(I)__J__K__	螺纹切削循环
G94		G94 X(U)__ Z(W)__ R__ F__	端面车削循环
G96	02	G96 S	恒线速控制
* G97		G97 S	取消恒线速控制
* G98	03	G98	每分进给
G99		G99	每转进给

注：(1) 带有*记号的G代码，当电源接通时，系统处于这个G代码的状态即初态指令。
(2) 00组的G代码是非模态指令代码，其余都是模态指令。

模态指令：当行指定后该功能或状态一直有效，直到遇到同组的其他G代码后才失效的指令；非模态指令：只在当行起作用，下一行就失效的指令，比如G04、G28、G50等。

1. 准备功能G指令

准备功能G指令由G后一位或两位数字组成，它用来规定刀具和工件的相对运动轨迹、机床坐标系、坐标平面、刀具补偿、坐标偏置等多种加工操作，常见G代码见表1-5。

2. 主轴功能 S 指令

主轴功能 S 指令用来控制主轴转速，其后的数值表示主轴速度，单位为 r/min。使用恒线速度（G96 恒线速度有效、G97 取消恒线速度）功能时，S 指定切削线速度，其后的数值单位为 m/min。S 是模态指令，只有在主轴速度可调节时有效。S 所编程的主轴转速可以借助机床控制面板上的主轴倍率开关来控制。

3. 进给功能 F 指令

进给功能字又称为 F 功能或 F 指令，由地址符 F 与其后的若干位数字组成，用来表示刀具的进给速度（或称进给率），单位有 mm/min 和 mm/r 两种。在准备功能中常使用 G98 代码来指定 mm/min，如：F120；用 G99 代码来指定 mm/r。当进给速度与主轴转速有关时（如车削螺纹），单位为 mm/r。

4. 刀具功能 T 指令

T 表示刀具地址符，T 代码用于选择刀架或刀具库中的刀具。GSK980TDi 由 4 位组成，其中前两位数表示刀具号，后两位数表示刀具补偿号（存储或修改对刀数据的位置），如 T0101，也可以写成 T0105。

5. 辅助功能 M 指令

辅助功能由地址字 M 和其后的一位或两位数字组成，主要用于控制零件程序的走向，以及机床各种辅助功能的开关动作。M 功能有非模态 M 功能和模态 M 功能两种形式，M 代码在一个程序段中只允许一个有效，常用代码见表 1-6。

表 1-6　常见辅助功能 M 指令

<table>
<tr><th>代码</th><th>功能</th><th>代码</th><th>功能</th><th>代码</th><th>功能</th></tr>
<tr><td>M00</td><td>程序暂停</td><td>M08</td><td>冷却液开</td><td rowspan="2">M30</td><td rowspan="2">程序结束，主轴停止，程序光标返回起点</td></tr>
<tr><td>M01</td><td>选择性停止（选择停开关压下）</td><td>M09</td><td>冷却液关</td></tr>
<tr><td>M02</td><td>程序结束</td><td>M10</td><td>尾座进</td><td>M32</td><td>润滑开</td></tr>
<tr><td>M03</td><td>主轴正转</td><td>M11</td><td>尾座退</td><td>M33</td><td>润滑关</td></tr>
<tr><td>M04</td><td>主轴反转</td><td>M12</td><td>卡盘夹紧</td><td>M98</td><td>调用子程序</td></tr>
<tr><td>M05</td><td>主轴停止</td><td>M13</td><td>卡盘松开</td><td>M99</td><td>子程序结束并返回主程序</td></tr>
</table>

（三）GSK980TDi 系统中程序的新建，字符的输入、插入、修改、删除以及程序的校验步骤

1. 新建程序

选择［编辑］方式→按［程序］键→输入“O0001”→按［换行］键或［输入］键即建立新程序（注：建立加工程序时，如果输入的程序名已经存在，则是打开文件，需重新再建一个系统里面没有的号）。

2. 字符的输入、插入、修改、删除

（1）字符的输入。新建程序后，输入一段完整的字符后按［换行］键，程序即可自动跳到下一行。

（2）字符的插入。按［插入修改］键，面板标题栏上显示“插入”两字，→把光标移到需要插入字符的前面，比如（Z－30）→输入要插入的字符即可。

（3）字符的修改。按［插入修改］键，面板标题栏顶上显示“修改”两字，→把光标移到需要修改字符的下面，比如（Z－30）→输入要修改的字符即可。

（4）字符的删除。把光标移到指定位置→按［取消］键，删除前一个字符；按［删除］键删除后一个字符（插入状态）。

3. 程序的删除

按［编辑］键→按［程序］键→按［本地目录］键→按［↑］、［↓］或［翻页］键选择要删除的程序→按［删除］键，弹出询问对话框→按［输入］键即可删除该程序。若要全部删除，则按界面右下的［更多］键→按［删除全部］键→按［输入］键。

4. 程序的校验

程序校验目的是：根据界面中光标移动的轨迹检查程序的正确性和可执行性，保证工件加工的安全和顺利，确保人身、设备的安全。在校验时，若光标移动的轨迹与要加工的零件的形状不一致，则说明程序还有问题，还需要检查修改；若光标移动的轨迹和工件的形状一样，则说明程序是正确的，可以进行自动运行加工。

操作步骤如下：先确定好加工程序（光标在第一行）→按［自动］→分别按下［机床锁］、［辅助锁］、［空运行］→按［图形］键进入图 1－14 所示界面→按右边软键［开始］→按［循环启动］，开始画图。画图过程中，图

形可以放大、缩小，也可以通过上、下、左、右键调整图形在显示屏中的位置。

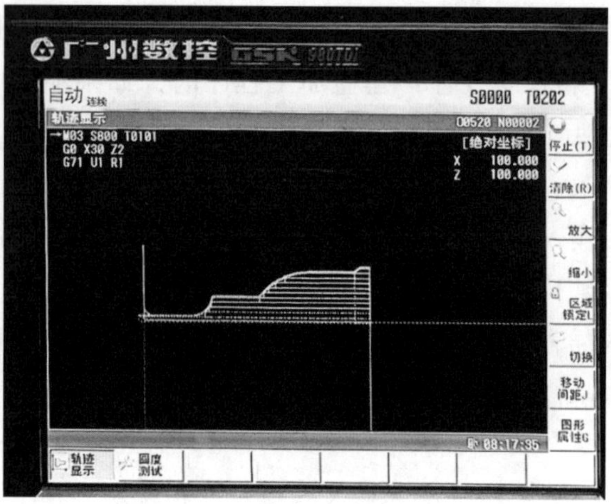

图1-14　程序的校验

学习任务 2　阶梯轴的编程与加工

学习目标

◎**知识目标**

1. 掌握零件图分析的基本要素，机床、工件坐标系的建立原则和判断方法。
2. 掌握 G00、G01 和一些常用的辅助功能指令的格式、应用与注意事项。
3. 了解常用刀具材料的分类、特点和应用。
4. 掌握数控车床上常用的装夹方式及其特点和应用。
5. 掌握对刀和控制尺寸精度的方法以及原理。

◎**能力目标**

1. 能正确分析零件图，正确填写数控加工工序卡片。
2. 能利用基本指令 G00、G01 和一些辅助功能指令编写零件加工程序。
3. 能根据零件图选择合适的刀具、量具以及切削用量。
4. 能熟练操作数控车床，掌握控制尺寸精度的方法并加工出合格的零件。

◎**素养目标**

1. 培养学生认真、细致、精益求精的工匠精神。
2. 养成安全、文明的操作习惯。

学习任务

使用 GSK980TB1 系统数控车床加工如图 2－1 所示零件，工件毛坯为 ϕ30 mm×600 mm，无须切断，材料为 45#钢。

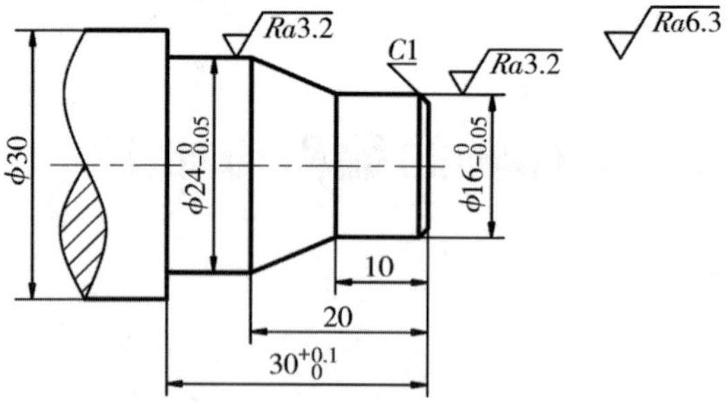

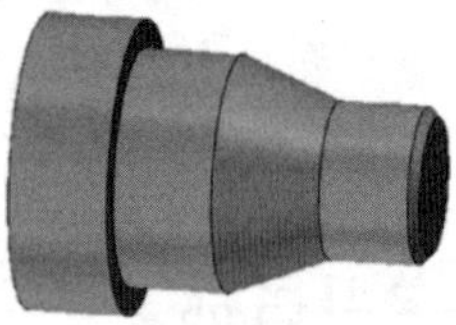

图 2-1　阶梯轴

学习流程

制订计划 → 加工准备 → 加工与检测

学习过程

一、制订计划

（一）分析零件图

零件图分析表见表 2-1。

表 2-1　零件图分析表

零件图	分析要素	基本情况	分析结果
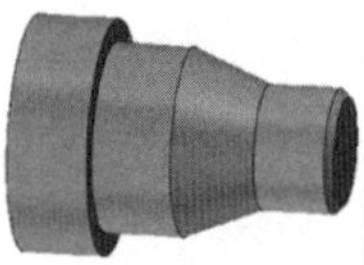	轮廓	圆柱、圆锥、端面	刀具：90°和45°车刀（钢件车刀）；量具：游标卡尺，千分尺（0~25）
	材料	45#	
	生产类型	单件	利用三爪卡盘夹持，在一台车床上一次装夹完成
	毛坯尺寸	φ30 mm×600 mm	
	几何精度	外圆 0.05 mm，粗糙度 1.6 μm	普通数控车床即可完成
	图纸的完整性	完整	无须计算与处理

知识探究

分析零件图要分析哪些要素？

通常分析零件图的要素主要包括：零件的加工精度、技术要求、轮廓尺寸、材料、毛坯尺寸与种类、生产类型以及图纸的完整性和正确性等。

（1）零件的加工精度和技术要求是决定加工设备以及加工工序的主要因素。零件的加工精度包括：尺寸精度、形状精度、位置精度和表面粗糙度。加工精度越高，对于加工设备选用和精度要求就越高，同时也影响加工工序的安排。

（2）零件的轮廓形状、尺寸决定所选刀、量具的规格和切削用量的大小。比如本任务的零件图就只需选择90°车刀和一把游标卡尺和一把0～25的千分尺即可。对于一些形状和尺寸特殊的零件图就要选择特殊的刀具和量具。

（3）毛坯的尺寸和种类决定零件的装夹方式以及加工工序的安排。对于一些毛坯尺寸较长的可直接利用三爪卡盘夹持车削；如果毛坯尺寸较短，就可能用到一夹一顶、两顶尖或者其他专用夹具夹持，这样就会增加加工的工序。另外，毛坯的种类比如是棒料还是管料也会影响加工的工序。

（4）生产类型决定加工工序的安排。常见的生产类型有单件、小批量和大批量，在实际生产中通常会以生产效率的高低来安排零件的加工工序，比如采用工序集中的原则，还是工序分散的原则。

（5）零件的材料主要决定加工选用的刀具材料和切削用量。比如：钢件、铝合金和不锈钢的材料，它们所选用刀具的材料和几何角度以及切削用量都是有区别的。

（6）零件图的完整性和正确性决定能否正确编制加工程序。比如：零件图尺寸是否标注完整，有的轮廓点需要计算才能确定其坐标值，对于一些复杂的曲面轮廓，还需要利用绘图软件才能确定轮廓点的坐标值。

（二）制订加工工艺

根据分析内容填写数控加工工序卡，见表2－2。

表2－2　数控加工工序卡

单位名称		数控加工工序卡	产品名称或代号	零件名称	零件图号	工序名称	工序号
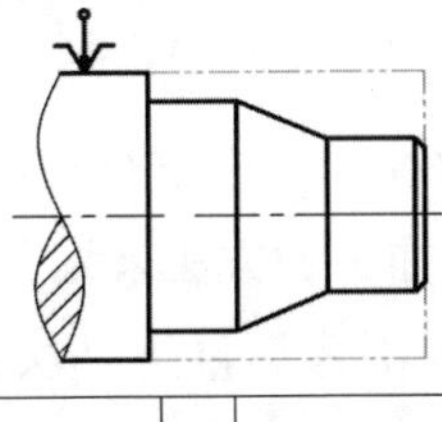				阶梯轴		车	1
			毛坯尺寸	材料牌号	毛坯种类	每毛坯数	工作液
			ϕ30 mm ×600 mm	45#	棒料	若干	无
			夹具名称	使用设备	车间	程序编号	准终(min)
			三爪卡盘	CJK6136	数车实训	1	

工步号	工步内容	走刀次数	切削用量			工时/min		刀、量、辅助工具			
			主轴转速(r/min)	进给速度(mm/min)	背吃刀量(mm)	加工	辅助	刀具号	刀具名称	量具名称	辅助工具
1	粗车外轮廓	5	800	150	1.5			T01	90°车刀	千分尺	
2	精车外轮廓	1	1 400	120	0.25			T01	90°车刀	千分尺	
编制		审核			批准			年 月 日		共 页	第 页

知识探究

应知

(1) 工序、工步的划分原则。
(2) 车床常用的装夹方式。
(3) 切削三要素的作用。

应会

(1) 能正确划分零件的工序和工步内容。
(2) 能根据图样正确选择装夹方式。
(3) 能根据工步内容选择合理的切削用量。

1. 工序、工步的划分

1) 工序的划分

一个或一组工人在同一工作地点对同一个或同时对几个工件所连续完成的那一部分工艺过程被称为工序，它是生产过程中最基本的组成单位。工序的划分可以采用两种不同原则，即工序集中原则和工序分散原则，工序安排的组成与零件的生产批量有关（单件、小批量、大批量、大量）。在数控车床上加工的零件，一般按工序集中原则划分工序，在一次安装下尽可能完成大部分甚至全部表面的加工；对一些刚性差、精度高的零件有时会选择工序分散的原则。通常工序的划分主要有以下几种方式：

（1）以一次安装划分。以一次安装作为一道工序，可以最大化保证零件的各项精度，避免多次安装产生的定位误差影响零件的加工精度。

（2）按粗、精加工划分。根据零件的加工精度或刚性（容易变形程度）情况，可以按粗、精加工来划分工序。比如：毛坯余量较大且加工精度高的零件，可先将粗车安排在精度低、功率大的数控车床上加工，再将精车安排在精度高的数控车床上加工。

（3）按所用刀具划分。为减少换刀次数、缩短数控加工中空行程的运行、减少不必要的定位误差，可以按照使用相同刀具集中加工的方法来划分工序。

总之，划分工序的目的是在保证加工质量的前提下，尽量想办法提高生产效率。在实际生产中往往要根据本单位的实际情况来决定，同时现在越来越多的数控车床朝着车削中心发展。

2）加工工步的确定

一个工序可以分为若干个工步，当加工表面、刀具和切削用量基本保持不变的情况下所连续完成的那部分内容称为工步。划分工步的目的是便于分析和描述比较复杂的工序，更好地组织生产和计算工时，在车床上工步的划分通常根据使用刀具的顺序和同一表面的粗、精加工顺序来划分。

制订零件车削加工顺序一般要遵循几个原则：先粗后精、先近后远、内外交叉、减少换刀次数。对于能满足加工要求的刀具，应尽可能多地利用它完成工件表面的加工，缩短刀具的移动距离。

3）进给路线的确定

进给路线是指数控机床加工过程中，刀具相对零件的运动轨迹和方向，也称走刀路线。它泛指刀具从起刀点（或机床参考点）开始运动起，直至返回该点并结束加工程序所经过的路径，包括切削加工的路径及刀具切入、切出等非切削空行程。

（1）最短的切削进给路线。图2-2给出了三种不同的粗车切削进给路线，其中图（c）所示矩形循环进给路线最短。

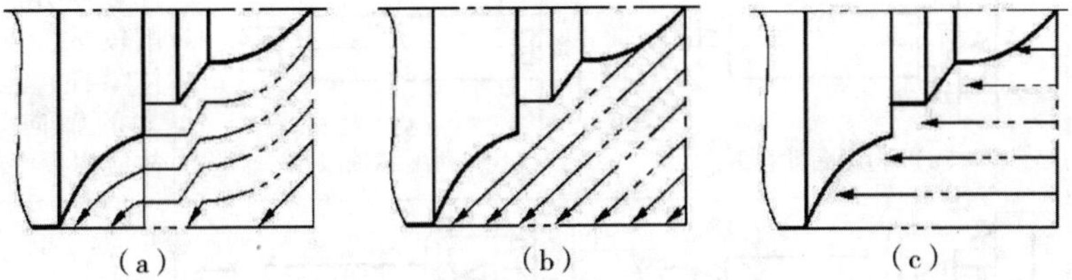

图2-2　粗车切削进给路线示例

（2）最短的空行程路线。最短的空行程路线主要是为了减少刀具走空刀的时间，从而提高零件的加工效率，在编程时主要注意起刀点的设置、换刀点的设置和“回零”路线的合理安排。

2. 工件装夹方式的确定

零件的装夹方式直接决定加工顺序的安排，而加工顺序通常要根据零件的毛坯尺寸、结构轮廓来决定。在确定装夹方式时，必须在能保证零件所有加工精度的前提下，选择简单、方便、牢固、可靠以及加工时刀具不会产生任何干涉现象的装夹方式。

数控车床夹具可分为通用夹具和专用夹具两大类。下面介绍数控车床上常见的一些装夹方式（见表2-3），利用三爪卡盘、四爪卡盘、一夹一顶、两顶尖、心轴等。

表 2－3　常见的装夹方式

序号	装夹方式	图样	装夹特点
1	三爪卡盘	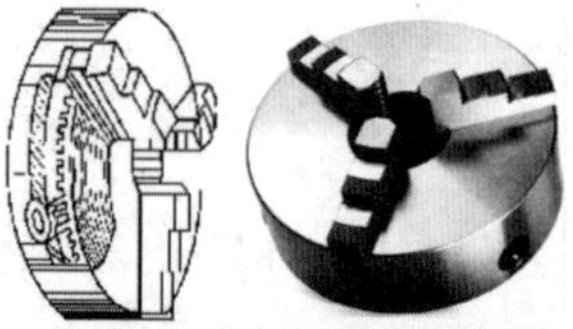	可以自动定心、装夹方便，但夹紧力较小，适应装夹外形规则的中、小型工件
2	四爪卡盘	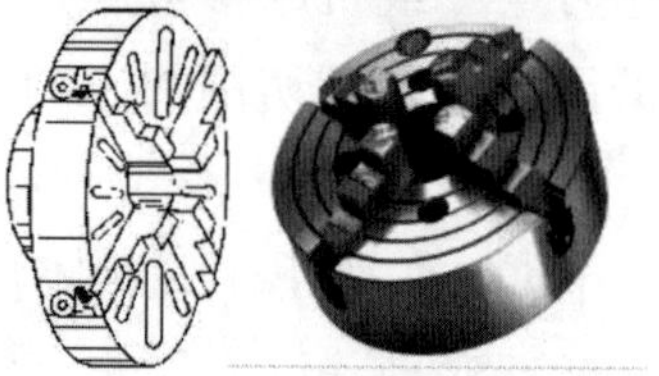	其夹紧力较大，但校正工件较麻烦，适应于装夹大型或形状不规则的工件
3	一夹一顶	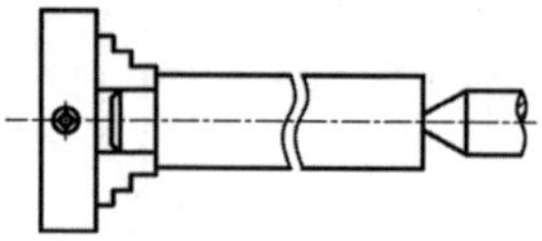 （a）利用台阶限位 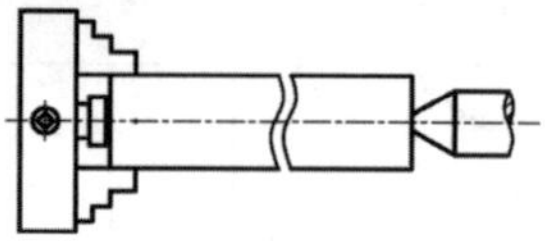 （b）利用芯轴限位	此装夹方法用在车削较重、较长的轴体零件，能承受较大的轴向切削力，故应用很广泛
4	两顶尖	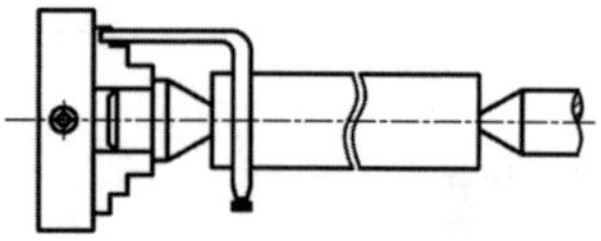 （a）车普通轴 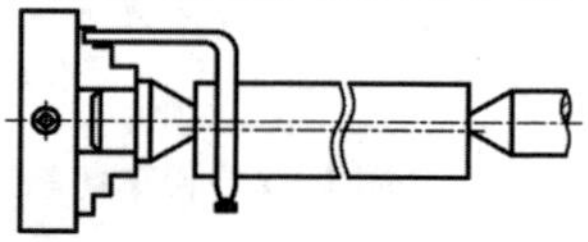 （b）车偏心轴 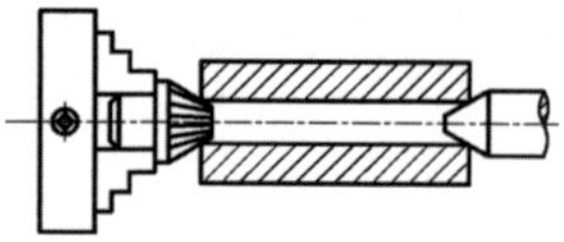 （c）外拔动顶尖 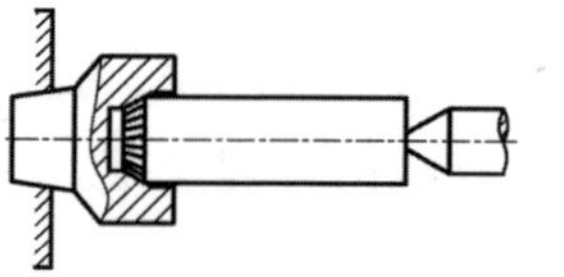 （d）内拔动顶尖	两顶尖装夹只对工件有定心和支承作用，必须通过对分夹头或鸡心夹头的拨杆带动工件旋转，适用于同轴度要求较高的零件
5	心轴	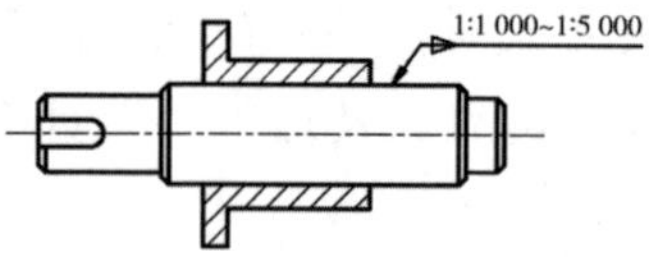 （a）小锥度心轴 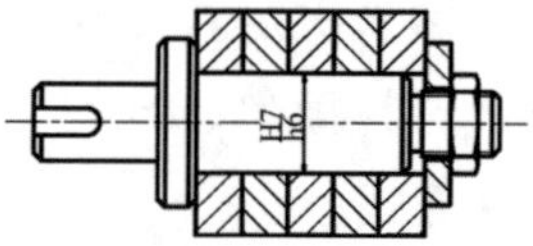 （b）圆柱心轴 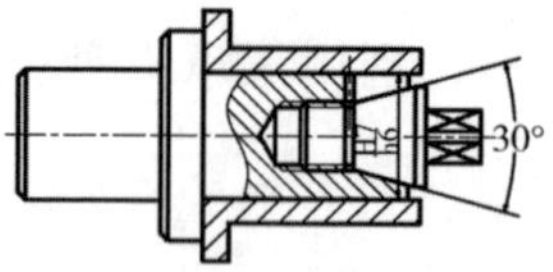 （c）胀力心轴	当工件的形状复杂或内外圆表面的位置精度要求较高时，可采用心轴安装进行加工，这有利于保证零件的外圆与内孔的同轴度及端面对孔的垂直度要求

续表

序号	装夹方式	图样	装夹特点
6	其他夹具	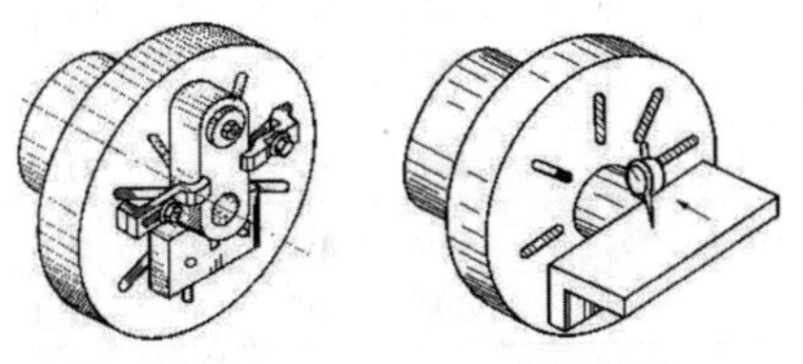 (a) 花盘　(b) 角铁	对于一些外形复杂的零件，当加工表面的回转轴线与基准面垂直的可装在花盘上；加工表面的回转轴线与基准面平行的可装在角铁上

3. 切削用量的选择

切削用量又称切削三要素，是表示车削运动大小的参数。切削用量包括背吃刀量（a_p）、进给量（f）和切削速度（v_c），$v_c=\dfrac{\pi d_w n}{1\ 000}$（$d_w$：待加工表面直径，$n$：主轴转速），合理选择切削用量与延长刀具的寿命和提高生产效率有着密切的关系。

切削三要素选择原则：在粗车时一般以提高生产率为主，原则上应选择较大的切削用量，但又不能同时增大切削三要素。考虑到切削用量中对刀具寿命影响最大的是 v_c，其次是 f，影响最小的是 a_p。所以在粗车时应优先选用较大的 a_p，其次是 f，最后选择合适的 v_c。在精车时以提高表面质量为主，主要选用较大的 v_c、较小的 f 和 a_p。数控切削用量推荐数据见表2－4。

表2－4　数控切削用量推荐数据

工件材料	加工方式	背吃刀量（mm）	切削速度（m/min）	进给量（mm/r）	刀具材料
碳素钢 σb > 600 MPa	粗加工	2 ~ 3	60 ~ 120	0.2 ~ 0.4	YT 类
	精加工	0.2 ~ 0.3	120 ~ 150	0.1 ~ 0.2	
	车螺纹		70 ~ 100	导程	
	钻中心孔		50 ~ 800 r/min		W18Cr4V
	钻孔		0 ~ 30	0.1 ~ 0.2	
	切断（宽度 < 5 mm）		70 ~ 110	0.1 ~ 0.2	YT 类
合金钢 σb = 1 470 MPa	粗加工	2 ~ 3	50 ~ 80	0.2 ~ 0.4	YT 类
	精加工	0.1 ~ 0.15	60 ~ 100	0.1 ~ 0.2	
	切断（宽度 < 5 mm）		40 ~ 70	0.1 ~ 0.2	
铸铁 200 HBS 以下	粗加工	2 ~ 3	50 ~ 70	0.2 ~ 0.4	YG 类
	精加工	0.1 ~ 0.15	70 ~ 100	0.1 ~ 0.2	
	切断（宽度 < 5 mm）		50 ~ 70	0.1 ~ 0.2	

续表

工件材料	加工方式	背吃刀量（mm）	切削速度（m/min）	进给量（mm/r）	刀具材料
铝	粗加工	2～3	600～1 000	0.2～0.4	YG 类
	精加工	0.2～0.3	800～1 200	0.1～0.2	
	切断（宽度＜5 mm）		600～1 000	0.1～0.2	
黄铜	粗加工	2～4	400～500	0.2～0.4	YG 类
	精加工	0.1～0.15	450～600	0.1～0.2	
	切断（宽度＜5 mm）		400～500	0.1～0.2	

二、加工准备

（一）编制数控加工程序

应知

（1）机床坐标系与工件坐标系的定义。

（2）GOO 与 G01 的格式和编程应用。

应会

（1）能判断机床坐标系正方向，确定工件轮廓点在坐标系中的位置。

（2）能正确编写零件加工程序。

知识探究

1. 机床坐标系

机床坐标系是机床固有的坐标系，是用来确定工件坐标系的基本坐标系，其坐标和原点方向视机床的种类和结构而定。数控机床的标准坐标系及其运动方向在国际标准中有统一规定，我国原机械工业部制订的标准 JB/T 3052—1982 与之等效。

（1）右手直角笛卡儿坐标系。标准的机床坐标系是一个右手直角笛卡儿坐标系，用右手法则判定，如图 2－3 所示。右手的拇指、食指、中指互相垂直，并分别代表 $+X$、$+Y$、$+Z$ 轴。围绕 $+X$、$+Y$、$+Z$ 轴的回转运动分别用 $+A$、$+B$、$+C$ 表示，其正向用右手螺旋定则确定与 $+X$、$+Y$、$+Z$、$+A$、$+B$、$+C$ 相反的方向用“$+X'$、$+Y'$、$+Z'$、$+A'$、$+B'$、$+C'$”表示。

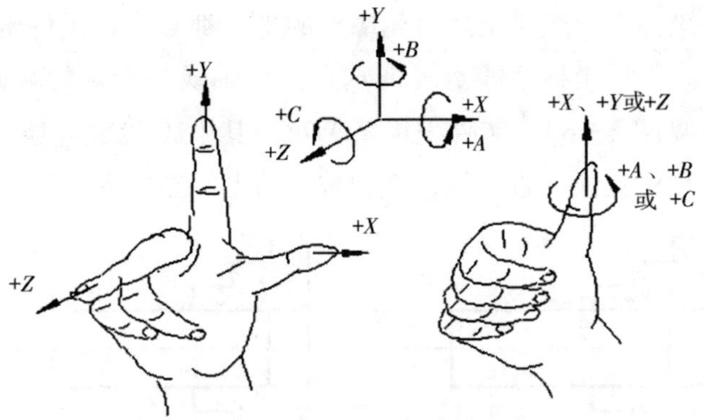

图2-3　右手直角笛卡儿坐标系

（2）不论机床的具体结构是工件静止、刀具运动，还是工件运动、刀具静止，在确定坐标系时，一律看作是刀具相对“静止的工件”运动，在编程时不考虑数控机床的实际运动形式。

（3）坐标轴确定的方法及步骤。

①Z 轴。一般取产生切削力的主轴轴线为 Z 轴，刀具远离工件的方向为正向，如图2-4和图2-5所示。

②X 轴。X 轴一般位于平行工件装夹面的水平面内。对于工件做回转切削运动的机床（如车床、磨床等），在水平面内取垂直工件回转轴线（Z 轴）的方向为 X 轴，刀具远离工件的方向为正方向；在铣床上，面对机床主轴，右手方向为 X 轴的正方向。

③Y 轴。根据已确定的 X 轴和 Z 轴的正方向，再按右手直角笛卡儿坐标系便可以确定 Y 轴。

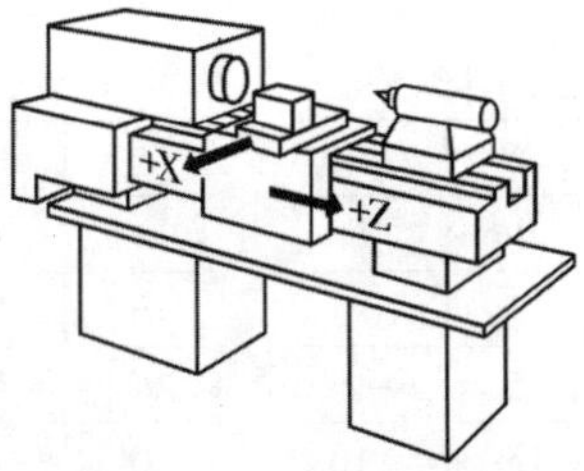

图2-4　数控车床

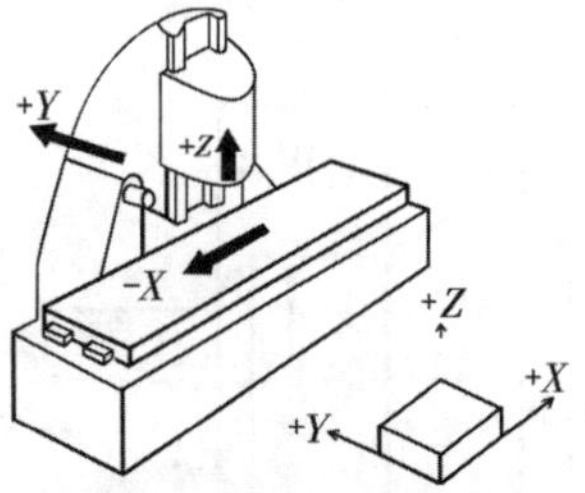

图2-5　数控铣床

2. 工件坐标系

工件坐标系（又称浮动坐标系）是编程人员在编程时使用的，编程人员选择工件上的某一已知点为参考位置点（也称程序零点）建立一个新的坐标系，称为工件坐标系，零件上所有轮廓点的坐标都必须以工件坐标系为基准。对于车床而言，工件坐标系零点一般选在工件轴线与卡盘的端面或工件的端面的交点上（见图2－6），工件坐标系 *XOZ*，其中 *X* 代表直径，*Z* 代表长度。工件坐标系一旦建立便一直有效，直到被新的工件坐标系所取代。

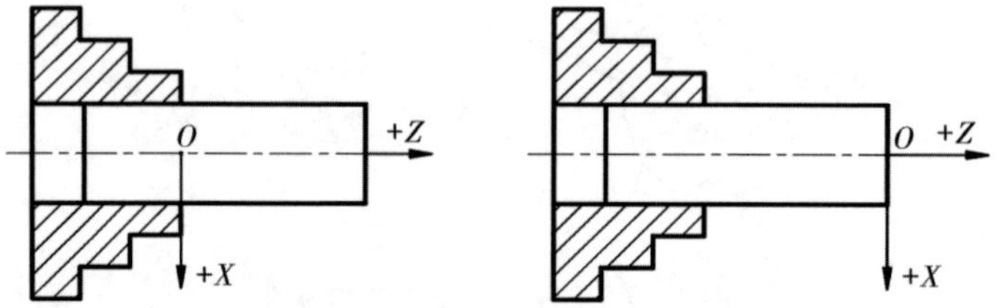

图2－6　工件坐标系

1）直径编程和半径编程

在数控车床编程中有直径编程和半径编程两种方法，采用哪种方法由系统的参数决定。一般车床出厂时都设置为直径编程，所以编程时与 *X* 轴有关的各项一定要用直径编程。如果需要半径编程，则要改变系统中的几项参数，使系统处于半径编程的状态。

2）绝对值编程和增量值编程

数控编程时的刀具轨迹坐标点是按工件轮廓点在工作坐标系中的坐标来确定，通常有绝对编程和增量编程两种。绝对值编程时，用 *X*、*Z* 表示 *X* 轴和 *Z* 轴的坐标值；增量值编程时，用 *U*、*W* 表示 *X* 轴和 *Z* 轴的移动量，移动量用当前点相对于前一点的坐标增量值。设刀尖位置从 *A* 点出发，其余几点的绝对坐标与增量坐标见图2－7。另外数控车床编程时，也可以将绝对值和增量值混合起来进行编程，称为混合编程，如 G01 X50 W－10，编程时可灵活使用。

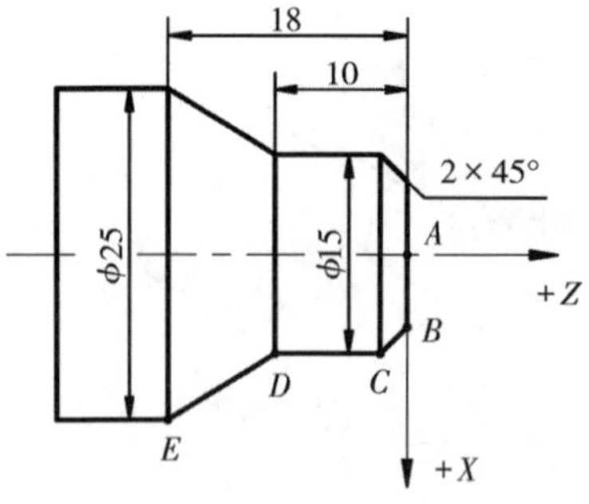

绝对坐标

点	*X*	*Z*
A	0	0
B	11	0
C	15	－2
D	15	－10
E	25	－18

增量坐标

点	*X*	*Z*
A	0	0
B	11	0
C	4	－2
D	0	－8
E	10	－8

图2－7　绝对坐标与增量坐标

3. 数控车削编程指令

1）快速移动指令 G00

指令格式：G00　X（U）__Z（W）__。

X（U）：*X* 向定位终点的绝对（相对）坐标。

Z（W）：*Z* 向定位终点的绝对（相对）坐标。

指令功能：表示刀具以机床给定的快速进给速度移动到程序段指定点的位置：*X*（U）、*Z*（W），两轴是以各自独立的速度移动的，其合成轨迹并非直线，因此不一定能保证各轴同时到达终点。本系统是从起点先45°到达 *X* 值再到达 *Z* 值，如图 2-8 所示。G00 的移动速度可通过系统参数和操作面板的快速移动速度倍率开关来调整。

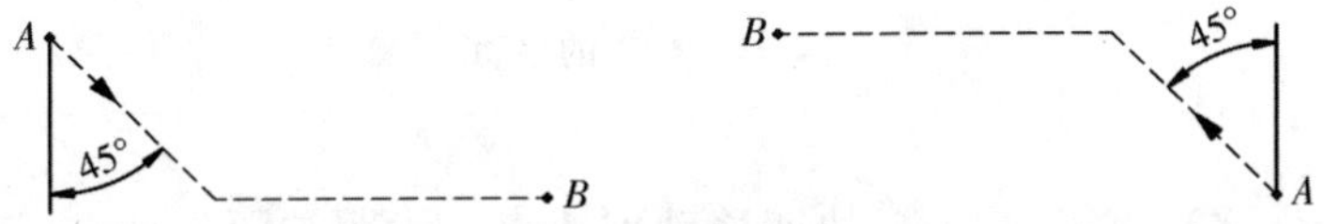

图 2-8　G00 的走刀方式

2）直线插补指令 G01

指令格式：G01　X（U）__Z（W）__F __。

X（U）：*X* 向插补终点的绝对（相对）坐标。

Z（W）：*Z* 向插补终点的绝对（相对）坐标。

指令功能：刀具从当前位置以 F_ 指定的合成进给速度直线插补移动到 *X*（U）、*Z*（W）指定的位置，轨迹为从当前点到指定点的连线。G01 在实际加工过程中的移动速度也可通过操作面板的进给倍率按钮进行进给速度的 16 级修调。

X、*U*、*Z*、*W* 取值范围：（-9 999.999 ~ +9 999.999）mm。

F：*X* 轴、*Z* 轴的合成进给速度，模态代码字。其取值范围与 G98、G99 状态有关。

例：图 2 -9 所示为刀具的精加工轨迹，从 A 点到 F 点的程序。

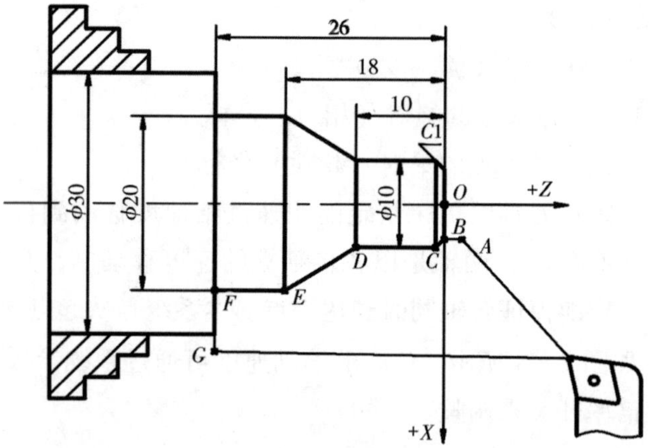

图 2 -9 G01 的移动

……

G00 X8 Z2;	快速移动到 A 点，设距端面 2 mm
G01 X8 Z0 F100;	直线插补到 B 点，进给速度为 100 mm/min
G01 X10 Z -1;	直线插补到 C 点
G01 X10 Z -8;	直线插补到 D 点
G01 X20 Z -18;	直线插补到 E 点
G01 X20 Z -26;	直线插补到 F 点
G01 X32 Z -26;	直线插补到 G 点
G00 X50 Z20;	快速退到起刀点

3）模态与非模态指令

（1）模态指令：称续效指令，一经程序段中指定，便一直有效，直到后面出现同组另一指令或被其他指令取消时才有效。编写程序时，与上段相同的模态指令可以省略不写，如 G00、G01 等。不同组模态指令编在同一程序段内，不影响其续效。

（2）非模态指令：称非续效指令，其功能仅在出现的程序段有效，如 G04。

4）编程实例

用 G00、G01 配合编写图 2 -10 所示零件。

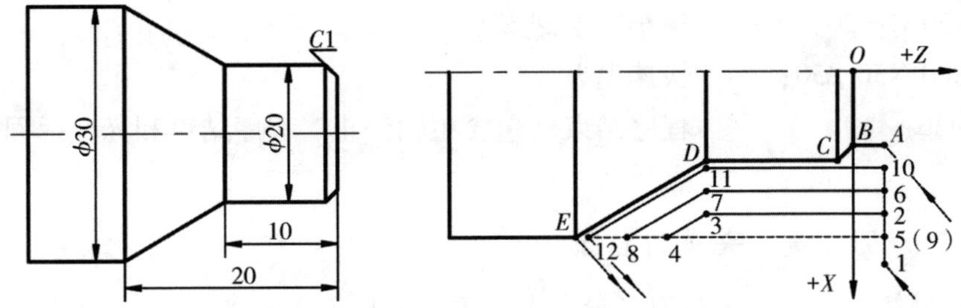

（a）零件图　　　　（b）分析图

图2-10　编程示例

程序：

O0002;	
M03 S700;	主轴正转，转速700 r/min
T0101;	换1号刀，1号刀补
G00 X35　Z2;	快速定位到达1点
X27;	快速进到2点（模态指令，指令和坐标值没变时，可省略不写）
G01 Z-10 F180;	车削圆柱到3点，进给速度180 mm/min（吃刀量1.5 mm）
X30　Z-13;	车削圆锥到4点
G00 Z2;	快速退刀到5点
X24;	快速进刀到6点
G01 Z-10;	车削圆柱到7点
X30 Z-16;	车削圆锥到8点
G00 Z2;	快速退刀到9点
X21;	快速进刀到10点（留1 mm精车余量）
G01 Z-10;	车削圆柱到11点
X30 Z-19;	车削圆锥到12点
G00 X50 Z50;	快速退刀换刀点
M05;	主轴停止
M00;	程序暂停（检测尺寸）
M03 S1200 T0101;	主轴正转，转速1 200 r/min，换1号刀，1号刀补
G00 X18　Z2;	快速进刀到 *A* 点
G01 Z0 F120;	进给至端面 *B* 点，进给速度120 mm/min
X20 Z-1;	精车倒角到 *C* 点
Z-10;	精车外圆到 *D* 点

X30 Z-20；	精车圆锥到 E 点
G00 X50 Z50；	快速退刀
M30；	程序结束（包含主轴停止、程序结束和光标返回起始点）

（二）刀、量、夹具的准备

根据任务要求，填写刀、量、夹具清单（见表2-5）。

表2-5　刀、量、夹具清单

产品名称或代号			零件名称		零件图号	
种类	序号	名称	规格（mm）	精度（mm）	单位	数量
刀具	1	90°车刀	20×20		把	2
	2	45°车刀	20×20		把	1
量具	3	游标卡尺	0~150	0.02	把	1
	4	千分尺	0~25	0.01	把	1
夹具	5	三爪卡盘	200		副	1
	6					

知识探究

应知

（1）常用刀具材料的应用和特点。

（2）常用的机夹刀具。

（3）常用量具的测量精度和应用场合。

应会

（1）能根据图样选择合理的刀具材料。

（2）能根据图样选择合理的刀具类型。

（3）能根据图样选择合理的量具。

1. 常用刀具的材料

刀具的材料是根据工件的材料以及加工要求来选择的。常用的刀具材料有高速钢、硬质合金、涂层刀具材料和超硬刀具材料。表2-6为常用刀具材料的分类、特点及应用。

表2-6　常用刀具材料的分类、特点及应用

材料种类	分类及特点	应用
高速钢	强度、冲击韧性、工艺性很好，但耐热性不高，在640℃左右时，其硬度开始下降，不能进行高速切削	制造形状复杂的刀具，如：成形车刀、麻花钻头、铣刀、齿轮刀具等

续表

材料种类	分类及特点	应用
硬质合金	硬质合金的耐磨性和硬度比高速钢高得多，但塑性和冲击韧度不及高速钢，常分为： P类硬质合金：主要成分为 Wc + Tic + Co，用蓝色作标志，相当于原钨钛钴类（YT），此类硬质合金的耐热性为900℃	主要用于加工长切屑的黑色金属，如钢类等塑性材料
	K类硬质合金：主要成分为 Wc + Co，用红色作标志，相当于原钨钴（YG），此类硬质合金的耐热性为800℃	主要用于加工短切屑的黑色金属（如铸铁）、有色金属和非金属材料
	M类硬质合金：主要成分为 Wc + Tic + Tac（Nbc）+ Co，用黄色作标志，又称通用硬质合金，相当于原钨钛钽类通用合金（YW），此类硬质合金的耐热性为1 000 ~1 100℃	主要用于加工黑色金属和有色金属
涂层刀具	硬质合金或高速钢刀具通过化学或物理方法在其表面上涂一层耐磨性好的难熔金属化合物，既能提高刀具表面的耐磨性，又能保持其心部的韧性。在相同的切削速度下，涂层高速钢刀具的耐磨损度比未涂层的提高 2 ~ 10 倍；涂层硬质台金刀具的耐磨损度比未涂层的提高 1 ~ 3 倍	适用于高速钢刀具和硬质合金，一般涂层的厚度为 5 ~ 12 μm，适合黑色金属和有色金属的加工
超硬刀具	陶瓷：主要是由纯 Al_2O_3 或在 Al_2O_3 中加入一定的金属元素或金属化合物，采用热压成型和烧结的方法获得。硬度、耐磨性和耐热性好，硬度：91 ~ 95 HRA，热硬性：1 200℃，常用切削速度：200 ~ 1 000 m/min，切削效率比硬质合金提高 1 ~ 4 倍。与金属亲和力小，不易粘刀，加工表面光洁，但抗弯强度低，冲击韧性差	主要适合选用较小的进给量和高的切削速度加工冷硬铸铁、高硬钢和高强钢等难加工材料的半精加工和精加工
	立方氮化硼（CBN）：聚晶立方氮化硼（PCBN）是由 CBN 微粉与少量黏结相（Co、Ni 或 TiC、TiN、Al_2O_3）在高温高压下加入催化剂烧结而成的。它具有很高的硬度（仅次于金刚石）（8 000 ~ 9 000 HV）和热硬性（1 300 ~ 1 500℃），优良的化学稳定性，比金刚石刀具高得多的热稳定性（达1 400℃）和导热性，低的摩擦系数，可承受较高的切削速度，但韧性差、强度较低	可制作刀具和复合刀片，PCBN 刀具主要用于高效精加工黑色金属等难加工材料，如：各种淬火钢、硬铸铁、高温合金、硬质合金、表面喷涂材等
	金刚石：金刚石分为天然金刚石和人造聚晶金刚石（PCD）两种，天然金刚石数量稀少，所以价格昂贵，应用较少。人造金刚石是在高压、高温条件下，由石墨转化而成，价格相对较低，应用较广。其特点是：硬度极高，可达 10 000 HV，耐磨性很好，摩擦因数是所有刀具材料中最小的；但耐热性较差（热硬性：700 ~ 800℃），抗弯强度低，脆性大	主要用于磨具及磨料，用作刀具时多用于高速切削非铁金属及非金属材料，如铝合金、铜合金、陶瓷、塑料、橡胶等

2. 常用车刀的结构与用途

从结构上分，车刀可分为整体车刀、焊接车刀、机夹车刀、可转位车刀和成形车刀，见图 2 - 11。

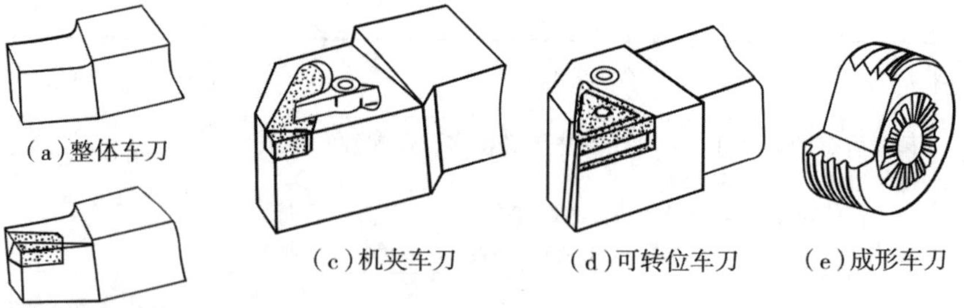

(a)整体车刀　(b)焊接车刀　(c)机夹车刀　(d)可转位车刀　(e)成形车刀

图 2 -11　常用车刀结构

随着数控加工技术的不断发展，为减少加工过程中的换刀、装刀以及刃磨的时间，机夹可转位车刀在数控车床上应用已越来越广泛。机夹可转位车刀很多都已经系列化和标准化了，常见的机夹车刀如表 2 -7 所示。

表 2 -7　常见的机夹车刀形状

刀具名称	刀具形状	刀具名称	刀具形状
45°车刀	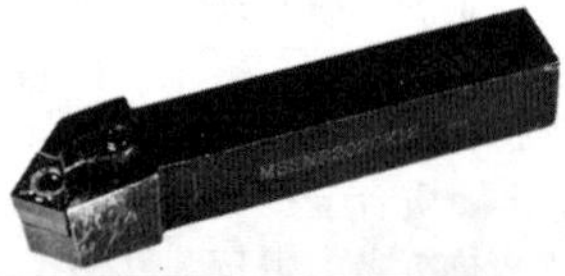	外螺纹车刀	
90°粗车刀		R 圆弧切刀	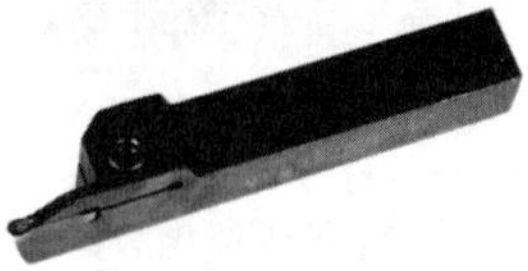
90°精车刀	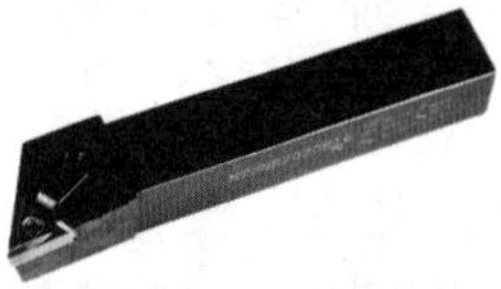	切槽刀	
93°精车刀	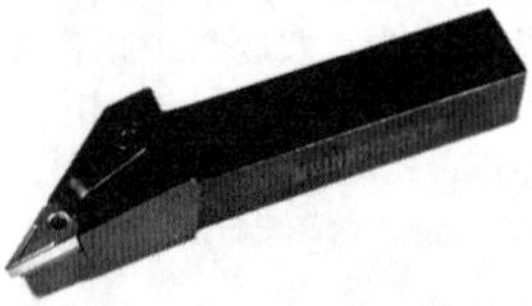	端面槽切刀	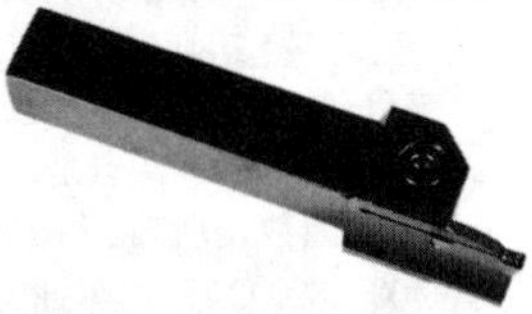
内沟槽车刀	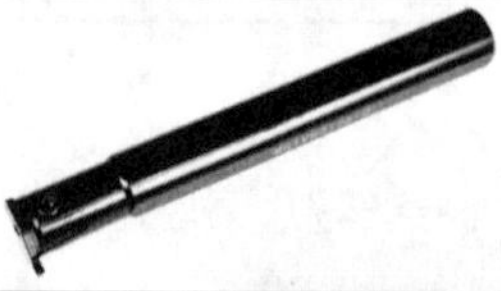	镗孔车刀	
内螺纹车刀			

3. 常用量具

机械加工中选择量具时，通常要根据加工零件的形状、尺寸以及加工精度来选择。常用的一些机械式量具的规格和尺寸精度如表2－8所示，随着科技的进步，数显量具的应用也越来越广泛。

表2－8　常用量具的规格及测量精度

量具名称	量具形状	测量精度及常用规格（mm）
游标卡尺	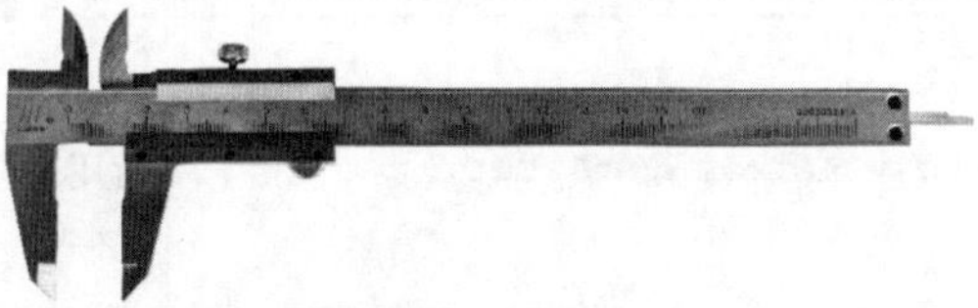	精度0.02 常用规格：0~150，0~200，……
千分尺	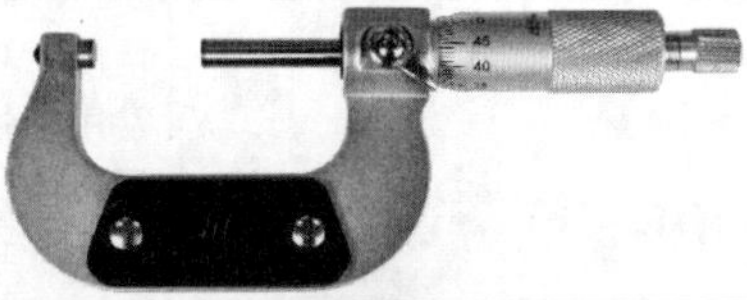	精度0.01 常用规格：0~25，25~50，50~75，75~100，……
叶片千分尺	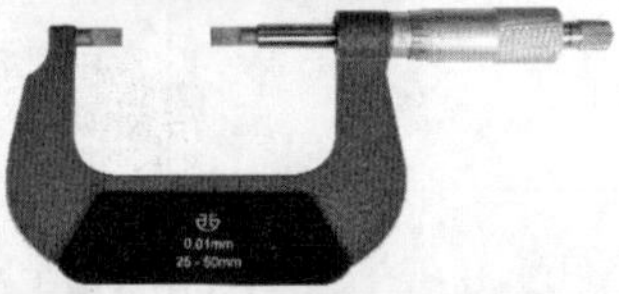	精度0.01 常用规格：25~50，50~75，……
螺纹千分尺	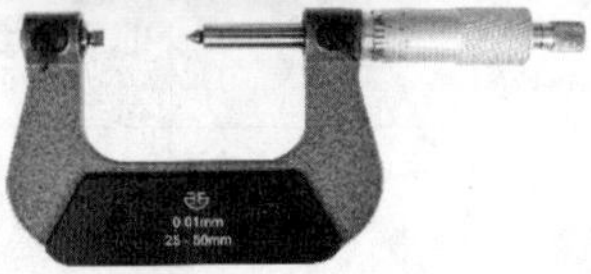	精度0.01 常用规格：25~50，50~75，……
内侧千分尺	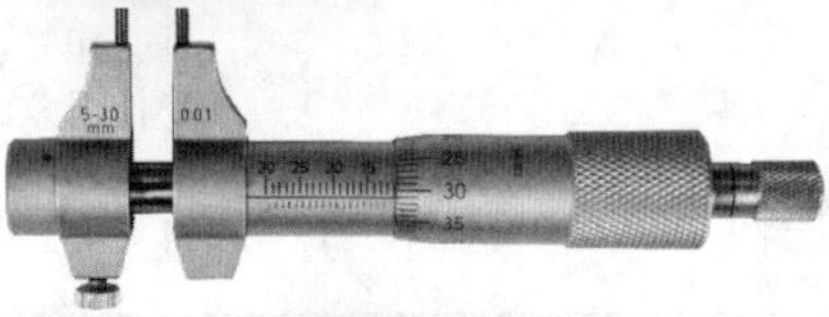	精度0.01 常用规格：5~30
公法线千分尺	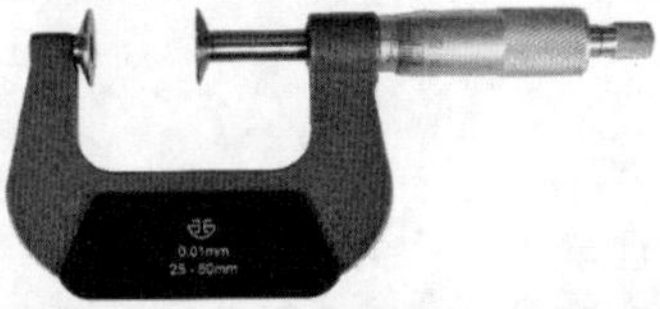	精度0.01 常用规格：0~25，25~50，50~75，……
三爪内径千分尺	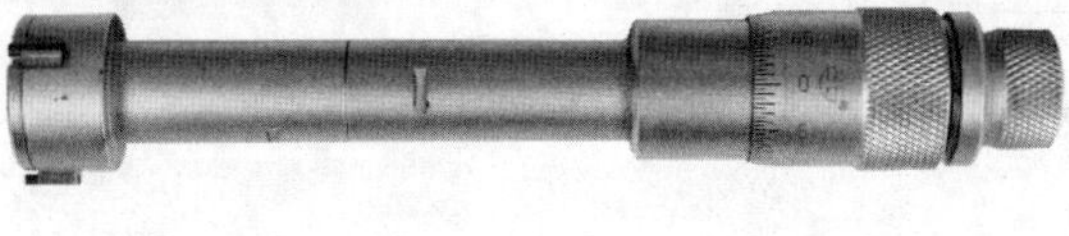	精度0.005 常用规格：6~8，8~10，10~12，12~16，20~25，25~30，30~40，40~50，50~63，……

续表

量具名称	量具形状	测量精度及常用规格（mm）
内径百分表	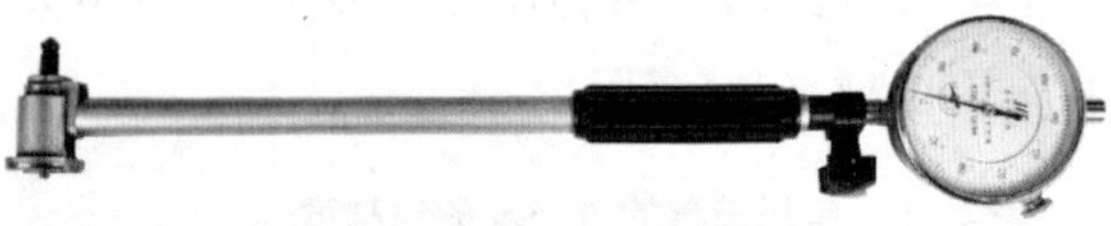	精度 0.01 或 0.001 常用规格：6～10，10～18，18～35，35～50，……
螺纹塞规		常用于测量内螺纹的量具
深度游标卡尺	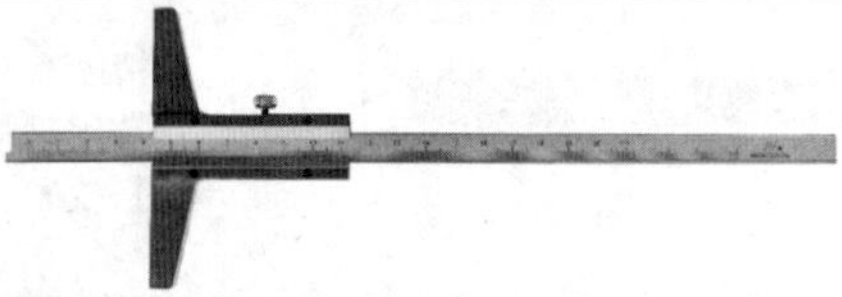	精度 0.02 常用规格：0～150，0～200
深度千分尺	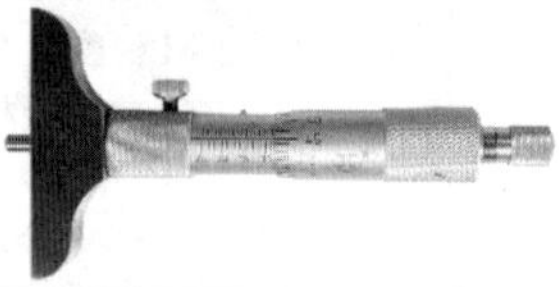	精度 0.01 常用规格：0～25，25～50，50～75，……
螺纹环规		常用于测量外螺纹的量具
R 规		常用于测量圆弧轮廓的简单量具
百分表		常用于找正、长度几何误差的检测

三、加工与检测

应知

（1）数控车床的对刀原理。

（2）零件加工操作步骤。

（3）尺寸精度的控制方法。

（4）造成外圆尺寸误差的原因。

应会

(1) 掌握数控车床的对刀方法和步骤。

(2) 能独立完成零件的操作加工。

(3) 能正确控制零件的尺寸精度。

(4) 能正确分析并处理外圆尺寸误差。

知识探究

1. 数控车床的对刀原理

编程人员按工件坐标系中的坐标数据编制的刀具运行轨迹程序，必须在机床坐标系中加工，由于机床原点与工件原点存在 X 向偏移距离和 Z 向偏移距离，使得实际的刀尖位置与程序指令的位置有同样的偏移距离，因此，需将该距离测量出来并设置进数控系统，使系统据此调整刀具的运动轨迹，才能加工出符合零件图纸的工件。这个过程就是对刀，所谓对刀其实质就是测量工件原点与机床原点之间的偏移距离，设置工件原点在以刀尖为参照的机床坐标系里的坐标。

2. 数控车床的对刀方法与步骤

在加工程序执行前，调整每把刀的刀位点（刀尖），使其尽量重合于某一理想基准点（工件坐标系原点），这一过程称为对刀。数控车床常用的对刀方法有3种：定点对刀、试切对刀、回机械零点对刀，常用的是试切对刀法。用此对刀方法不需要基准刀，在刀具磨损或调整任何一把刀时，只要对此刀进行重新对刀即可。具体步骤如图2－12所示。

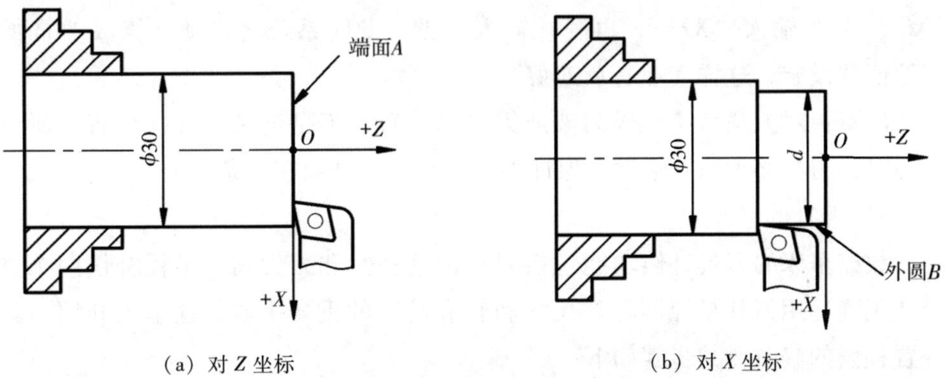

图2－12　试切对刀

1）对 Z 坐标

（1）在手动方式下，启动主轴。

（2）选择90°车刀如图2－12（a）所示，沿 A 表面（端面）切削，余量不要太大，Z 轴不动，刀具沿 X 轴退出工件外，停止主轴旋转。

（3）按［刀补］键进入刀偏数据界面，按［↓］键移动光标至 01 号的偏置处，如图 2－13 所示，如 2 号刀就把光标移到 02 处，注意不要把光标移到磨损处，因为磨损是用来修改刀补的。

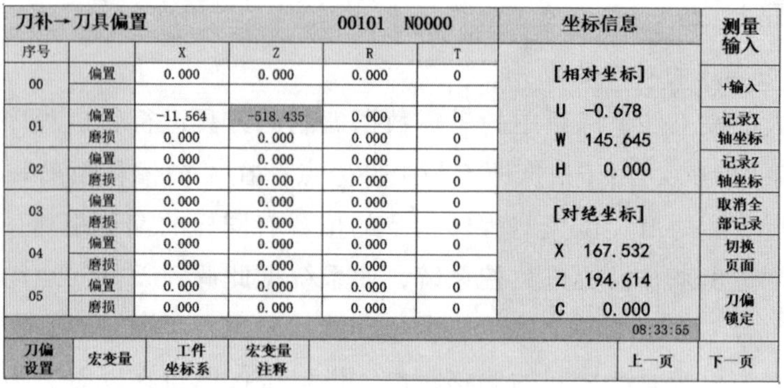

图 2－13　刀偏设置

（4）输入“Z0”，再按［输入］键，此时系统自动计算 Z 方向的刀偏值并设定，这样 Z 坐标就对好了。

2）对 X 坐标

（1）在手动方式下，启动主轴如图 2－12 中（b）所示，车削一段外圆 B，X 轴不动，将车刀往 Z 正方向原路退出工件，停止主轴。

（2）测量刚才车削的外圆直径“d”，在图 2－13 的“01”中输入“Xd”，比如输入“X28”，再按［输入］键，此时系统将自动计算 X 方向的刀偏值并设定，这样 X 坐标就对好了。

注意：对刀是系统记录刀架或刀具的位置，不是记录工件的位置，所以对刀时，刀具必须原路返回，保证刀尖与端面或外圆在一条线上。

3）刀补的修改

数控车床的刀具补偿功能包括刀具位置补偿和刀尖圆弧半径补偿两个方面，正确运用刀补是控制零件尺寸和轮廓精度的重要手段，这里先介绍刀具位置补偿的修改，其步骤如下：

（1）单击［刀补］按钮，进入刀具补偿窗口（见图 2－14），将光标移到要输入的补偿号“01”的磨损位置。

（2）按地址 U 或 W，其中 U 代表 X 坐标，W 表示 Z 坐标，输入补偿量如“U－0.05”，再按［输入］键后，补偿量就被输入系统，显示的值就是 －0.05 mm。

通常工件尺寸大了就输入 U 负值，工件长了就输入 W 负值，反之输入 U 正值和 W 正值。

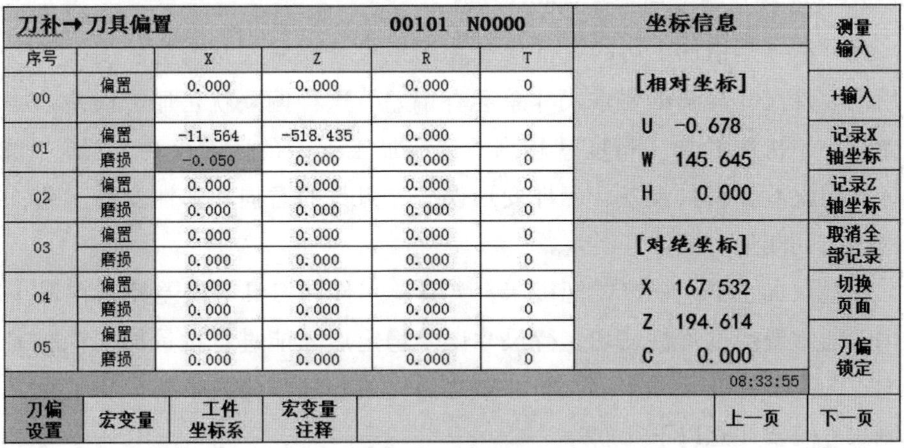

图2-14 刀具磨损设置

3. 零件的加工操作步骤与注意事项

（1）输入程序，必须通过空运行验证无误后，才能进行下一步操作。

（2）装夹毛坯，控制伸出长度在 50 mm 左右。伸出长度越长，加工时工件的刚性就越差，表面质量就越差。

（3）安装 90°和 45°车刀并对 90°车刀。

①刀具中心高必须正确，对刀时注意进给速度倍率的控制，选择手轮时进给量选择 0.01 mm。

②对刀时，刀具必须沿 X 轴或 Z 轴原路返回，保证刀尖与端面或外圆在一条线上，再输入对刀数据，否则刀具对刀错误，自动运行时易发生撞刀事故。

③对刀时的数据必须输在对应的刀补号中。

（4）自动运行加工。

①运行前，先将快速倍率调到 25%，观察刀具是否准确经过定位点，无误后再调到 50% 或 100%。

②运行时，把右手放在急停开关或进给保持键上，若出现问题立即按下，避免发生更严重的事故。

③粗车完毕后，仔细测量尺寸，通过修改刀补或程序方式弥补加工误差，再进行精加工。对于单一零件的车削，最好分成半精车和精车，以便准确控

制尺寸。

（5）精车完毕后，再次检测尺寸，若尺寸过大，还要进行加工。

4. 尺寸精度的控制方法

尺寸精度是指加工后的工件尺寸和图纸尺寸要求相符合的程度，实际加工后的零件尺寸与图纸要求尺寸总会有偏差，这种偏差就是加工误差，加工误差越小，机床的加工精度就越高。造成加工误差的因素多种多样，比如：机床几何误差、夹具误差、工件变形误差、刀具的磨损和弹性变形误差，以及对刀时的测量、读数等误差。

在批量加工中，一定要把机床、夹具、工件和刀具等误差控制在最小范围内，通常要经过首件试切，待尺寸误差稳定后才能进行批量加工；加工单件时，为准确控制尺寸精度，粗加工之后，最好还要分成半精车和精车，在控制尺寸时要注意以下几点：

（1）半精车和精车的切削用量尽量要保持一致，这样加工时的机床误差就会均匀，从而能更准确地控制尺寸。

（2）修改刀补时，要正确控制好半精车和精车的余量。例如：程序中本来留有0.5 mm的精车余量，但粗加工后只有0.4 mm，相当于工件车小了0.1 mm，如果要平均分配余量，让半精车和精车都在0.2 mm，这时可在刀补中输入“U0.3”（弥补误差0.1 mm，再退0.2 mm）。

（3）刀补和程序配合修改。在半精车后，如果所有外圆尺寸误差都一致时，可以直接修改刀补；如果几个外圆的误差都不一样时，就要刀补和程序配合修改。比如在半精车之后，大外圆尺寸大0.25 mm，小外圆尺寸大0.2 mm，结合0.05 mm的负公差，可先在刀补中输入“U－0.27”，再将精车程序中“X14”改成“X14.05”即可。

5. 外圆加工精度的误差分析

外圆加工精度的误差分析见表2－9。

表2－9　外圆加工精度的误差分析

误差类型	误差原因	处理方法
尺寸不合格	①量具未进行校验； ②操作者测量或读数错误； ③程序或刀补修改错误； ④对刀错误； ⑤机床误差过大	①检测前，要校验量具； ②掌握量具的正确使用方法； ③掌握程序或刀补的修改方法； ④掌握正确的对刀方法； ⑤检测、调试机床误差

续表

误差类型	误差原因	处理方法
表面粗糙度不合格	①切削用量选择不合理； ②刀具不锋利或选择不合理； ③工件伸出太长，刚性差	①正确选择切削用量，精车时选择较大的切削速度； ②正确刃磨或选择刀具； ③调整工件伸出长度

6. 零件精度检测评分

零件精度检测评分表见表2－10。

表2－10　零件精度检测评分表

姓名				班级		日期		
任务名称		阶梯轴的编程与加工		零件图号		机床编号		
检测任务		考核内容	配分	评分标准	学生自测	小组检测	教师检测	备注
基本检测	程序	切削加工工艺制定正确	5	独立完成				
		切削用量选用合理	5	独立完成				
		程序正确、简单、规范	20	独立完成				
	操作	刀具的刃磨、安装和对刀	10	独立完成				
		设备的正确操作与维护保养	10	视情况而定				
		安全、文明生产	5	视情况而定				
尺寸检测	长度	$30^{+0.1}_{0}$	10	超0.01扣4分				
	直径	$\phi16^{0}_{-0.05}$	12	超0.01扣4分				
		$\phi24^{0}_{-0.05}$	12	超0.01扣4分				
	其他	倒角1处	4	未倒扣4分				
		表面粗糙度	5	粗糙度样板				
成绩评定		根据学生自测和组长检测综合考核	100	综合评价				
指导教师			小组长		总分			

任务评价

完成任务后，根据学生自评、小组互评和教师评价，填写学习过程综合评价表（见表2－11）。

表 2-11　学习过程综合评价表

姓名	班级		小组号		日期	
任务名称	阶梯轴的编程与加工		小组长		指导教师	
检测任务	考核内容与标准	配分	学生自测	小组检测	教师检测	备注
纪律观念	出勤、穿着、佩戴规范	5				
	遵守纪律、服从安排	5				
	具有责任心和团队意识	5				
学习情况	认真、积极学习	5				
	正确完成相关习题和任务	5				
工艺制定	正确选择工、量、夹具	5				
	正确填写各种工艺文件	5				
加工准备	正确准备刀具、量具和夹具	10				
	能独立编写加工程序	10				
零件加工	能独立、熟练操作数控车床	5				
	零件得分×0.4	40				
安全文明生产	规范、安全刃磨刀具与操作加工	5				
卫生 6S	能及时清理场地、设备	5				
成绩评定	根据学生自测、小组检测和观察综合评定	100			总分：	
等级评定	60 分以下不合格，60（含）~75 分合格，75（含）~90 分良好，90（含）分以上优秀			等级		

任务拓展

使用 GSK980TDi 系统数控车床加工的阶梯轴（见图 2-15），工件毛坯为 $\phi30$ mm×500 mm，无须切断，材料为 45#钢。

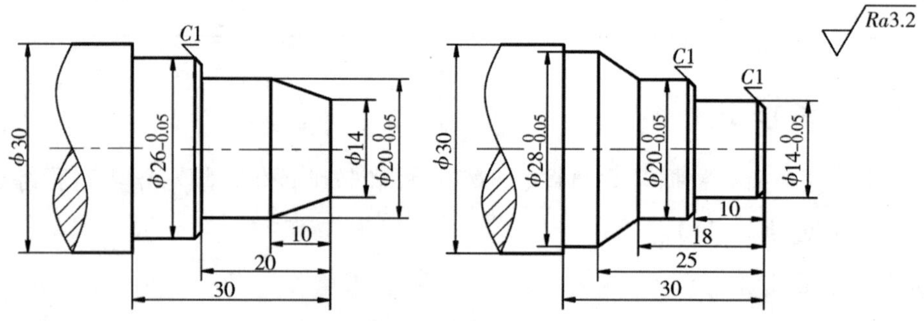

图 2-15　阶梯轴

学习任务3　圆弧轴的编程与加工

学习目标

◎**知识目标**

1. 掌握圆弧指令 G02、G03 的基本格式和判断方法。
2. 掌握循环指令 G71、G70 以及半径补偿指令 G41、G42、G40 的格式、应用和编程注意事项。
3. 了解零件半径补偿的原理和使用方法。
4. 掌握切槽刀的切削用量选择原则。

◎**能力目标**

1. 能正确使用指令 G02、G03、G71、G70、G41、G42、G40 编写外圆的粗、精加工程序。
2. 能正确利用 G00、G01、G02 和 G03 编写零件的切断、切槽程序。
3. 掌握切槽刀的刃磨、安装、对刀以及切削用量的选择原则。
4. 能熟练操作车床，正确控制、检测零件的尺寸精度。

◎**素养目标**

1. 培养学生认真、严谨、细心的做事风格。
2. 养成安全、文明的操作习惯。

学习任务

使用 GSK980TBDi 系统数控车床加工工件（见图 3－1），工件毛坯为 ϕ30 mm×500 mm，材料为 45#钢，单件。

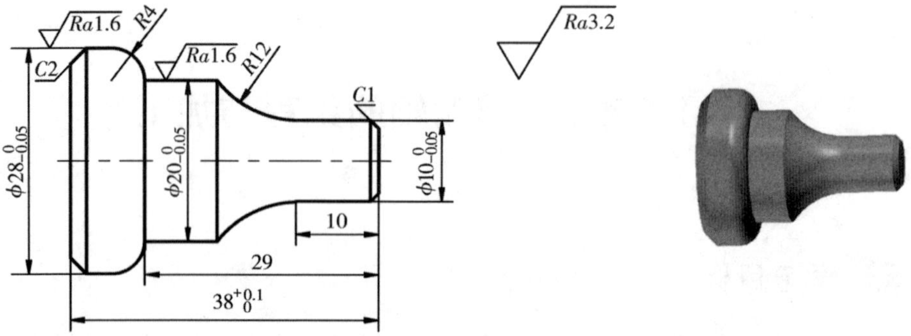

图 3-1 圆弧轴

学习流程

制订计划 → 加工准备 → 加工与检测

学习过程

一、制订计划

（一）分析零件图

零件图分析表见表 3-1。

表 3-1 零件图分析表

零件图	分析要素	基本情况	分析结果
	轮廓	圆柱、圆弧曲面和端面	刀具：90°、45°和切断刀 量具：游标卡尺、千分尺（0~25）
	材料	45#	
	生产类型	单件	三爪卡盘夹持，先加工外轮廓，再切断，最后调头夹持车端面
	毛坯尺寸	φ30 mm × 500 mm	
	几何精度	外圆 0.05 mm， 粗糙度 1.6 μm	普通数控车床即可完成
	图纸的完整性	有一轮廓点长度 尺寸未标注	需计算一轮廓点的长度尺寸

知识探究

勾股定理和三角函数在编程中的使用。

勾股定理如图 3-2 所示：$AB^2 + BC^2 = AC^2$，即：两条直角边的平方和等于斜边的平方。三角函数：正弦 $\sin\alpha = \frac{AB}{AC} = \frac{对边}{斜边}$，余弦 $\cos\alpha = \frac{BC}{AC} = \frac{邻边}{斜边}$，

正切 $\tan\alpha=\dfrac{AB}{BC}=\dfrac{对边}{邻边}$，余切 $\cot\alpha=\dfrac{BC}{AB}=\dfrac{邻边}{对边}$。在直角三角形中，只要已知任意两个参数，都能算出另一个参数。如图3－3所示，要计算 B 点的坐标，只需要把 BC 的长度算出即可，根据勾股定理可得：

$$BC=\sqrt{AB^2-AC^2}=\sqrt{AB^2-(AD-CD)^2}=\sqrt{12^2-(12-5)^2}\approx 9.75\ \text{mm}$$

最后 $B_Z=10+9.75=19.75$ mm。

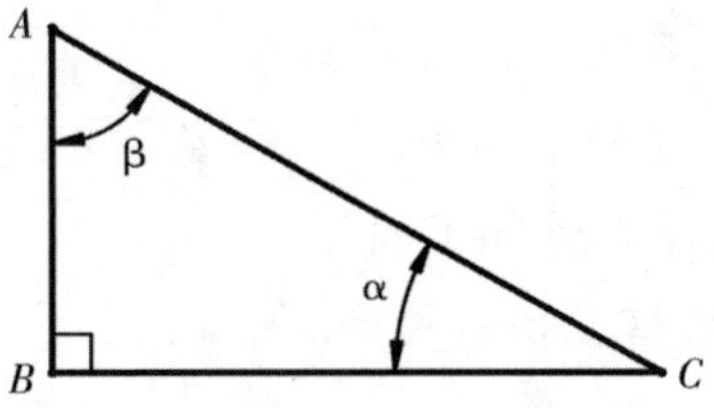

图3－2　直角三角形图

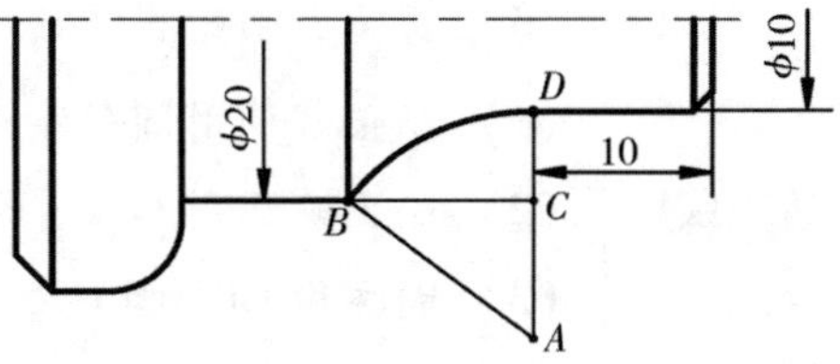

图3－3　轮廓点分析图

（二）制定数控加工工艺

根据分析内容填写数控加工工序卡（见表3－2）。

表3－2　数控加工工序卡

单位名称		数控加工工序卡	产品名称或代号	零件名称	零件图号	工序名称	工序号
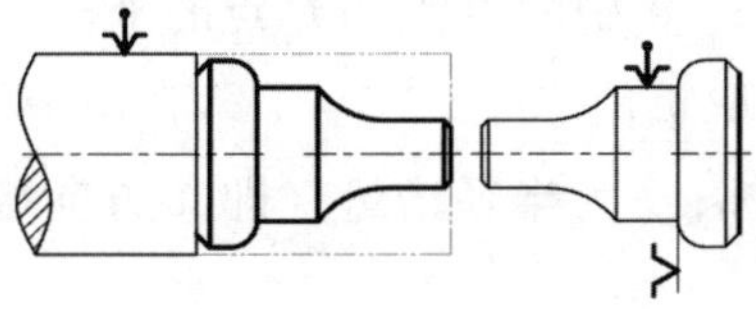				圆弧轴		车	1
			毛坯尺寸	材料牌号	毛坯种类	每坯件数	工作液
			φ30 mm ×500 mm	45#	棒料	若干	无
			夹具名称	使用设备	车间	程序编号	准终(min)
			三爪卡盘	CJK6136	数车实训	1	

工步号	工步内容	走刀次数	切削用量			工时/min		刀、量、辅助工具			
			主轴转速(r/min)	进给速度(mm/min)	背吃刀量(mm)	加工	辅助	刀具号	刀具名称	量具名称	辅助工具
1	粗车外轮廓	5	800	150	1.5			T01	90°车刀	千分尺	
2	精车外轮廓	1	1 400	120	0.25			T01	90°车刀	千分尺	
3	切断工件	1	300	25	3			T02	切断刀	游标卡尺	
4	调头夹持，车左端面	1	1 400	100	0.25			T03	45°车刀	游标卡尺	
编制		审核			批准			年 月 日		共 页	第 页

二、加工准备

（一）编制数控加工程序

应知

（1）圆弧指令 G02、G03 和半径补偿指令 G41、G42、G40 的格式和应用。

（2）粗车循环指令 G71 与精车指令 G70 的格式和编程应用。

（3）切槽、切断程序的编写方法。

应会

（1）能正确使用圆弧指令和半径补偿指令。

（2）能正确运用 G71、G70 编写零件加工程序。

（3）能运用 G01 和 G75 编写切槽、切断程序。

知识探究

1. 圆弧插补指令（G02/G03）

指令格式：G02/G03　X（U）_　Z（W）_　R_　F_ 。

G02/G03　X（U）_　Z（W）_　I_　K_　F_ 。

参数含义：

G02：顺时针圆弧插补。

G03：逆时针圆弧插补。

X（U）_　Z（W）_ ：终点坐标，如图 3 -4 中的 *B* 点和 *D* 点的坐标。

R_ ：圆弧半径，当角度大于 180°时，*R* 取负值。

I_　K_ ：圆心相对于圆弧起点的增量坐标；*I* 为半径增量（即 *X* 方向增量），*K* 为 *Z* 方向增量，如图 3 -4 所示。

F：切削进给速度。

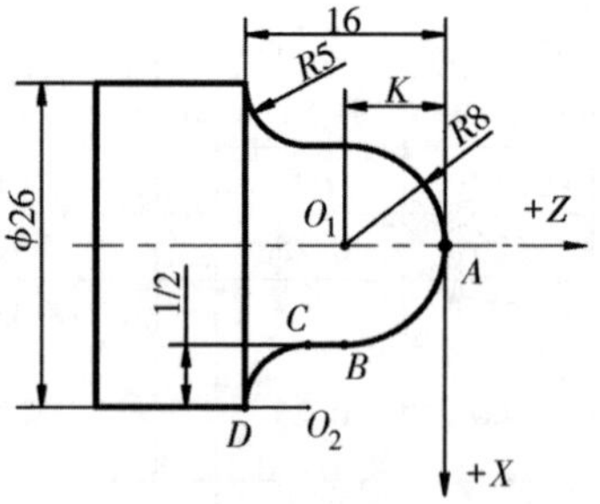

图 3 -4　圆弧指令

1）顺、逆圆弧判断

圆弧插补顺、逆方向的判断方法是：在笛卡儿坐标系中，垂直于圆弧所在平面（如 *ZX* 平面）的那一根轴（*Y* 轴）的正方向往负方向看，顺时针方向用 G02，逆时针方向用 G03，如图 3－5 所示。在图中：*A* 到 *B* 的程序为 G03 X16 Z－8 R8，*C* 到 *D* 的程序为 G02 X26 Z－16 R5。

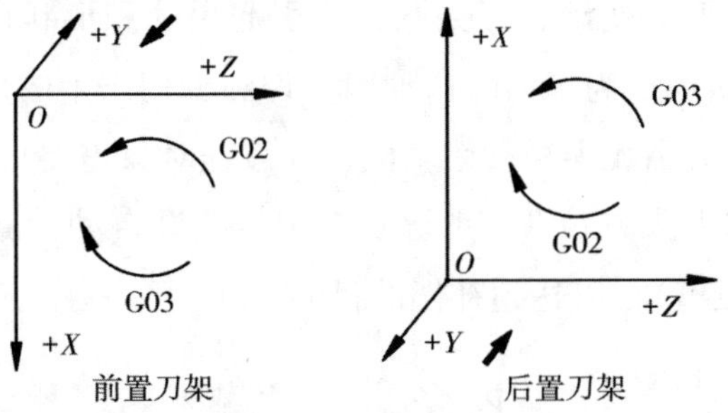

图 3－5　圆弧顺逆判断

2）圆弧车削粗加工路线

（1）车锥法。按一定的吃刀量，采用圆锥分层切削的办法将加工余量去除后，再进行圆弧精加工，如图 3－6（a）所示。这种加工路线加工效率较高，但计算麻烦。

（2）台阶法。如图 3－6（b）所示，这种方法加工效率最高，但每车一刀 *Z* 坐标都需要计算，不适合单独利用 G0 和 G1 编写粗加工程序，通常在 G71 轴向粗加工循环中才会采用这种走刀路线。

（3）车圆法。利用相同或不同的圆弧半径偏移，把多余的余量车掉，如图 3－6（c）所示。采用相同的圆弧半径来编程时，可直接将车锥法的直线改成圆弧即可，这种加工路线计算简单，适合用基本指令来编写。

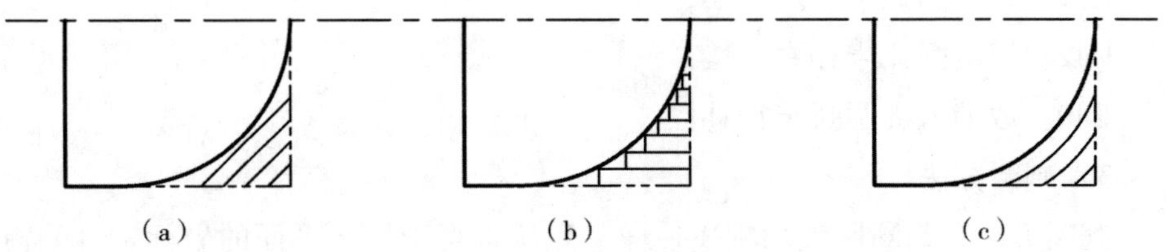

图 3－6　圆弧车削方法

2. 刀尖圆弧半径补偿指令 G41、G42 和 G40

1）刀尖半径补偿的意义

数控程序是针对刀具上的某一点即对刀点，按工件轮廓尺寸编制的。但实际加工中的车刀，由于工艺或其他要求，刀尖往往不是一个理想点，而是一段圆弧，如图 3－7 所示。当加工圆锥、圆弧等非坐标方向轮廓时，由于刀具切削点在刀尖圆弧上变动，刀尖圆弧将引起尺寸和形状误差，造成少切或多切，如图 3－8 所示。为了消除这种因多切和少切产生的加工误差，在实际加工中就引入了刀尖圆弧半径补偿功能，在编程时只需要提供半径补偿指令、刀尖的圆弧半径和刀尖方位 T，系统就会根据轮廓自动计算一个偏移值（图 3－9 中 1 到 2 的距离），以达到补偿的目的。

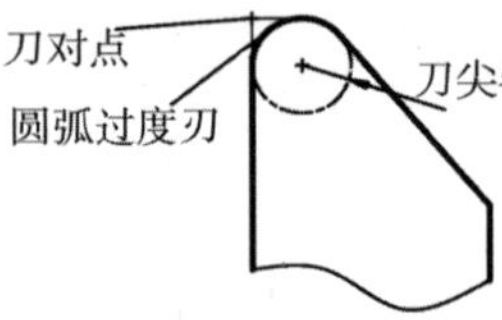

图 3－7　刀尖

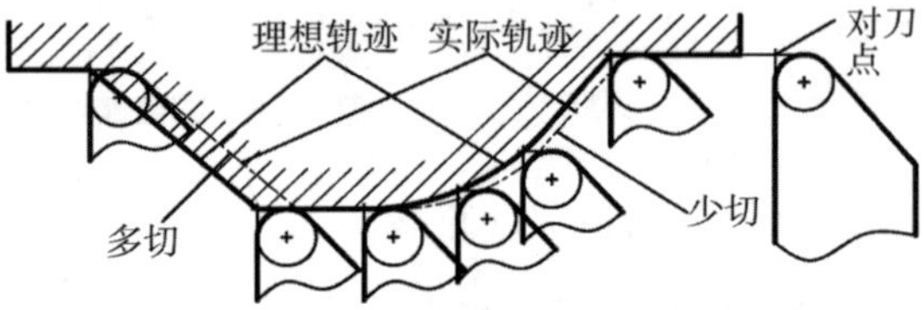

图 3－8　刀尖半径对零件加工的影响

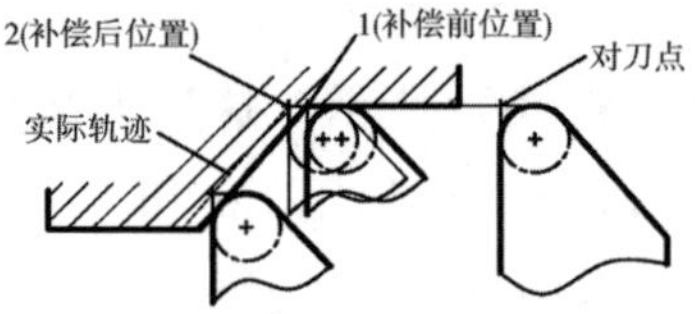

图 3－9　刀尖半径的补偿

2）指令格式

G41（G42、G40）G01（G00）X（U）__ Z（W）__；

G41：刀尖圆弧半径左补偿；

G42：刀尖圆弧半径右补偿；

G40：取消刀尖圆弧半径补偿。

3）判断方法

判断方法和判断圆弧的顺逆一样，先从垂直于加工平面的坐标轴（*Y* 轴）正方向往负方向看，再沿着刀具运动方向（假设工件不动）看，刀具位于工件左侧的补偿为左补偿，用 G41 表示；刀具位于工件右侧的补偿为右补偿，用 G42 表示，如图 3－10 所示。

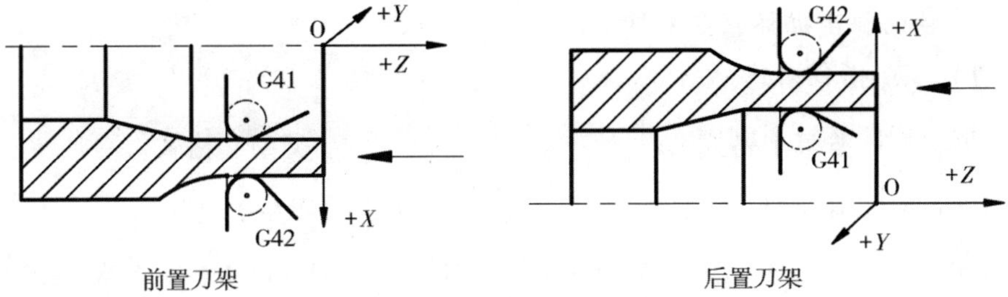

图3-10　左右半径补偿的判断方法

4）刀尖半径补偿的运用和注意事项

（1）刀尖半径补偿的建立与取消只能在工件轮廓外且只能在直线运动中才有效，即只能用在G00或G01的程序段中，不能用在GO2或G03的程序段中。

（2）刀具半径补偿参数及设置。G41/G42不带参数，其补偿号（代表所用刀具对应的刀尖半径补偿值）由T代码指定，其刀尖圆弧补偿号与刀具偏置补偿号对应。因此，必须将刀尖圆弧半径尺寸值输入到系统的存储器中，运行时刀具才会自动偏离零件轮廓半径距离。通常情况下粗加工可不用半径补偿，半精加工取0.4 mm，精加工取0.2 mm。若粗、精加工采用同一把刀，一般刀尖半径取0.4 mm。

（3）刀尖方位设置。车刀形状不同，决定刀尖圆弧所处的位置不同，执行刀具补偿时，刀具自动偏离零件轮廓的方向也就不同。因此，也要把代表车刀形状和位置的参数输入到存储器中。车刀形状和位置参数称为刀尖方位T，如图3-11所示，共有9种，分别用参数1~9表示，A为假想刀尖点。CJK6132数控机床常用刀尖方位T为：外圆右偏刀$T=3$，镗孔右偏刀$T=2$。

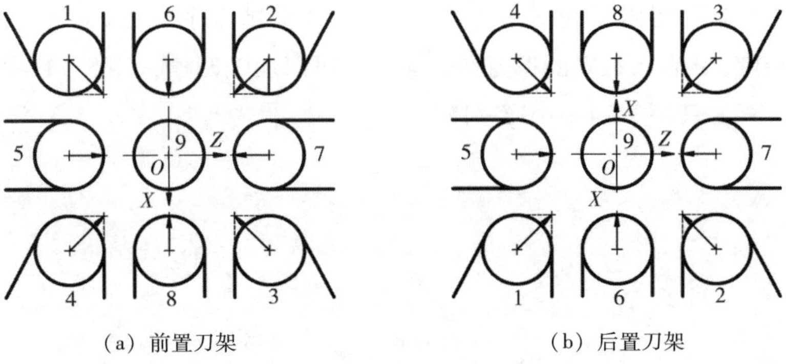

图3-11　车刀刀尖位置码定义

3. 轴向粗车循环指令 G71

1）G71 指令格式

类型Ⅰ格式	类型Ⅱ格式
G71 U(△d) R(e)F_ S_;	G71 U(△d) R(e)F_ S_;
G71 P(ns) Q(nf) U(△u) W(△w);	G71 P(ns) Q(nf) U(△u) W(△w);
N(ns)GOO(G01) X(U)_;	N(ns)GOO(G01)X(U)_Z(W)_;
……F;	……F;
……S;	……S;
N(nf)……	N(nf)……

参数含义：

$\triangle d$：切削深度（每次 X 方向的进刀量），加工时根据刀具、机床来取值。

e：X 向退刀量（半径指定）。

$\triangle u$：X 轴方向精加工余量（直径值），加工外轮廓时取正值；加工内轮廓时取负值。

$\triangle w$：Z 轴方向精加工余量的距离及方向，在Ⅱ类型中，Z 向精车余量一般取 0。

ns：精车轮廓第一个程序段的顺序号。

nf：精车轨迹最后一个程序段的顺序号，ns ~ nf 之间不允许有相同顺序号，必须是递增。

如图 3 - 12 加工轨迹所示，G71 有Ⅰ类型和Ⅱ类型。其中Ⅰ类型加工轮廓只能是递增或递减，A—B—C 为精车轮廓，A'—B'—C' 为粗车轮廓。粗车时，刀具会自动留出 X 向精车余量 $\triangle u/2$ 和 Z 向精车余量 $\triangle w$，$\triangle d$ 表示每次的切削深度，e 表示每次的退刀量；Ⅱ类型可以加工凹槽，图 3 - 12 表示走刀路线从 A'—1—2—3—4……16—17—A'。

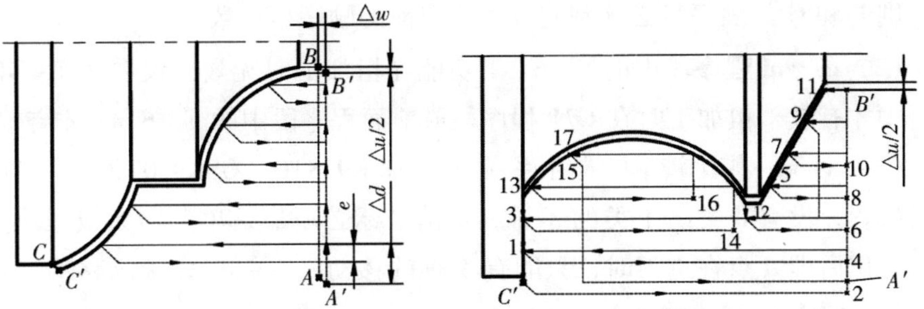

类型Ⅰ走刀轨迹　　类型Ⅱ走刀轨迹

图3-12　G71加工轨迹

2）G71的应用

G71主要用于内、外轮廓的粗加工，常见切削的形状如图3-13所示：*A*至*B*间确定总的切削用量，刀具的定位应根据毛坯尺寸来确定。

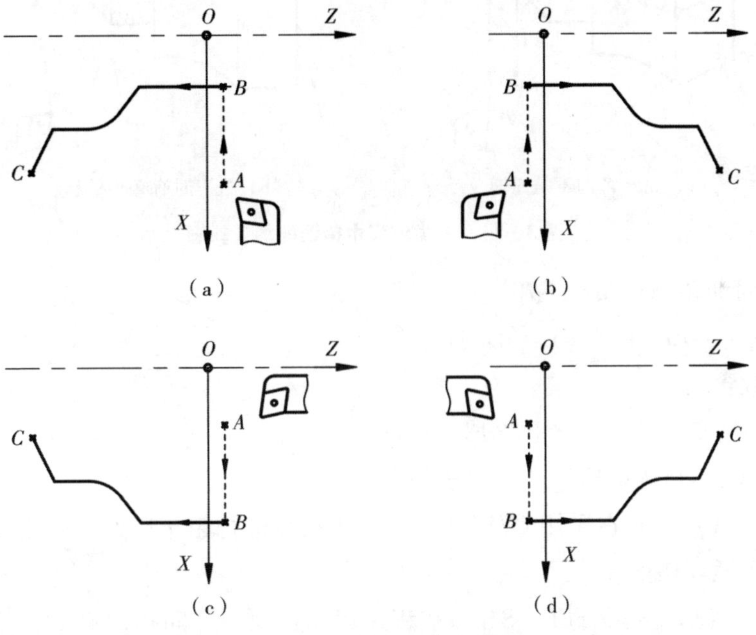

图3-13　G71的加工轮廓

3）G71编程注意事项

（1）ns~nf之间的顺序号必须是递增，不能有相同的顺序号。如果机床参数设置了无顺序号，则ns~nf可以随意设置，例如：G71 P1 Q2，只需在起点指令前加N1、终点指令前加N2即可；如果机床参数设置了自动添加顺序号，则 P 和 Q 的顺序号必须和起点、终点前的顺序号一致。

（2）ns ~ nf 程序段中的 F、S、T 功能在粗加工时无效，仅在精车 G70 的运行中才有效，粗加工时在 G71 程序段或前面程序段中的 F、S、T 才有效。

（3）对于一些比较早的操作系统（如 GSK928TC、GSK980TB1），只能用Ⅰ类编程，没有Ⅱ类。Ⅰ类的 *X* 轴、*Z* 轴坐标必须都是单调增大或减小，刀具在定位后即 *A* 点在进刀时，只能有 *X* 轴的移动，不能有 *Z* 轴的移动（通常省略），否则系统会报警，图 3－14（a）和（b）都是不允许的。对于Ⅱ类在加工凹轮廓时，*X* 轴坐标可以变化，但 *Z* 轴坐标也必须单调递增或递减才行。在编程时，*X* 值和 *Z* 值都必须写出，如果想设置 *Z* 向不移动，则一定要指定 W0，另外，加工凹陷轮廓时 *Z* 向精车余量应为 0，否则轮廓会偏移，影响精车轮廓。

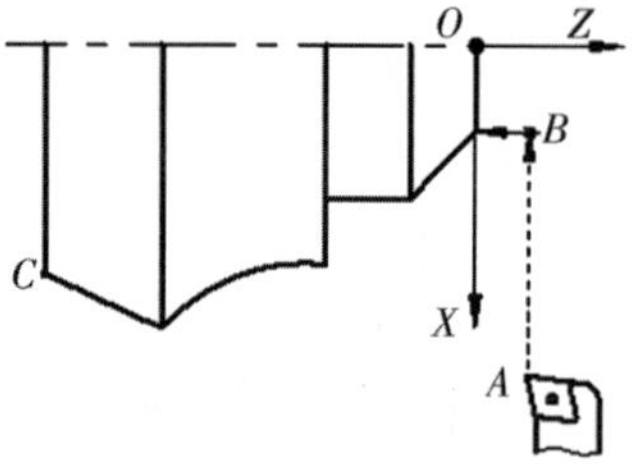

（a）轮廓 *X* 向不是递增

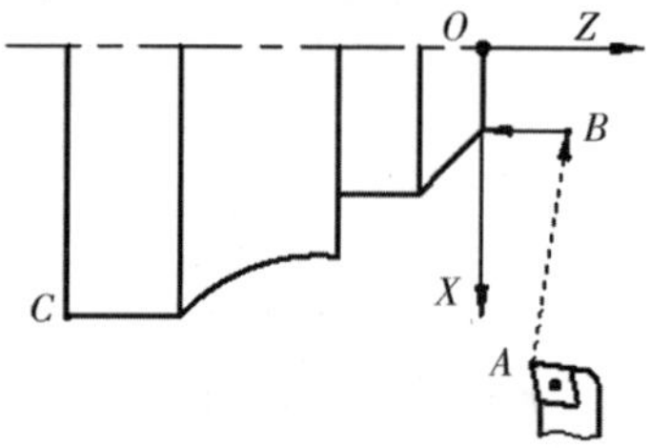

（b）进刀时有 *Z* 值的移动

图 3－14　Ⅰ类编程中错误的加工轮廓

4. 精加工循环指令 G70

格式：G70　P（ns）　Q（nf）。

参数含义：

ns：精车轨迹第一个程序段的顺序号。

nf：精车轨迹最后一个程序段的顺序号。

注：（1）只有在采用 G71、G72、G73 指令进行粗车后，方可用 G70 指令进行精车循环切削。

（2）精车过程中的 F、S、T 在程序段 P_ 到 Q_ 间指定有效，不能调用子程序。

（3）因 G71、G70 循环完毕后，刀具会先回到定位点，再退刀，所以粗、精车前的定位点在 *X* 向应大于或等于毛坯尺寸，*Z* 向设置为 2 或 3 即可。

5. 编程实例

如图 3－15 所示：毛坯为 ϕ35 mm×500 mm。

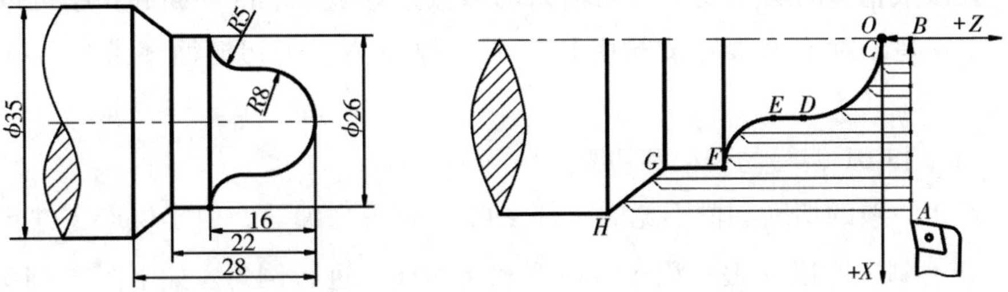

(a) 零件图　　　　(b) 走刀示意图

图 3－15　G71、G70 编程实例

参考程序：

O0231；	程序号
M03 S700 T0101；	启动主轴，换 1 号刀
G0 X35 Z2；	快速定位到 *A* 点
G71 U1.5 R1；	*X* 向吃刀量为 1.5 mm，退刀量为 1 mm
G71 P1 Q2 U0.5 W0.2 F150；	*X* 向精车余量为 0.5 mm，*Z* 向 0.2 mm
N1 G0 X0；	快速到达 *B* 点
G42 G1 Z0　F120；	建立半径补偿，到达 *C* 点
G3 X16 Z－8 R8；	*D* 点
G1 Z－11；	*E* 点
G2 X26 Z－16 R5；	*F* 点
G1 Z－22；	*G* 点
N2 G1 X35 Z－28；	*H* 点
G0 X100 Z100；	退刀
M05；	主轴停止
M00；	程序暂停
M03 S1500 T0101；	启动主轴，换 1 号刀
G0 X35 Z2；	快速定位刀 *A* 点
G70 P1 Q2；	精车调用（顺序号）
G40 G0 X100 Z100；	退刀，取消半径补偿
M30；	程序结束

6. 切槽刀的编程应用

切槽刀主要用来切断和切槽。编程时通常以左刀尖作为对刀点，在保证工件长度或槽宽时必须要考虑切槽刀的刀宽，对于一般的切断和切槽可以用G01来编写，对于槽很宽或槽多且有一定规律的可用切槽循环指令G75来编写。

1）用G01编写的切槽和切断

对于一般的切断和槽不宽的零件主要用G01来编写，由于生产零件轮廓不能有毛刺，所以在编写程序时还要利用切槽刀进行倒角。如下图3－16零件图所示，设刀宽4 mm。

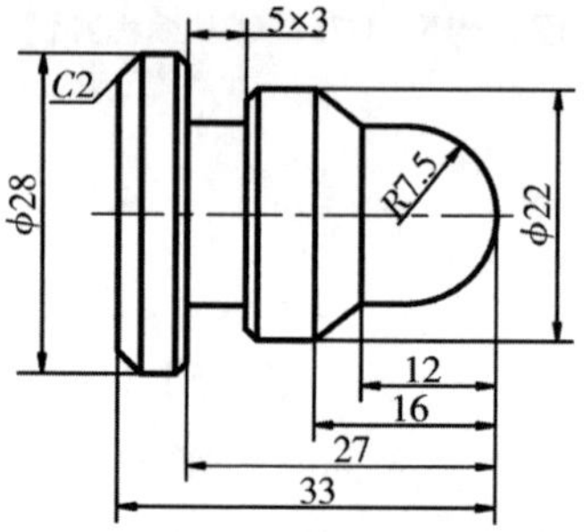

图3－16　零件图

参考程序：		G0 X30；	退刀
……		Z－37；	切断定位
M03 S500 T0202；		G1 X24；	切削
G0 X28 Z－27；	切槽定位	G0 X28.2；	退刀
G1 X16.1 F50；	切削	W2.1；	刀具右移
G0 X22.2；	退刀	G1 X24 W－2.1；	斜线倒角
W2.1；	刀具右移	X0；	切断
G1 X20 W－1.1；	斜线倒角	G0 X100；	*X* 向退刀
X16；	切削到底	Z100；	*Z* 向退刀
Z－27；	刀具左移	M30；	程序结束

注：①切槽刀在使用时，转速和进给量要根据工件、刀具材料匹配好，否则刀具很容易损坏。对于一般切槽刀原则上转速越高，进给就可以越快，反之，则越慢；对于刀宽较窄的切槽刀，则要高转速、低进给。

②切槽、切断时刀宽一定要测量准确。切槽时，如果工件的刚性不好，走刀方向应该从右往左切削。

2）用 G75 编写宽槽程序

G75 径向内、外圆切槽循环指令，对于宽槽的零件，其编程简单，图 3－17 表示刀具从 A 点到达 B 点的加工轨迹。

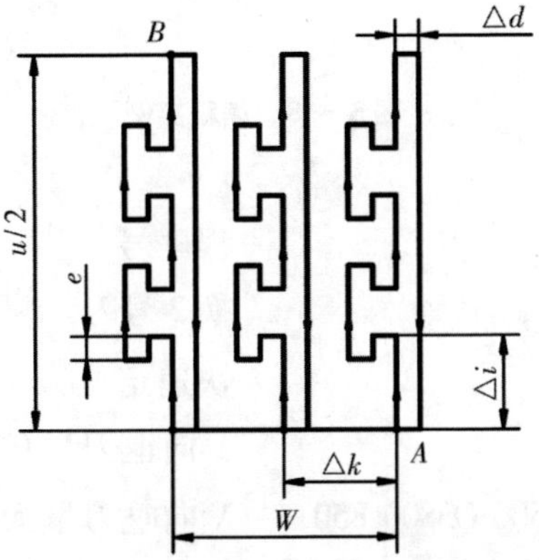

图 3－17　G75 的走刀路线

（1）指令格式：

G75 R（e）；

G75 X（U）Z（W）P（△i）Q（△k）R（△d）F_ _ 。

参数含义：

e：每次沿 X 方向切削 $\triangle i$ 后的退刀量（半径值），单位为 mm。

X_ _ Z_ _ ：终点坐标值，也可以用增量坐标。

$\triangle i$：X 方向的每次切削深度（半径值），单位 μm。

$\triangle k$：Z 方向的每次偏移量，单位 μm。

$\triangle d$：切削到终点时 Z 方向的退刀量，通常用不指定，省略 X（U）和 $\triangle i$ 时，则视为 0。

F：进给速度。

（2）编程实例，图 3－18 表示编写槽的加工程序（刀宽 4 mm）。

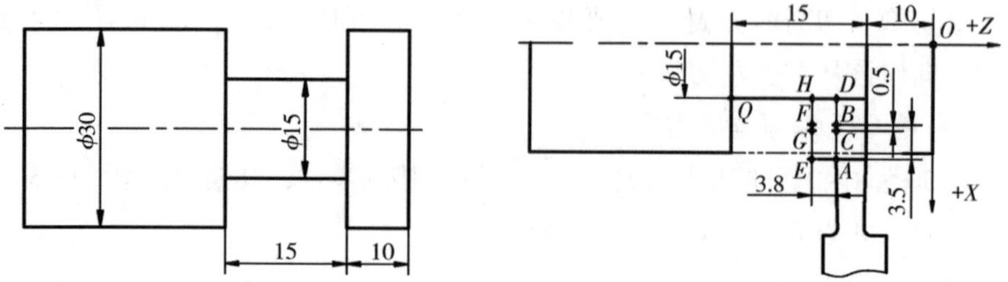

（a）零件图　　　　（b）分析图

图 3 - 18　编程实例

程序：

O2342；	程序号
T0202 M03 S500；	换 2 号刀，2 号刀补，转速 300 r/min
G00 X32　Z - 14；	快速定位
G75 R0. 5；	*X* 向退刀量 0. 5 mm
G75 X15　Z - 25 P3500 Q3800 F50；	*X* 向吃刀量为 3. 5 mm，Z 向偏移量为 3. 8 mm
G00 X100 Z50；	快速退刀
……；	

注：①加工时的走刀路线为 *A*→*B*→*C*→*D*→*A*→*E*→*F*→*G*→*H*，重复前边动作，最后到达 *Q* 点，其中 *A*→*E* 为刀具向左的偏移量，偏移的距离一般不超过刀宽，本例中 *Q* 取 3. 8 mm。

②指令中 R（△*d*）在切槽时必须省略，否则刀具会损坏。

③G75 在循环完毕后，刀具会自动回到起刀点 *A* 上，该指令只适合粗加工，精加工需单独编写。

（二）刀、量、夹具的准备

根据工艺要求，填写刀、量、夹具清单（见表 3 - 3）。

表 3 - 3　刀、量、夹具清单

产品名称或代号			零件名称		零件图号	
种类	序号	名称	规格（mm）	精度（mm）	单位	数量
刀具	1	45°车刀	20 × 20		把	1
	2	90°车刀	20 × 20		把	1
	3	切断刀	20 × 20		把	1

续表

产品名称或代号			零件名称		零件图号	
量具	4	游标卡尺	0~150	0.02	把	1
	5	千分尺	0~25，25~50	0.01	把	各1
夹具	6	三爪卡盘	200		个	1
	7					

知识探究

应知

(1) 切槽刀的几何角度和刃磨注意事项。

(2) 切断刀的选用方法。

应会

(1) 能正确刃磨切槽刀。

(2) 正确选用切槽刀。

1. 切槽刀的刃磨

1）切槽刀几何参数

以高速钢外圆切槽刀具为例，切槽刀的几何参数如图3-19所示，前角 $\gamma_0=5°\sim20°$；主后角 $\alpha_0=6°\sim8°$，两个副后角 $\alpha_0'=1°\sim3°$，主偏角 $K_r=90°$，两个副偏角 $K_r'=1°\sim1.5°$。

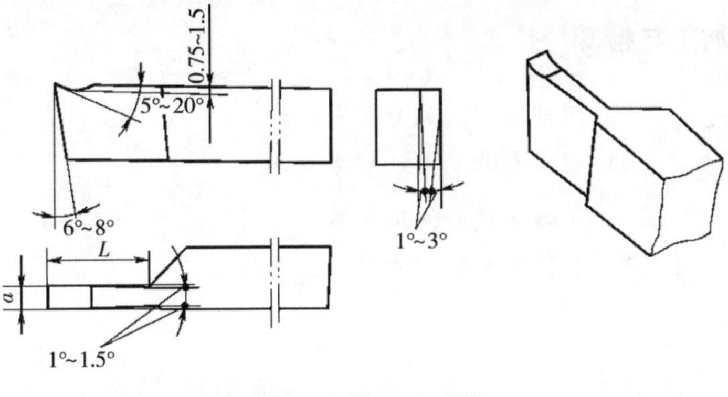

图3-19　切槽刀几何参数

2）切槽刀的刃磨以及注意事项

（1）高速钢车刀刃磨时，卷屑槽不宜过深，一般为0.75~1.5 mm，避免前角过大、楔角减小，刀头的散热面积减小，使刀尖强度降低。硬质合金车刀的前角应更小，以提高刀具使用寿命。

（2）保持两侧副后角和副偏角对称相等和一定的后角，保证主切削刃前宽和下窄，如果角度为负值，切削时会与工件已加工表面摩擦，容易使刀具折断。

（3）刃磨高速钢切刀时，应随时冷却，以防退火；刃磨硬质合金时，不能水冷却，以防刀片碎裂；也不能用力过猛，以防刀片烧结处产生高热脱焊。

（4）切槽刀几何角度刃磨好后，左右两刀尖还应磨出过渡刃，以提高刀具使用寿命。

2. 切槽刀的选择

切槽刀在切断时要注意主切削刃的宽度和刀头的长度的选择。主切削刃太宽会因切削力太大而震动，同时浪费材料；太窄又会削弱刀头强度，易折断。通常情况下切削刃宽度可按 $a \approx (0.5 \sim 0.6)\sqrt{d_w}$（$d_w$：待加工表面直径）来选择或刃磨，而切槽刀的刀头长度可按 $L=$ 切入深度 $+ (2 \sim 3)$ 来刃磨或选择。图 3－20 为机夹切槽刀。

图 3－20　机夹切槽刀

三、加工与检测

应知
（1）切槽刀的安装与对刀步骤。
（2）切槽刀的使用注意事项。

应会
（1）正确安装并使用切槽刀。
（2）能正确利用切槽刀加工零件。

知识探究

1. 切槽刀的安装

（1）切刀伸出刀架不宜过长，刀头中心线必须装得与工件轴线垂直，以保证两副偏角相等、主切削刃与工件轴线平行。

（2）切断实心工件时，切刀刀尖必须装得与工件轴线等高，防止刀刃过中心时刀刃损坏。

2. 切槽刀的对刀

切槽刀通常选择左边刀尖作为对刀点，其对刀方法和操作步骤与外圆车刀的差不多。为保证所有刀具的工件坐标系重合，在对 Z 坐标时，如图 3－21

(a) 所示，切槽刀左刀尖 A 点只能与端面（前面已经对完刀）接触，输入“Z0”，不能再对端面进行切削；对 X 坐标时，如图 3－21（b）所示，切槽刀可以纵向车削一段外圆（吃刀量要小），再原路返回并测量外圆的直径 a，最后输入“Xa”。另外也可以让主切削刃与已车削并测量过的外圆接触，输入已测量的 X 值。

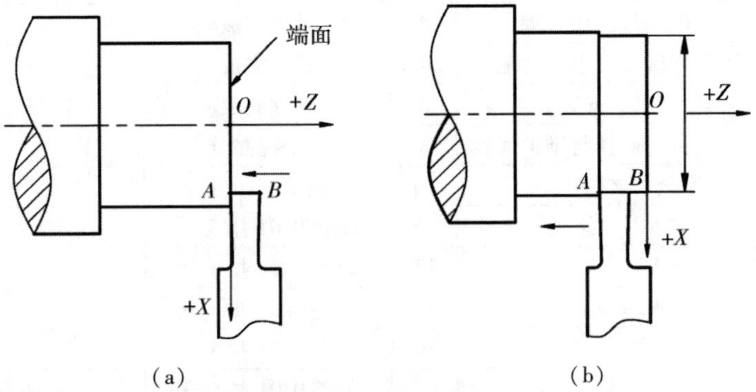

图 3－21　切槽刀的对刀

3. 切槽刀的使用注意事项

切槽刀在使用时，除了正确刃磨和安装外，还要结合工件材料、刀具材料和刀宽正确装夹工件，选择合适的切削用量，否则刀具很容易损坏。

（1）控制好毛坯的伸出长度。工件伸出太长刚性越差，切削时易震动，刀具易损坏。装夹时，切断或切槽的位置离卡盘越近越好。对于需切断的零件，毛坯的伸出量可按工件长度（＋10 mm）来装夹。

（2）选择合适的切削用量。

①进给量 f：切断钢料时，高速钢切断刀，$f=0.05\sim0.10$ mm/r；硬质合金切断刀，$f=0.10\sim0.20$ mm/r。

②切削速度（v_c）：切断钢料时，高速钢切断刀切削速度取 30～40 m/min；硬质合金切断刀切削速度取 80～120 m/min。

4. 零件精度检测评分

零件精度检测评分表见表 3－4。

表 3-4 零件精度检测评分表

姓名				班级		日期			
任务名称		圆弧轴的编程与加工		零件图号		机床编号			
检测任务		考核内容	配分	评分标准		学生自测	小组检测	教师检测	备注
基本检测	程序	切削加工工艺制定正确	2	独立完成					
		切削用量选用合理	2	独立完成					
		程序正确、简单、规范	10	独立完成					
	操作	刀具的刃磨、安装和对刀	8	独立完成					
		设备的正确操作与维护保养	3	视情况扣分					
		安全、文明生产	10	视情况扣分					
尺寸检测	直径	$\phi 28_{-0.05}^{0}$	13	超差 0.01 扣 5 分					
		$\phi 20_{-0.05}^{0}$	13	超差 0.01 扣 5 分					
		$\phi 10_{-0.05}^{0}$	13	超差 0.01 扣 5 分					
	长度	$35_{0}^{+0.1}$	10	超差 0.01 扣 5 分					
		26	3	超差 0.01 扣 5 分					
	其他	倒角 2 处	4	未倒 1 处扣 2 分					
		圆弧 $R10$，$R3$	4	超差不得分					
		表面粗糙度	5	超差不得分					
成绩评定		根据学生自测和组长检测综合考核	100	综合考核					
指导教师			小组长		总分				

任务评价

完成任务后，根据学生自评、小组互评和教师评价，填写学习过程综合评价表（见表 3-5）。

表 3-5 学习过程综合评价表

姓名		班级		小组号		日期	
任务名称	圆弧轴的编程与加工			小组长		指导教师	
检测任务	考核内容与标准	配分	学生自测	小组检测	教师检测	备注	
纪律观念	出勤、穿着、佩戴规范	5					
	遵守纪律、服从安排	5					
	具有责任心和团队意识	5					
学习情况	认真、积极学习	5					
	正确完成相关习题和任务	5					

续表

工艺制定	正确选择工、量、夹具	5				
	正确填写各种工艺文件	5				
加工准备	正确准备刀具、量具和夹具	10				
	能独立编写加工程序	10				
零件加工	能独立、熟练操作数控车床	5				
	零件得分×0.4	40				
安全文明生产	规范、安全刃磨刀具与操作加工	5				
卫生6S	能及时清理场地、设备	5				
成绩评定	根据学生自测、小组检测和观察综合评定	100			总分：	
等级评定	60分以下不合格，60（含）~75分合格，75（含）~90分良好，90（含）分以上优秀			等级		

任务拓展

根据所学知识，加工图3-22所示零件，毛坯为$\phi30$ mm×500 mm。

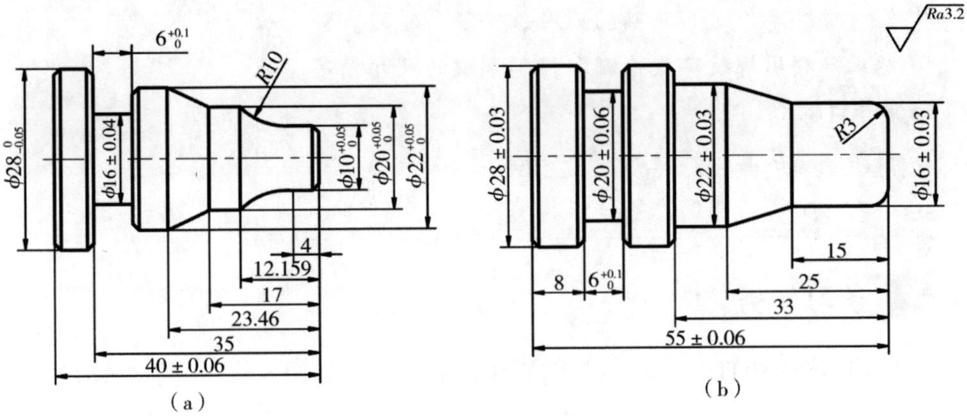

图3-22　圆弧轴

学习任务 4　弹膛体的编程与加工

学习目标

◎**知识目标**

1. 了解螺纹的分类以及常用的代号。
2. 掌握螺纹指令 G32、G92、G76 的基本格式和应用以及编程注意事项。
3. 掌握螺纹车刀的几何角度和使用方法。
4. 掌握螺纹测量方法。

◎**能力目标**

1. 能熟练操作数控车床，能利用所学指令独立编写零件加工程序。
2. 能对螺纹车刀进行正确的刃磨、安装和对刀。
3. 能正确利用螺纹环规检测和控制螺纹的尺寸精度。

◎**素养目标**

1. 培养学生认真、严谨的做事风格。
2. 养成安全、文明的操作习惯。

学习任务

使用 GSK980TDi 系统数控车床加工弹膛体（见图 4－1）的“车 1”工序内容，其机械加工工艺过程卡如表 4－1 所示，材料为 40Cr 钢，毛坯为 ϕ25 mm×500 mm，批量加工。

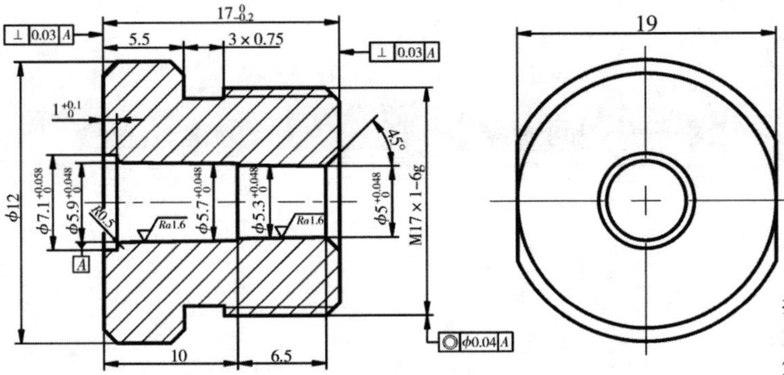

技术要求：
1.未注倒角$C1$，倒棱；
2.热处理HRC40-45；
3.氧化。

图 4-1　弹膛体

表 4-1　弹膛体机械加工工艺过程卡

<table>
<tr><td colspan="3" rowspan="2">×××</td><td colspan="2" rowspan="2">机械加工工艺过程卡</td><td colspan="2">产品名称或代号</td><td>JD307</td><td>零件图号</td><td colspan="2">7</td></tr>
<tr><td colspan="2">零件名称</td><td>弹膛体</td><td>文件编号</td><td colspan="2"></td></tr>
<tr><td colspan="2">材料牌号</td><td>40Cr</td><td>毛坯种类</td><td>棒料</td><td colspan="2">毛坯尺寸</td><td>φ25 mm × 500 mm</td><td>每坯件加工数</td><td colspan="2">23</td></tr>
<tr><td rowspan="2">工序号</td><td rowspan="2">工序名称</td><td colspan="3" rowspan="2">工序内容</td><td rowspan="2">车间</td><td rowspan="2">设备</td><td colspan="2" rowspan="2">工艺设备</td><td colspan="2">工时</td></tr>
<tr><td>准终</td><td>单件</td></tr>
<tr><td>1</td><td>下料</td><td colspan="3">在锯床上下 φ25 mm × 500 mm 毛坯</td><td>下料区</td><td>锯床</td><td colspan="2">锯床、钢直尺</td><td></td><td></td></tr>
<tr><td>2</td><td>车 1</td><td colspan="3">车端面、倒内角、车外圆、槽、螺纹并切断工件</td><td>数控加工区</td><td>数控车床</td><td colspan="2">专用夹具、45°车刀、切槽刀、外螺纹车刀、千分尺、螺纹环规等</td><td></td><td></td></tr>
<tr><td>3</td><td>铣 1</td><td colspan="3">铣对称平面</td><td>数控加工区</td><td>数控铣床</td><td colspan="2">专用夹具、铣刀、游标卡尺等</td><td></td><td></td></tr>
<tr><td>4</td><td>车 2</td><td colspan="3">车左端面，钻、镗孔</td><td>数控加工区</td><td>数控车床</td><td colspan="2">专用夹具、45°车刀、麻花钻、镗孔车刀、量规等</td><td></td><td></td></tr>
<tr><td colspan="3">设计</td><td>审核</td><td></td><td>批准</td><td></td><td>年　月　日</td><td>共 1 页</td><td colspan="2">第 1 页</td></tr>
</table>

学习流程

制订计划 → 加工准备 → 加工与检测

学习过程

一、制订计划

（一）分析零件图

零件图分析表见表 4－2。

表 4－2　零件图分析表

零件图	分析要素	基本情况	分析结果
	形状	圆柱、退刀槽、螺纹	刀具：90°、切槽刀和螺纹车刀；量具：游标卡尺，千分尺（0～25），螺纹环规
	材料	40Cr	
	生产类型	批量	利用三爪卡盘夹持，可在一台车床上一次装夹完成
	毛坯尺寸	ϕ25 mm×500 mm	
	几何精度	外圆 0.05 mm，粗糙度 1.6 μm	普通数控车床即可完成
	图纸的完整性	完整	无须计算与处理

知识探究

1. 生产过程与工艺过程

1）生产过程

把原材料转变为成品的全过程称为生产过程。生产过程一般包括原材料的运输、仓库保管、生产技术准备、毛坯制造、机械加工（含热处理）、装配、检验、喷涂和包装等。

2）工艺过程

改变生产对象的形状、尺寸、相对位置和性质等，使其成为成品或半成品的过程，称为工艺过程。工艺过程是生产过程的主体，根据其具体工作内容可分为：铸造、锻造、冲压、焊接、机械加工、热处理、表面处理以及装配工艺过程等，其中机械加工的过程称为机械加工工艺过程。在机械加工工艺过程中，针对零件的结构特点和技术要求，必须采用不同的加工方法和装备，按照一定的顺序依次进行才能完成由毛坯到零件的转变过程。因此，机械加工工艺过程是由一个或若干个顺序排列的工序组成的，而工序又由安装、工位、工步和进给等组成。通常一个零件要经过：下料→热处理（根据情况）→机械加工（车、铣、钻等）→热处理→机械加工（精加工，根据情况）。表4－3是机械加工工艺过程卡。

表4－3　机械加工工艺过程卡

<table>
<tr><td colspan="2" rowspan="2">×××</td><td rowspan="2">机械加工工艺过程卡</td><td colspan="2">产品名称或代号</td><td></td><td>零件图号</td><td></td></tr>
<tr><td colspan="2">零件名称</td><td></td><td>文件编号</td><td></td></tr>
<tr><td>材料牌号</td><td></td><td>毛坯种类</td><td colspan="2">毛坯尺寸</td><td></td><td>每坯加工件数</td><td></td></tr>
<tr><td rowspan="2">工序号</td><td rowspan="2">工序名称</td><td rowspan="2">工序内容</td><td rowspan="2">车间</td><td rowspan="2">设备</td><td rowspan="2">工艺设备</td><td colspan="2">工时</td></tr>
<tr><td>准终</td><td>单件</td></tr>
<tr><td>1</td><td></td><td></td><td></td><td></td><td></td><td></td><td></td></tr>
<tr><td>2</td><td></td><td></td><td></td><td></td><td></td><td></td><td></td></tr>
<tr><td>3</td><td></td><td></td><td></td><td></td><td></td><td></td><td></td></tr>
<tr><td colspan="2">设计</td><td>审核</td><td>批准</td><td></td><td>年　月　日</td><td>共　页</td><td>第　页</td></tr>
</table>

2. 螺纹的分类与代号

螺纹按用途可分为连接螺纹和传动螺纹；按牙型可分为三角形螺纹、矩形螺纹、锯齿形螺纹、梯形螺纹等；按螺纹旋线方向可分为左旋螺纹和右旋螺纹；按螺纹旋线的线数可分为单线螺纹和多线螺纹。常见螺纹代号如表4－4所示。

表4－4　常见螺纹代号

螺纹名称	特征代号	标注代号
普通螺纹	M	粗牙螺纹：M16、M20；细牙螺纹：M22×1.5－5g6g
密封管螺纹（55°）	RC：圆锥内螺纹 RP：圆柱内螺纹 R：圆锥外螺纹	RC1/2 RP1/2 R1/2
非密封管螺纹（55°）	G：内螺纹 GA：A级外螺纹 GB：B级外螺纹	G1/2 G1/2A G1/2B
梯形螺纹	Tr	Tr32×3、Tr32×8（P4）
锯齿形螺纹	B	B20×2LH

（二）制定加工工艺

根据分析内容填写数控加工工序卡（见表4－5）。

表 4－5　数控加工工序卡

<table>
<tr><td>单位名称</td><td></td><td colspan="2">数控加工工序卡</td><td>产品名称或代号</td><td>零件名称</td><td>零件图号</td><td>工序名称</td><td>工序号</td></tr>
<tr><td colspan="4" rowspan="6">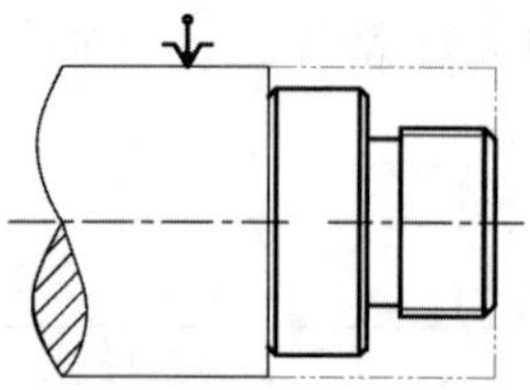</td><td>JD307</td><td>弹膛体</td><td></td><td>车 1</td><td>1</td></tr>
<tr><td>毛坯尺寸</td><td>材料牌号</td><td>毛坯种类</td><td>每坯件数</td><td>工作液</td></tr>
<tr><td>ϕ25 mm ×500 mm</td><td>40Cr</td><td>棒料</td><td>若干</td><td>无</td></tr>
<tr><td>夹具名称</td><td>使用设备</td><td>车间</td><td>程序编号</td><td>准终(min)</td></tr>
<tr><td>三爪卡盘</td><td>CJK6136</td><td>数车实训</td><td>1</td><td></td></tr>
</table>

工步号	工步内容	走刀次数	切削用量			工时/min		刀、量、辅助工具			
			主轴转速(r/min)	进给速度(mm/min)	背吃刀量(mm)	加工	辅助	刀具号	刀具名称	量具名称	辅助工具
1	粗车外轮廓	5	800	150	1.5			T01	90°车刀	千分尺	
2	精车外轮廓	1	1 400	120	0.25			T01	90°车刀	千分尺	
3	切退刀槽	1	300	25	3			T02	切断刀	游标卡尺	
4	车螺纹 M17×1	3	1 000		0.25			T03	螺纹车刀	螺纹环规	
5	切断工件	1	300	25	3			T02	45°车刀	游标卡尺	
编制		审核			批准			年 月 日		共 页	第 页

二、加工准备

（一）编制数控加工程序

应知

（1）螺纹的编程要点。

（2）螺纹编程指令 G92 与 G76 的格式和编程应用。

应会

（1）能正确计算螺纹的大径、中径和小径。

（2）能正确编写零件螺纹的加工程序。

知识探究

1. 螺纹的编程要点

1）螺纹大径、中经和小径的计算

螺纹的主要参数如图 4－2 所示，螺纹的大径、中径、小径、螺距以及牙型角，加工时每个参数都很重要，在编程时要注意大径和小径的计算，其中外螺纹用小写字母表示，内螺纹用大写字母表示。

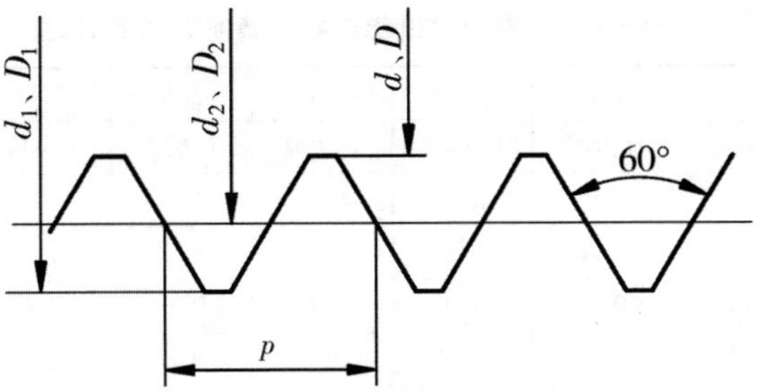

图4－2　螺纹的基本参数

(1) 螺纹大径。由于螺纹加工时刀具对牙型有挤压作用，容易使螺纹牙顶直径变大，所以在车外螺纹前，螺纹外径尺寸一般应比基本尺寸小0.2～0.4 mm。

(2) 螺纹中径。螺纹中径是一个假象圆柱的直径，螺纹配合时就是靠在中径线上的接触来实现传递动力或紧固作用的。螺纹是否合格，主要是看螺纹的中径尺寸是否合格，通常螺纹中径用 $d_2=d-0.649\,5P$ 来计算。利用螺纹千分尺检测螺纹时，要把螺纹中径的公差查出来。

(3) 螺纹小径。外螺纹小径是编程时刀尖最终切削到的尺寸，是螺纹加工的关键尺寸。外螺纹的 $d_1=d-(1.1\sim1.3)P$，通常取 $d_1=d-1.25P$ 来计算，加工时再根据实际情况来调整。内螺纹的小径 D_1 是车螺纹前的内孔直径，通常根据材料的不同，可按下列公式来计算：

内螺纹小径 $D_1=D-P$　　（车削塑性金属）

$D_1=D-1.05P$　　（车削脆性金属）

在以上公式中，d、D 直径均指其基本尺寸，P 指螺纹的螺距。在各编程大径和编程小径的公式中，已考虑到了部分直径公差的要求。

2) 车螺纹时的主轴转速与背吃刀量的确定

车削螺纹时大多数经济型车床数控系统推荐主轴转速如下公式计算。常用背吃刀量可参照表4－6和表4－7所示执行。实际加工时，可根据机床、刀具情况灵活选择，也要看机床、刀具的影响。

$$n\leqslant\frac{1\,200}{p}-k$$

式中：P——被加工工件螺纹导程（螺距），单位为mm；

k——保险系数，一般为80。

表 4-6 公制螺纹进给次数与背吃刀量的确定

螺距		1.0	1.5	2.0	2.5	3.0	3.5	4.0
牙深（半径）		0.649	0.947	1.299	1.624	1.949	2.273	2.598
切削次数及吃刀量（直径）	1次	0.7	0.8	0.9	1.0	1.2	1.5	1.5
	2次	0.4	0.6	0.6	0.7	0.7	0.7	0.8
	3次	0.2	0.4	0.6	0.6	0.6	0.6	0.6
	4次		0.16	0.4	0.4	0.4	0.6	0.6
	5次			0.1	0.4	0.4	0.4	0.4
	6次				0.15	0.4	0.4	0.4
	7次					0.2	0.2	0.4
	8次						0.15	0.3
	9次							0.2

表 4-7 英制螺纹进给次数与背吃刀量的确定

牙/英寸		24	18	16	14	12	10	8
牙深（半径）		0.678	0.904	1.016	1.162	1.345	1.626	2.033
切削次数及吃刀量（直径）	1次	0.8	0.8	0.8	0.8	0.9	1.0	1.2
	2次	0.4	0.6	0.6	0.6	0.6	0.7	0.7
	3次	0.16	0.3	0.5	0.5	0.6	0.6	0.6
	4次		0.11	0.14	0.3	0.4	0.4	0.5
	5次				0.13	0.21	0.4	0.5
	6次						0.16	0.4
	7次							0.17

3）螺纹起点与终点的确定

如图 4-3 所示，车螺纹时，刀具沿螺纹方向的进给应与工件主轴旋转保持严格的速比关系。刀具从停止状态到达指定的进给速度或从指定的进给速度降为零，驱动系统必须有一个过渡过程，因此必须增加刀具引入距离 δ_1 和刀具引出距离 δ_2，即升速段和减速段。δ_1、δ_2 的数值与螺距和转速有关，由各系统设定。一般取 $\delta_1 \geqslant 2$ 导程（mm），$\delta_2 \geqslant (1\sim1.5)$ 导程（mm）。

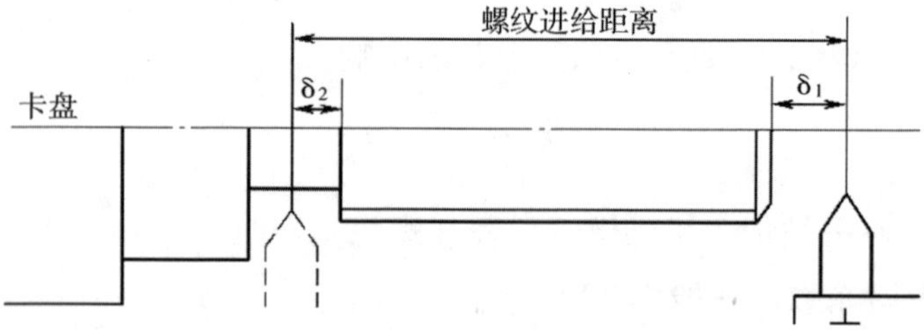

图 4-3 切螺纹时的引入、引出距离

4）多线螺纹的车削

在一个螺纹的整个切削过程中，螺纹起点的 Z 坐标值应始终设定为一个固定值，否则会使螺纹“乱扣”。车多线螺纹时如果用基本指令 G32 来编写（见图 4－4），只需将刀具定位点的 Z 坐标移动一个螺距即可；如果用循环指令 G92、G76 来编写，只需在指令参数中的 L 后面加上一个线数即可。

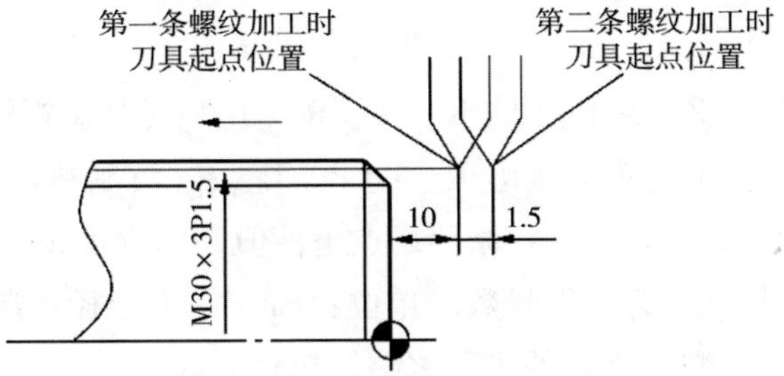

图 4－4　多线螺纹的车削方法

5）螺纹的车削方法

数控车床上加工螺纹的常用方法有直进法和斜进法两种，如图 4－5 所示。一般情况下螺距≤3 mm 的采用直进法，可用指令 G32、G92 来编写；螺距＞3 mm 的可采用斜进法进行切削，可用指令 G76 来编写。对于一些螺距更大的三角形螺纹、梯形螺纹以及矩形螺纹还要通过计算或者利用宏程序来编写加工程序。

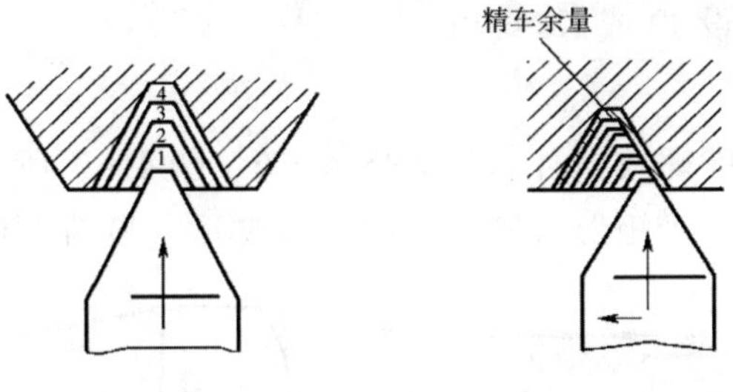

（a）直进法　　（b）斜进法

图 4－5　螺纹的常用切削方法

2. 螺纹的编程指令

1）基本指令（G32）

（1）指令格式：

G32 X（U）__Z（W）__F__；

式中：X（U）__Z（W）__为螺纹的终点绝对/增量坐标值；

F __为螺纹的导程。

（2）指令说明：

当X（U）__省略时为圆柱螺纹切削，Z（W）__省略时为圆端面螺纹切削，当X（U）__ Z（W）__均不省略时为锥螺纹切削。

2）单一固定循环指令（G92）

（1）指令格式：

G92 X（U）_ Z（W）_ J_ K_ F_ R_ L_；（公制螺纹）。

G92 X（U）_ Z（W）_ J_ K_ I_ R_ L_；（英制螺纹）。

其中：X（U）_ Z（W）：循环终点坐标值，单位：mm。

J、*K*：退尾长度，为无符号数。单位：mm；*J* 为半径指定。

R：螺纹起点与螺纹终点的半径之差，单位：mm。

F：公制螺纹导程，取值范围为 0.001 ~ 500，单位：mm；模态指定。

I：英制螺纹每英寸牙数，取值范围为 0.06 ~ 25 400，单位：牙/英寸，模态指定。

L：螺纹头数，取值范围为 1 ~ 99，单位：头，模态指定；不指定时默认为 1。

执行该指令，可进行等导程的直螺纹、锥螺纹单一循环螺纹加工，循环完毕刀具回起点位置，螺纹切削时可不需退刀槽。当 *J*、*K* 设定值时，按 *J*、*K* 设定值执行 *X* 轴、*Z* 轴退尾；当不设定 *J* 值或 *K* 值时，按 45°退尾执行；当不需要退尾时，可设 J0 或 K0 即可。

（2）循环轨迹：

G92 圆柱、圆锥螺纹循环轨迹如图 4－6、图 4－7 所示，与 G90 循环相似，运动轨迹也是一个矩形（圆柱螺纹）和梯形（圆锥螺纹）轨迹。刀具从

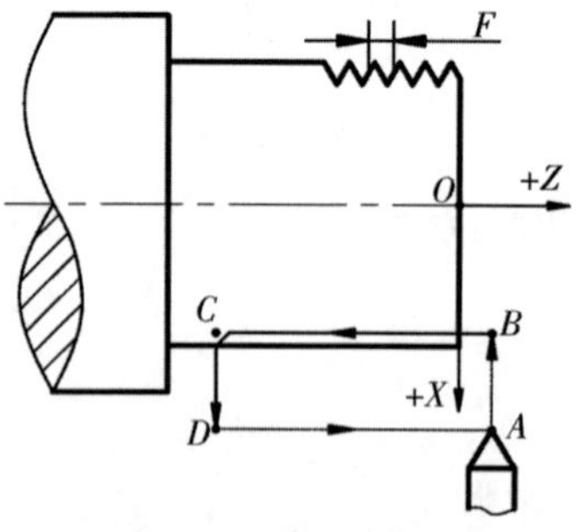

图 4－6　圆柱螺纹走刀轨迹

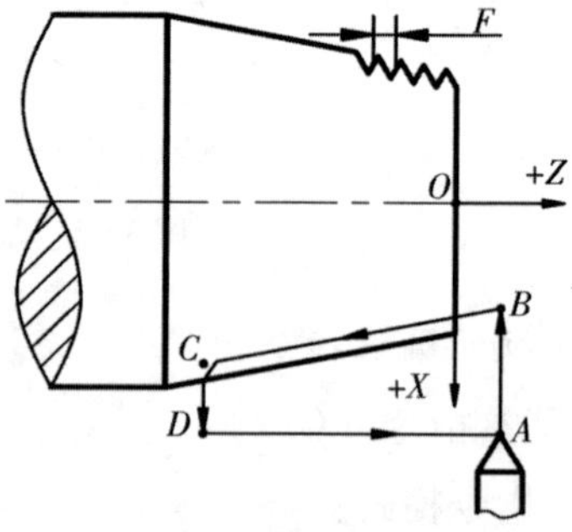

图 4－7　圆锥螺纹走刀轨迹

循环起点 A 沿 X 向快速移动至 B 点，然后以导程/转的进给速度沿 Z 向切削进给至 C 点，再从 X 向快速退刀至 D 点，最后返回循环起点 A，准备下一次循环。

（3）例：如图4－8所示，用G92编写圆柱螺纹。

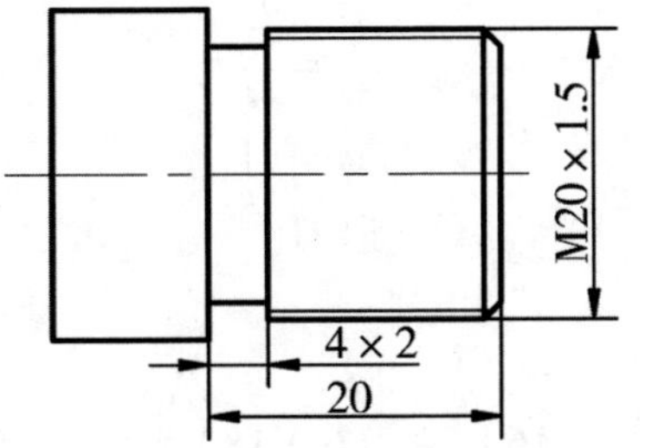

图4－8　圆柱螺纹

参考程序：

M03 S700 T0303；	启动主轴、选择刀具
G0 X22 Z5；	起刀点，Z 坐标距离螺纹端面 $2P$ 以上
G92 X19.2 Z－18 F1.5；	螺纹车削第一刀（切削0.6 mm，外圆车小0.2 mm）
X18.7；	第二刀（切削0.5 mm）
X18.3；	第三刀（切削0.4 mm）
X18.12；	第四刀（螺纹小径 $D_1=D-1.25P$）
G0 X100 Z100；	退刀

……

（4）例：如图4－9所示，用G92编写圆锥螺纹。

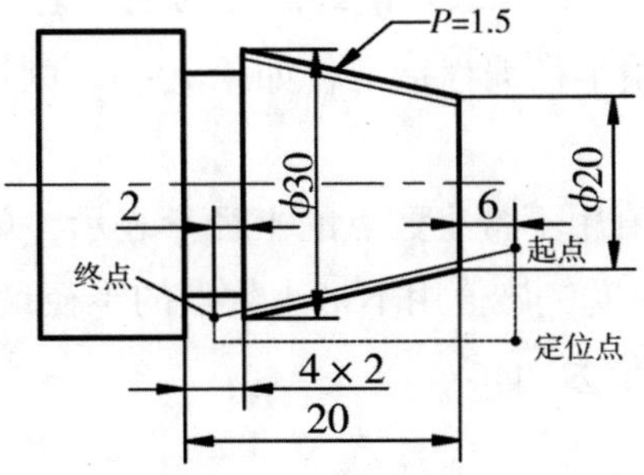

图4－9　圆锥螺纹

参考程序：

M03 S700 T0303；	启动主轴、选择刀具
G0 X32 Z6；	起刀点，Z 坐标距离螺纹端面 $2P$ 以上
G92 X31.2 Z－18 R－7.5 F1.5；	螺纹车削第一刀
X30.4；	第二刀
X29.8；	第三刀
X29.3；	第四刀
G0 X100 Z100；	退刀

……

注：$R=\left[\frac{(20-30)}{2}\div 16\right]\times(6+18)=-7.5$，锥螺纹切削终点直径为：$d_1=30+2\times(30-20)/16-1.3\times1.5=29.3$

3）复合固定循环指令（G76）

（1）指令格式：

G76　P（m）（r）（α）Q（Δd min）R（d）；

G76　X（U）__ Z（W）__ R（i）P（k）Q（Δd）F __。

式中，m：精加工重复次数，01～99，用两位数表示；

r：螺纹尾端倒角值，该值的大小可设置在（0～9.9）L 之间，系数应为 0.1 的整倍数，用 00～99 之间的两位整数来表示，其中 L 为导程。

α：刀尖角度（螺纹牙型角），可以选择 80°、60°、45°、30°、29°和 0°共 6 种中的任意一种，该值由两位数来表示；m、r、a 用地址 P 同时指定，例如：$m=2$，$r=1.2L$，$\alpha=60°$，可表示为 P021260。

Δd min：最小车削深度，该值用不带小数点的半径量表示，单位为 μm。

d：精加工余量，该值用带小数点的半径量表示，单位为 mm。

X（U）__Z（W）__：螺纹切削终点处的绝对坐标或增量坐标。

i：螺纹锥度值，用半径编程指定，如果 $i=0$，则进行圆柱螺纹切削，可省略。

k：螺纹高度，该值用不带小数点的半径量表示，单位为 μm。

Δd：第一次切削深度，该值用不带小数点的半径量表示，单位为 μm。

F：螺纹导程，单位为 mm。

（2）循环轨迹：

G76 螺纹切削复合循环的运动轨迹如图 4－10 所示。刀具从循环起点 A

处快速移动至 $B1$，螺纹切深为 Δd→沿平行于 C→D 的方向螺纹切削至离 Z 向终点距离为 r 处→倒角退刀至与 D→E 相交处→沿 X 向快速退刀至 E 点→快速返回 A 点，完成第一次切削，准备第二次切削循环。如此循环，直至循环结束。

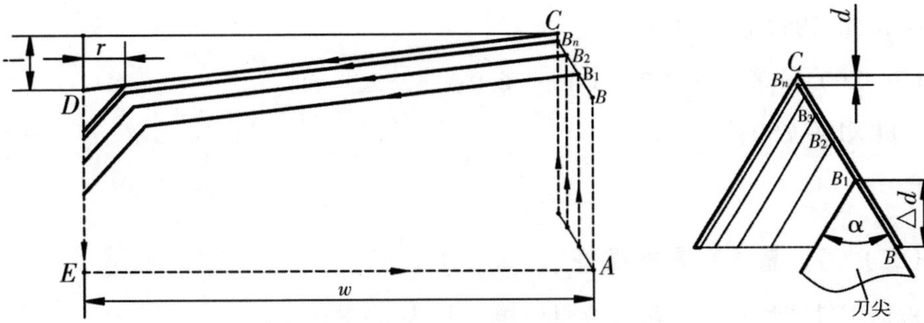

图 4-10　G76 的切削方式

指令说明：

①循环起点（终点）A：程序段运行前和运行结束时的位置。

②螺纹起点 C：Z 轴绝对坐标与 A 点相同、X 轴绝对坐标与 D 点 X 轴绝对坐标的差值为 i（螺纹锥度、半径值）。

③螺纹终点 D：由 X（U）Z（W）定义的螺纹切削终点。如果有螺纹退尾，切削终点长轴方向为螺纹切削终点，短轴方向为退尾后的位置。

④螺纹切深参考点 B：B 点的螺纹切深为 0，该点的 X 坐标值 = 小径 + $2k$，是系统计算每一次螺纹切削深度的参考点。

⑤G76 指令可加工带螺纹退尾的直螺纹和锥螺纹，可实现单侧刀刃螺纹切削，吃刀量逐渐减少，有利于保护刀具，提高螺纹精度，通常适用螺距大于 3 mm 以上的螺纹。G76 指令不能加工端面螺纹。

⑥例：如图 4-11，用 G76 编写圆柱螺纹。

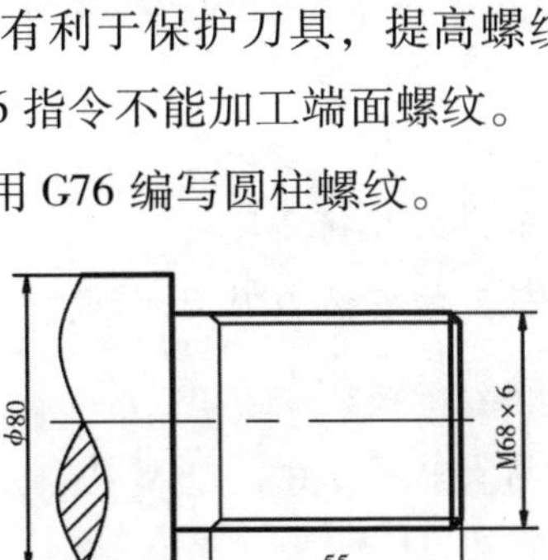

图 4-11　编程实例

参考程序：

……

M03 S600 T0202;

G00 X80 Z12;

G76 P011060 Q100 R0.1;

G76 X60.64 Z-55 P3247 Q400 F6.0;

G00 X100 Z50;

……

（二）刀、量、夹具的准备

根据零件图填写刀、量、夹具清单（见表4-8）。

表4-8 刀、量、夹具清单

产品名称或代号			零件名称		零件图号	
种类	序号	名称	规格（mm）	精度（mm）	单位	数量
刀具	1	45°车刀	20×20		把	1
	2	90°车刀	20×20		把	1
	3	切槽刀	20×20		把	1
	4	螺纹车刀	20×20		把	1
量具	5	游标卡尺	0~150	0.02	把	1
	6	千分尺	0~25，25~50	0.01	把	各1
	7	螺纹环规	M17×1	6g	副	1
夹具	8	三爪卡盘	200		个	1
	9					

知识探究

应知

（1）螺纹车刀的几何角度。

（2）螺纹车刀的安装与对刀步骤。

应会

（1）能正确刃磨螺纹车刀。

（2）能正确安装螺纹车刀和对刀。

1. 螺纹车刀的刃磨及注意事项

三角形硬质合金螺纹车刀的几何角度如图4－12所示，在刃磨时应注意以下几点：

（1）根据粗、精车的要求，磨出合理的前、后角。粗车时前角适当大些、后角适当小些；精车则相反。

（2）车刀的两侧刃直线性要好，无崩刃。

（3）刀头不歪斜，牙型半角相等，刀尖靠近进刀一侧，便于加工时退刀安全。

（4）三角形螺纹车刀刃磨顺序一般为先刃磨前刀面，再刃磨两侧面，以防止刀刃和刀尖爆裂。

（5）刃磨时，利用螺纹样板通过透光法进行测量，测量时样板应与车刀表面平行，观察两边的贴合间隙，进行修磨，以达到要求。

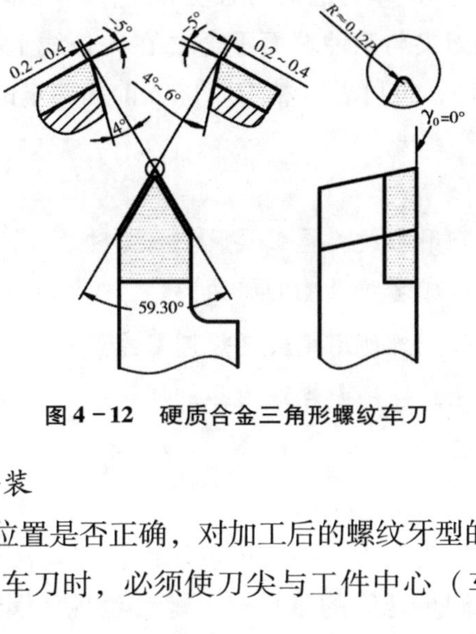

图4－12 硬质合金三角形螺纹车刀

2. 螺纹车刀的安装

螺纹车刀的安装位置是否正确，对加工后的螺纹牙型的正确性有较大影响。

（1）在安装螺纹车刀时，必须使刀尖与工件中心（车床主轴轴线）在同一高度上。

（2）对于三角形螺纹、梯形螺纹，其牙型要求对称并垂直于工件轴线，两牙型半角要相等，如果把车刀装歪，会产生牙型歪斜。对于刃磨的螺纹车刀，装刀时，可以使用角度样板辅助装刀，如图4－13所示。对于机夹刀具可以直接将螺纹车刀的刀片左侧面与工件端面贴紧，再拧紧刀架螺栓即可。

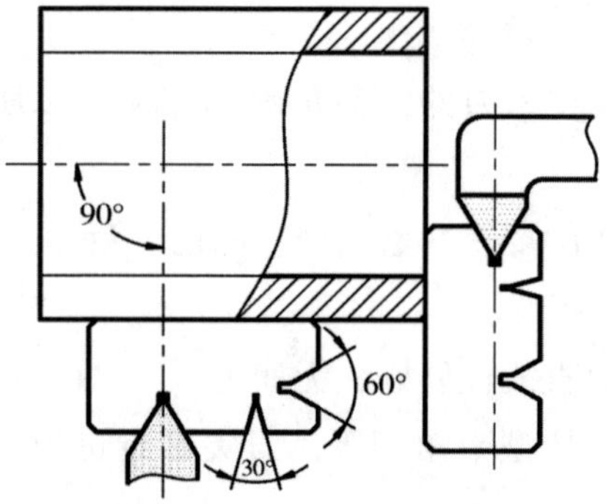

图 4－13　螺纹车刀的安装

（3）螺纹车刀不宜伸出刀架过长，一般以伸出长度为刀柄厚度的 1.5 倍为宜，为 25 ~ 30 mm。

3. 螺纹车刀的对刀

螺纹车刀的对刀与 90°车刀的对刀方法和操作步骤基本一样，不同的就是对 Z 坐标时，只需让刀尖与工件端面重合（在一条线上）即可，不能在车端面；X 向的对刀可试切，也可以"粘刀"输入前面测量的直径。

三、加工与检测

应知

（1）常用螺纹测量工具及测量方法。

（2）造成螺纹误差的原因。

应会

（1）能正确使用螺纹环规测量螺纹。

（2）能正确判断螺纹废品的原因。

知识探究

1. 螺纹的测量

螺纹的大径由于公差较大，一般可以用游标卡尺测量，而螺纹中径是最重要的尺寸，常见的测量螺纹的量具有：螺纹量规、螺纹千分尺和三针，其中三针检测属于精密检测。这里主要介绍前两种。

（1）用螺纹量规检测。螺纹量规分为螺纹环规和螺纹塞规。其中螺纹环规［图 4－14（a）］用来测量外螺纹；螺纹塞规［图 4－14（b）］用来测量内螺纹。测量时，通规过、止规不过才合格，否则视为不合格，适合批量零件的检测。

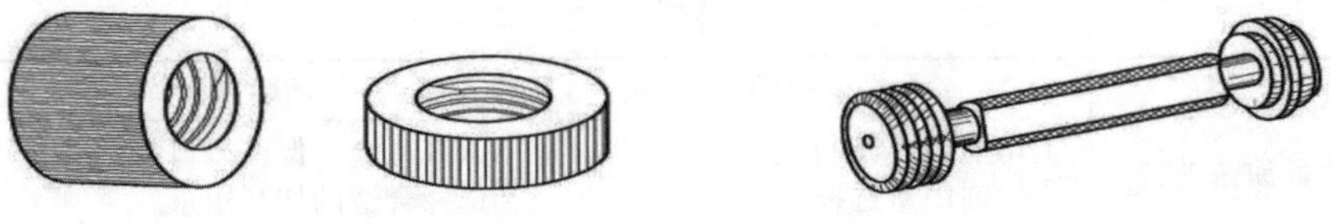

（a）螺纹环规　　（b）螺纹塞规

图4－14　常见的螺纹环规与螺纹塞规

（2）用螺纹千分尺测量。螺纹千分尺［图4－15（a）］主要是用来测量螺纹的中径，适合单一零件的检测。螺纹千分尺的读数原理与普通千分尺相同，其测量杆上安装了适用于不同螺纹牙型和不同螺距的成对配套的测量头。如图4－15（b）和（c）所示，在测量时，两个测量头正好卡在螺纹牙型面上，这时千分尺读数就是螺纹中径的实际尺寸。另外在测量过程中，若更换了测量头，必须重新调整砧座位置，使千分尺对准零位。

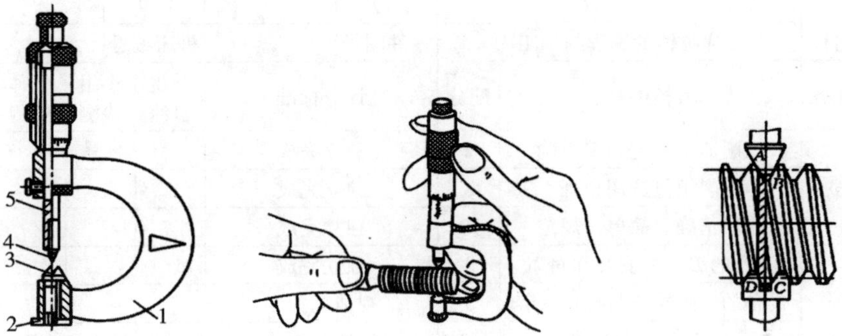

（a）螺纹千分尺　　（b）测量方法　　（c）测量原理

1—尺架　2—砧座　3—下测量头　4—上测量头　5—测量螺杆

图4－15　三角形螺纹中径的测量

2. 螺纹加工质量分析

螺纹加工质量分析见表4－9。

表4－9　螺纹加工质量分析

问题现象	产生原因	预防和消除
通规和止规都过	①对刀或程序错误 ②修改刀补尺寸过大	①仔细对刀，检测螺纹程序是否正确 ②修改刀补时，要根据情况适量修改
通规和止规都不过	螺纹过大（未进行检测）	加工完时，要仔细检测
牙型角不对或不正	①螺纹车刀牙型角错误 ②螺纹刀尖磨损严重 ③刀具安装角度错误	①认真刃磨，保证牙型角 ②只能更换刀片（机架刀） ③保证刀尖轴线与工件轴线成90°

续表

问题现象	产生原因	预防和消除
表面质量差	①切削刃不锋利 ②切削用量选择不对	①认真刃磨，保证刃口锋利 ②选择合适的切削用量
牙顶过尖或过平	螺纹外径尺寸过大或过小	根据要求，保证螺纹外径尺寸
环规车不到底	①程序终点不到位 ②中滑板移动有锥度	①修改螺纹程序终点坐标 ②修理机床或修改程序
乱牙	①刀具或工件未夹紧，有松动 ②加工中途更换刀具或转速 ③螺纹编码器松动或损坏	①夹紧工件和刀具 ②螺纹加工中，不能更换刀具和转速 ③仔细检查机床或更换零件

3. 零件精度检测评分

零件精度检测评分表见表 4－10。

表 4－10　零件精度检测评分表

姓名				班级		日期		
任务名称		弹膛体的编程与加工		零件图号		机床编号		
检测任务		考核内容	配分	评分标准	学生自测	小组检测	教师检测	备注
基本检测	程序	切削加工工艺制定正确	2	独立完成				
		切削用量选用合理	2	独立完成				
		程序正确、简单、规范	10	独立完成				
	操作	刀具的刃磨、安装和对刀	8	独立完成				
		设备的正确操作与维护保养	3	视情况扣分				
		安全、文明生产	10	视情况扣分				
尺寸检测	直径	$\phi 21_{-0.15}^{0}$	15	超差不得分				
		$\phi 15.5$	5	超差不得分				
		螺纹大径 $\phi 17$	5	超差不得分				
	长度	$17_{-0.2}^{0}$	11	超差不得分				
		11.5	3	超差不得分				
		3	3	超差不得分				
	其他	倒角 4 处	6	超差不得分				
		螺纹 M17×1	12	超差不得分				
		表面粗糙度	5	超差不得分				
成绩评定		根据生产要求，尺寸检查超差不得分，任务评分成绩为 0 分	100	综合考核				
指导教师			小组长			总分		

任务评价

完成任务后，根据学生自评、小组互评和教师评价，填写学生学习过程综合评价表（见表4－11）。

表4－11　学习过程综合评价表

姓名	班级		小组号		日期	
任务名称	弹膛体的编程与加工		小组长		指导教师	
检测任务	考核内容与标准	配分	学生自测	小组检测	教师检测	备注
纪律观念	出勤、穿着、佩戴规范	5				
	遵守纪律、服从安排	5				
	具有责任心和团队意识	5				
学习情况	认真、积极学习	5				
	正确完成相关习题和任务	5				
工艺制定	正确选择工、量、夹具	5				
	正确填写各种工艺文件	5				
加工准备	正确准备刀具、量具和夹具	10				
	能独立编写加工程序	10				
零件加工	能独立、熟练操作数控车床	5				
	零件得分×0.4	40				
安全文明生产	规范、安全刃磨刀具与操作加工	5				
卫生6S	能及时清理场地、设备	5				
成绩评定	根据学生自测、小组检测和观察综合评定	100			总分：	
等级评定	60分以下不合格，60（含）~75分合格，75（含）~90分良好，90（含）分以上优秀			等级		

任务拓展

根据所学知识，对图4－16进行编程加工，毛坯为$\phi30$ mm×600 mm。

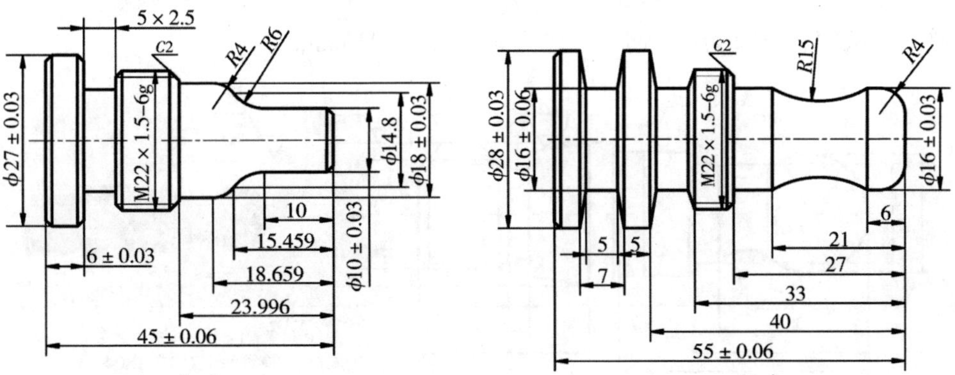

（a）　　（b）

图4－16　螺纹轴

学习任务5　手柄的编程与加工

学习目标

◎**知识目标**

1. 掌握零件调头车削加工的工艺分析方法。
2. 了解封闭复合循环指令G73和端面粗车循环指令G72的基本格式和应用。
3. 掌握93°车刀的几何角度和切削用量的选择。

◎**能力目标**

1. 熟练操作数控车床，能正确制定零件的加工工艺。
2. 能对93°车刀、切槽刀和螺纹车刀进行正确的刃磨、安装和对刀。
3. 能正确控制和检测工件的总长、外圆尺寸以及螺纹的加工精度。

◎**素养目标**

1. 培养学生认真、严谨的做事风格。
2. 养成安全、文明的操作习惯。

学习任务

使用GSK980TDi系统数控车床加工如图5－1所示工件，该工件为中级数控车工试题，材料为45#钢，毛坯为ϕ30 mm×92 mm。

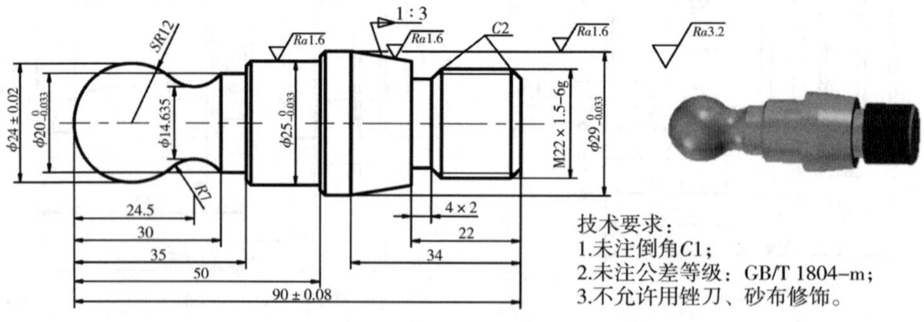

图5－1　手柄

学习流程

制订计划 → 加工准备 → 加工与检测

学习过程

一、制订计划

（一）分析零件图

零件图分析表见表5－1。

表5－1　零件图分析表

零件图	分析要素	基本情况	分析结果
	轮廓	圆柱面、圆锥面、圆弧面、槽和螺纹	刀具：90°尖刀、切槽刀、螺纹车刀；量具：游标卡尺、千分尺和螺纹环规
	材料	45#	
	生产类型	单件	利用三爪卡盘夹持，可在一台车床上2次装夹完成
	毛坯尺寸	ϕ30 mm×95 mm	
	几何精度	外圆0.05 mm，粗糙度1.6 μm	普通数控车床即可完成
	图纸的完整性	2个轮廓点坐标需计算	需计算圆弧交点的坐标值和锥度小端直径

知识探究

1. 零件调头装夹有哪些注意事项？

（1）首先选择正确的装夹方式。分析调头装夹的零件时，要考虑调头夹持的位置及其长度是否能支撑整个切削加工并保证加工质量。夹持面的长度决定工件加工时的刚性和稳定性。当装夹位置的长度较长时，就可以直接采用三爪夹持；当装夹位置的长度较短时，就可能要采用一夹一顶或者其他一些方式来装夹。在本任务中，调头夹持的位置最好就是ϕ25 mm外圆，因此可直接采用三爪夹持。另外，仅是采用三卡来夹持时，还要考虑加工时工件承受的径向切削力大不大，比如有切槽的时候，就要求工件的装夹刚性更好。

（2）调头装夹车削时，要选择正确的接刀位置，避免出现接刀痕迹。通常选在轮廓点上接刀，不能在同一个外圆上接刀。本任务中接刀的位置可以选择在锥度斜线的左端点或右端点处。

（3）调头装夹时，夹紧力要适当，防止工件被夹持面夹伤。对于单件，可用铜皮包裹住被夹持外圆，同时夹紧力要适当；对于批量加工的工件，可用软爪夹持，也可以将三爪的内孔直径车削成与工件直径一样大。

（4）调头装夹时，切削用量使用要合适。特别是当刚性不是很好的时候，要减小被吃刀量和进给量，降低切削阻力。

2. 锥度的相关知识

在如图 5－2 所示，常用的圆锥台参数有：

（1）圆锥台大端直径 D。

（2）圆锥台小端直径 d。

（3）圆锥台长度 L。

（4）圆锥半角 $\frac{\alpha}{2}$，$\tan\frac{\alpha}{2}=\frac{D-d}{2L}$。

（5）锥度 C，是指圆锥的大端直径 D 与小端直径 d 之差与圆锥长度 L 之比。

即：$C=\frac{D-d}{L}$

如图 5－3 所示，已知圆锥的 D、L 和 C，需计算圆锥的小端直径。根据锥度的计算公式知识可知：$d=D-C\times L=30-\frac{1}{4}\times 40=20\ \text{mm}$。

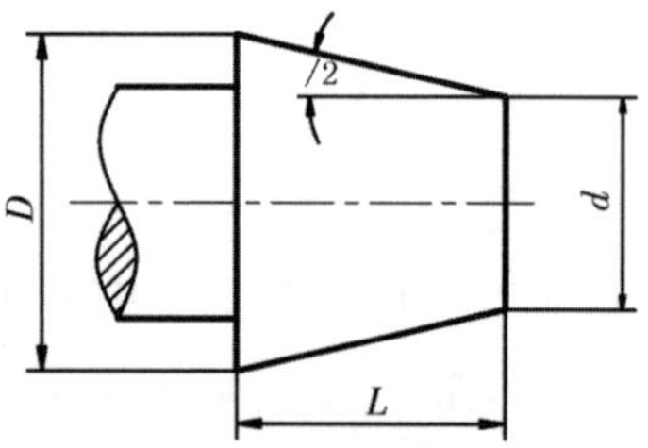

图 5－2　圆锥参数

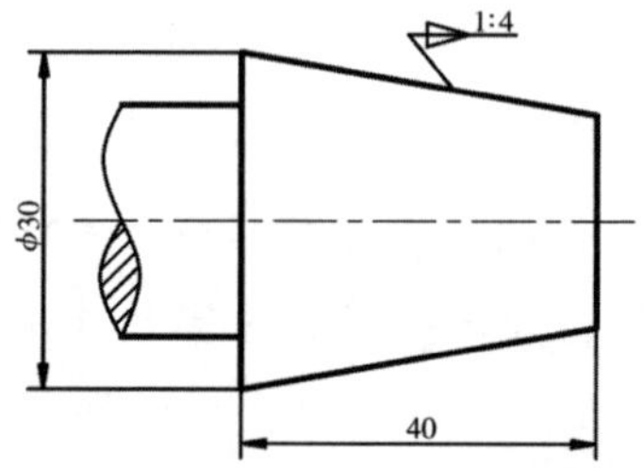

图 5－3　圆锥小径的计算

3. 轮廓节点的计算

根据零件图的标注，需计算 B 的长度和直径坐标，根据图 5－4 分析：

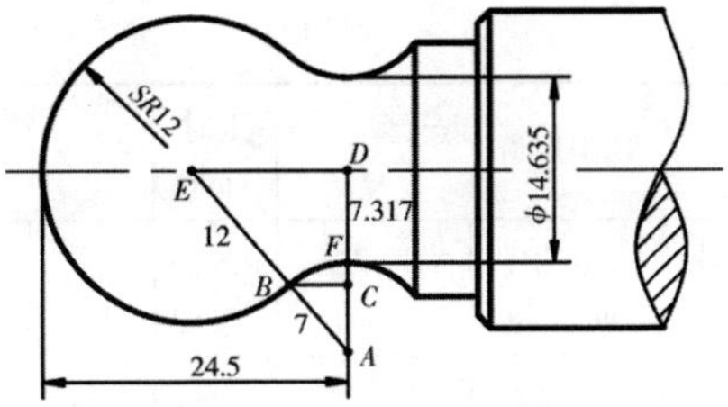

图 5-4　节点计算分析

已知：$\triangle AED$ 和 $\triangle ABC$ 为直角三角形

$$\triangle ABC \backsimeq \triangle AED \rightarrow \frac{AB}{AE}=\frac{BC}{ED}=\frac{AC}{AD}$$

$$ED=\sqrt{AE^2-AD^2}=\sqrt{19^2-14.317^2}=12.49\text{ mm}$$

$$BC=\frac{AB\times ED}{AE}=\frac{7\times 12.49}{19}=4.6\text{ mm}$$

$$AC=\sqrt{AB^2-BC^2}=\sqrt{7^2-4.6^2}=5.28\text{ mm}$$

$$\rightarrow B_Z=24.5-4.6=19.9\text{ mm}$$

$$B_X=2CD=2\ (AD-AC)\ =18.07\text{ mm}$$

（二）制定数控加工工艺

根据分析内容填写数控加工工序卡（见表 5-2）。

表 5-2　数控加工工序卡

单位名称		数控加工工序卡	产品名称或代号	零件名称	零件图号	工序名称	工序号
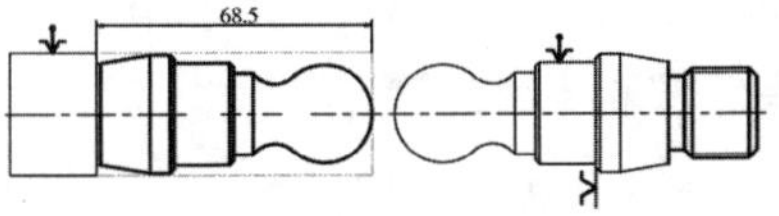				手柄		1	1
			毛坯尺寸	材料牌号	毛坯种类	每坯件数	工作液
			ϕ30 mm ×95 mm	45[#]	棒料	1	
			夹具名称	使用设备	车间	程序编号	准终(min)
			三爪卡盘	CJK6136	数车车间	0005	

工步号	工步内容	走刀次数	切削用量			工时/min		刀、量、辅助工具				
			主轴转速(r/min)	进给速度(mm/min)	背吃刀量(mm)	加工	辅助	刀具号	刀具名称	量具名称	辅助工具	备注
1	三爪夹持，伸出长度 50 mm，车端面和一段长 40 mm 的外圆	2	1 500	120	0.5			T01	45°车刀	游标卡尺		手动

续表

工步号	工步内容	走刀次数	切削用量			工时/min		刀、量、辅助工具				
			主轴转速（r/min）	进给速度（mm/min）	背吃刀量（mm）	加工	辅助	刀具号	刀具名称	量具名称	辅助工具	备注
2	调头夹持，车端面保证总长	4	1 500	120	1			T01	45°车刀	游标卡尺		手动
3	粗车左端外轮廓至圆锥小端	18	800	150	0.75			T02	93°车刀	千分尺		自动
4	精车左端外轮廓	1	1 500	120	0.25			T02	93°车刀	千分尺		自动
5	调头夹持，粗车右端外轮廓	6	800	150	0.75			T02	93°车刀	千分尺		自动
6	精车右端外轮廓	1	1 500	120	0.25			T02	93°车刀	千分尺		自动
7	切退刀槽	2	350	20	3			T03	切槽刀	游标卡尺		自动
8	车 M22 × 1.5 螺纹	4	800					T04	螺纹车刀	螺纹环规		自动
编制		审核			批准			年 月 日		共 页		第 页

二、加工准备

（一）编制数控加工程序

应知

（1）G71 类型Ⅱ的编程格式和注意事项。

（2）封闭复合循环指令 G73 和端面粗车循环指令 G72 的格式和应用。

应会

（1）能用 G71 类型Ⅱ编写加工程序。

（2）能正确运用 G73、G72 编写零件加工程序。

知识探究

1. 外圆粗车复合循环指令 G71 类型Ⅱ的应用

根据数控车床的系统不同，本任务左端轮廓可以选择 G71 类型Ⅱ来编写加工程序，编程时与 G71 类型Ⅰ的主要区别是，刀具在 *Z* 向进刀时，必须写出 Z（W）__，精车轮廓的终点的 *X* 值要比前面轮廓要大，具体其他一些编程注意事项参照任务三。对于早一些的系统可选择采用封闭切削复合循环指令 G73 来编写。

2. 封闭切削复合循环指令 G73

1）指令格式

G73　U（Δi）W（Δk）R（d）；

G73　P（ns）Q（nf）U（Δu）W（Δw）F_　S_　T_　；

Nns　……；

……；

……；

Nnf……；

参数含义：Δi：X 向粗车退刀量（X 向加工总量）及方向，半径值，当向 $+X$ 方向退刀时为正，反之为负。

Δk：Z 向粗车退刀量（Z 向加工总量）及方向，当向 $+Z$ 方向退刀时为正，反之为负。

d：封闭切削的次数，单位：次；模态指定，一直到下次指定前均有效。

另 ns、nf、Δu、Δw、F、S、T 参数意义与 G71 相同。

2）循环轨迹

G73 指令循环轨迹，按同一轨迹重复切削，每次切削轨迹都是精车轨迹的偏移，最后一次切削轨迹为按精车余量偏移的精车轨迹。如图 5－5 所示，刀具从循环起点 A 点开始，快速退刀至 $A1$ 点（X 向退刀量为$\Delta u/2+\Delta i$，Z 向退刀量为$\Delta w+\Delta k$），快速进刀至 $B1$ 点（$B1$ 点坐标值由 A 点坐标、精加工余量、退刀量Δi 和Δk 及粗切次数确定），沿轮廓形状偏移一定值后切削至 $C1$ 点，快速返回 $A2$ 点，完成第一层切

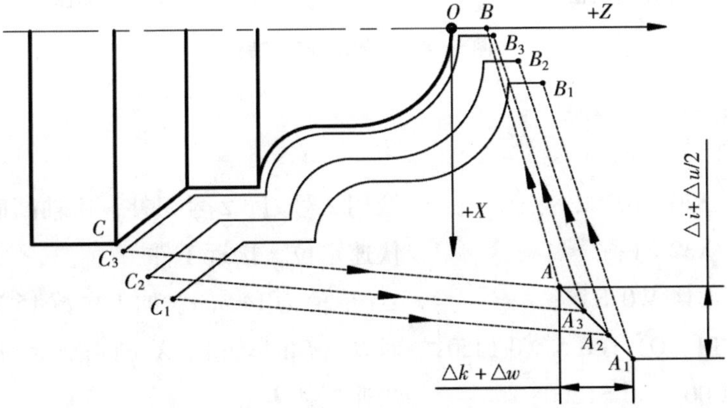

图 5－5　G73 粗车循环的运动轨迹

削，准备第二层循环切削，$A2 \rightarrow B2 \rightarrow C2 \rightarrow A3$；第三层循环切削，$A3 \rightarrow B3 \rightarrow C3 \rightarrow A$。如此分层（分层次数由循环程序中的参数 d 确定）切削至循环结束后，快速退回循环起点 A，如果马上执行 G70 调用精车，则路线为 $A \rightarrow B \rightarrow C$。

3）G73 指令应用

（1）G73 指令可用于铸、锻件毛坯已经成形的零件（见图 5－6）。

（2）G73 指令可用于早些数控系统 G71、G72 指令无法加工的凹轮廓零件（见图 5－7）。

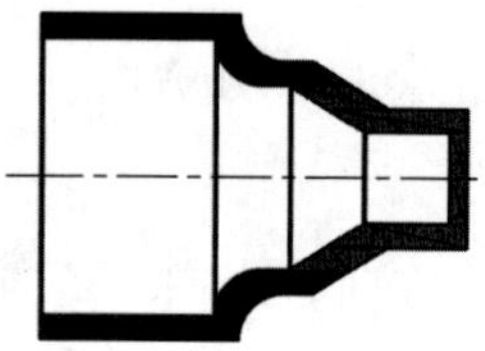

图 5－6　铸件加工

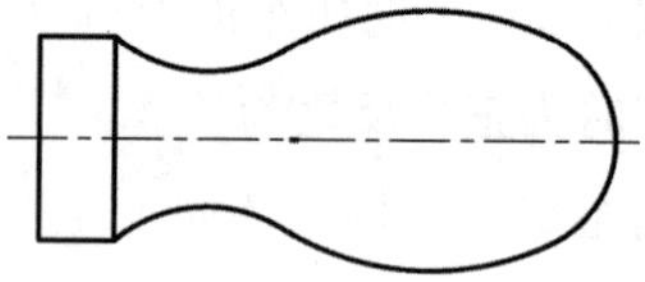

图 5－7　凹轮廓

4）G73 编程实例

如图 5－8 所示，工件毛坯为 $\phi 30$ mm × 200 mm。

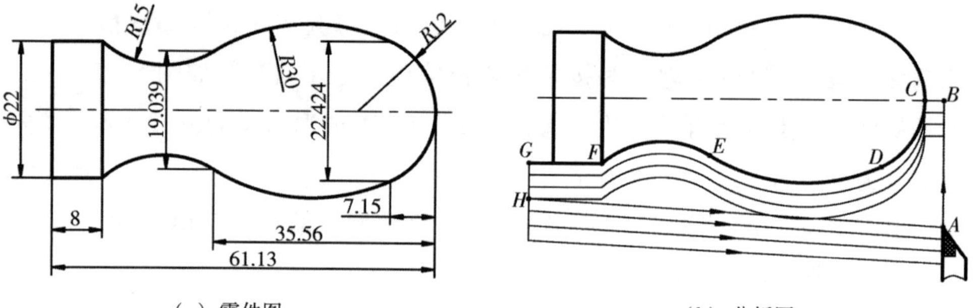

（a）零件图　　（b）分析图

图 5－8　凹轮廓加工实例

程序：

O0233；	
M03　S700 T0202；	调用 2 号刀、2 号刀补，主轴高速正转
G00　X32 Z1；	快速定位，接近工件
G73　U14 W0 R15；	$\triangle i$ 取值为 14 mm，加工次数 15 次
G73　P1　Q2　U0.5 W0 F150；	对 B—H 粗车加工，X 方向精车余量 0.5 mm
N1　G00　X0 S1200；	快速到达 B 点
G42 G01　Z0 F100；	进给到 C 点，建立半径补偿

G03　X22.424 Z－7.15 R12；　*D* 点
G03　X19.039 Z－35.56 R30；*E* 点
G02　X22　Z－53.13　R15；　*F* 点
G01　Z－65；　　　　　　　　*G* 点
N2　X30；　　　　　　　　　*H* 点
G70 P1 Q2；　　　　　　　　精车 *B* 至 *H* 的轮廓
G40 G00 X100 Z50；　　　　快速退刀并取消半径补偿
M30；　　　　　　　　　　　程序结束

注：①加工凹轮廓时，精车轮廓终点的 *X* 坐标值要比前面轮廓中的 *X* 值要大，以免在退刀时发生碰撞。

②G73 指令加工凹轮廓时，Δk 和 Δw 一般可不写，即值为 0。

3. 端面粗加工复合循环指令 G72

1）指令格式

类型Ⅰ格式

G72　W(△d) R(e)F_ S_；
G72　P(ns)Q(nf)U(△u)W(△w)；
N(ns)GOO(G01) Z(U)_；
……F；
……S；
N(nf)……

类型Ⅱ格式

G72　W(△d) R(e)F_ S_；
G72　P(ns) Q 上 nf U(△u) W(△w)；
N(ns)GOO(G01)X(U)_Z(W)_；
……F；
……S；
N(nf)……

参数含义：

△*d*：*Z* 向切削深度，无符号。

e：*Z* 向退刀量。是模态值，在下次指定前均有效。

ns、nf、△*u* 和△*w* 的功能意义与 G71、G73 一样。

如图 5－9 所示为类型Ⅰ的加工轨迹，*A*—*B*—*C* 为精车轮廓，*A′*—*B′*—*C′* 为粗车轮廓。粗车时，刀具会自动留出 *X* 向精车余量△*u*/2 和 *Z* 向精车余量△*w*，△*d* 表示每次的切削深度，*e* 表示每次的退刀量。类型Ⅱ可以加工端面凹槽，其走刀方式和 G71 的类型Ⅱ一致。

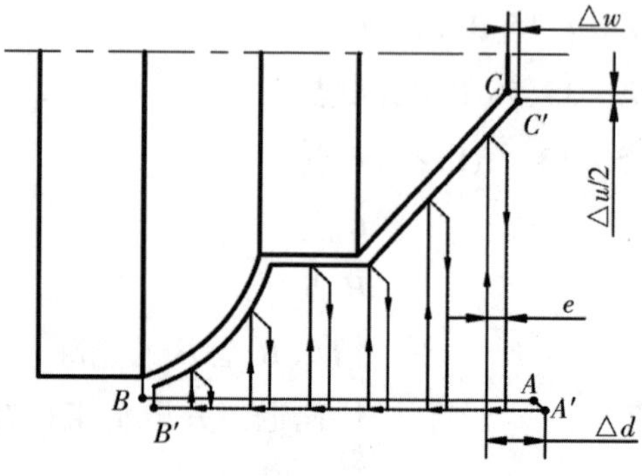

图 5－9　G72 类型 I 的加工轨迹

2）G72 的应用与编程注意事项

根据 G72 的走刀方式，G72 主要适用于长径比较小的短轴类或盘类零件的端面粗加工，能提高加工效率。其中类型 I 的切削应用如图 5－10 所示，对于类型 II 的加工轮廓可在类型 I 的基础上加上凹轮廓，在编程时应注意：

（1）G72 指令的走刀路线：*Z* 方向进刀，*X* 方向切削。

（2）对于类型 I 工件轮廓 *X* 轴、*Z* 轴必须都是单调增大或减小，进刀时不能有 *X* 轴的移动；对于类型 II 中进刀时，就必须指定 *X* 值（和 G71 中类型 II 一样）。

（3）G72 在加工内轮廓时，一定要注意精车余量的正负值、内孔的深度以及刀具的选用。

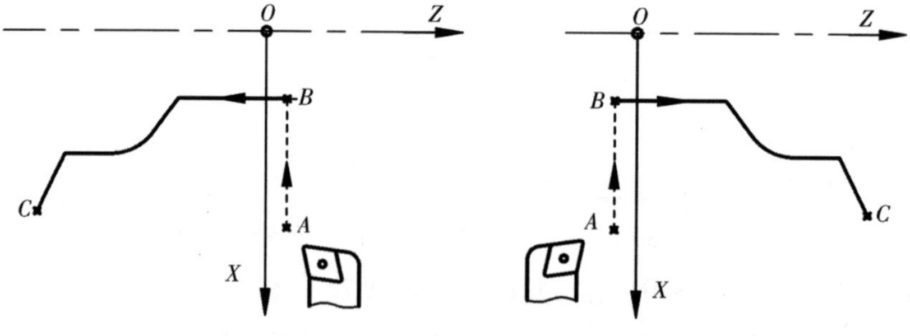

（a）$\Delta u>0$，$\Delta w>0$　　（b）$\Delta u>0$，$\Delta w<0$

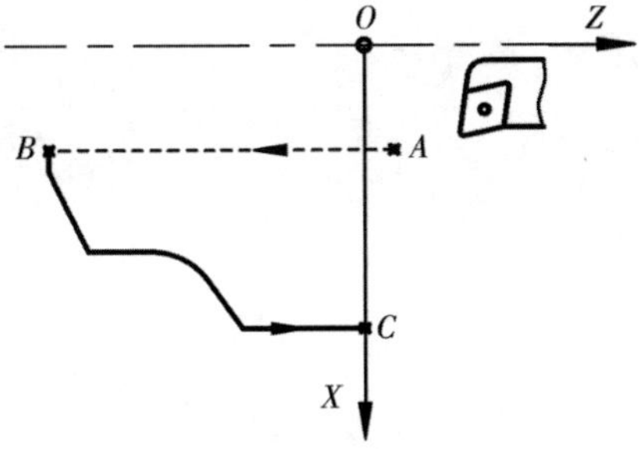

（c）$\triangle u<0$，$\triangle w>0$

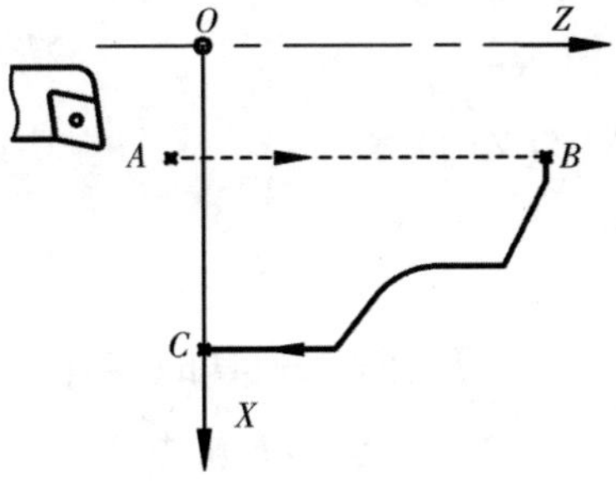

（d）$\triangle u<0$，$\triangle w<0$

图5-10　G72常见加工轮廓

3）实例编程

如图5-11：用G72指令对如下工件进行粗、精加工，毛坯为ϕ60 mm。

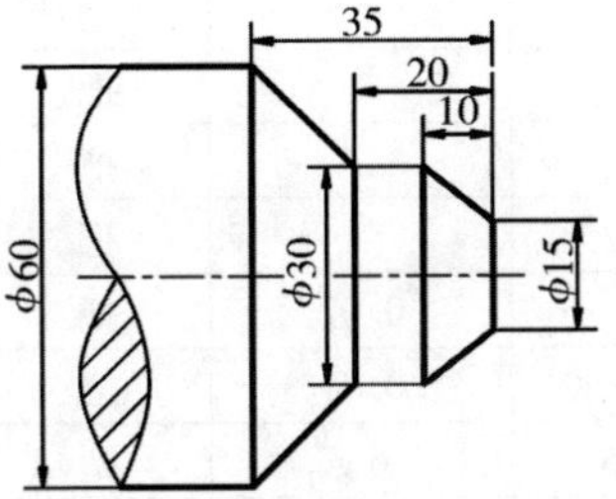

（a）零件图

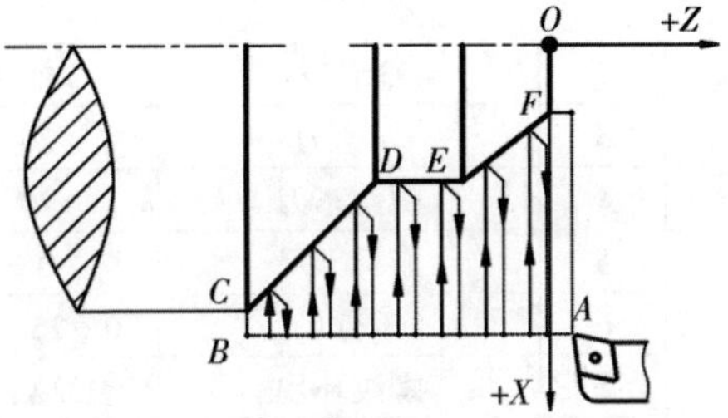

（b）分析图

图5-11　G72编程实例

程序：

O0233；	程序号
M03 S600 T0101；	主轴正转，低速，换1号、刀1号刀补
G0 X64 Z2；	快速定位刀A点
G72 W1.5 R1；	Z向吃刀量为1.5 mm，退刀量为1 mm
G72 P1 Q2 U0.5 W0.2 F150；	X向精车余量为0.5 mm，Z向为0.2 mm
N1 G0 Z-35 S1200；	快速到达B点（不能移动X值）
G1 X60 F100；	到达C点
X30 Z-20；	D点
Z-10；	E点
N2 X15 Z0；	F点

G70 P1 Q2；　　　　精车调用

G0 X100 Z100；　　　　快速退刀

M30；　　　　程序结束

（二）刀、量、夹具的准备

1. 填写刀、量、夹具清单

根据任务要求，正确填写刀、量、夹具清单（见表5-3）。

表5-3　刀、量、夹具清单

产品名称或代号			零件名称		零件图号	
种类	序号	名称	规格（mm）	精度（mm）	单位	数量
刀具	1	45°车刀	20×20		把	1
	2	93°车刀	20×20		把	1
	3	切槽刀	20×20		把	1
	4	螺纹车刀	20×20		把	1
量具	5	游标卡尺	0~150	0.02	把	1
	6	千分尺	0~25，25~50	0.01	把	各1
	7	螺纹环规	M22X1.5-6 g	6 g	副	1
夹具	8	三爪卡盘	200		个	1
	9					

2. 93°车刀的刃磨与使用注意事项

根据任务轮廓的需要，93°车刀可将90°硬质合金车刀的副偏角磨成55°~60°，刃磨时要注意刀尖不能过尖，应磨出过度刃，以提高刀尖强度，也可选择标准93°机夹外圆车刀来车削，如图5-12所示。

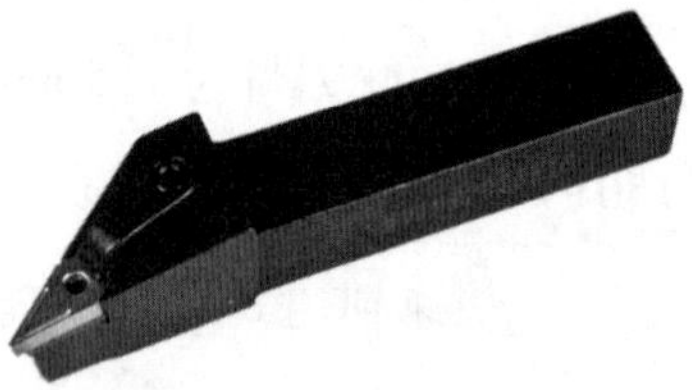

图5-12　93°机夹车刀

三、加工与检测

1. 加工操作步骤与注意事项

(1) 利用三爪夹持毛坯，伸出长度50 mm左右，手动车端面和一段长40 mm左右的外圆。

(2) 调头夹持刚车好的外圆，手动车端面并保证总长，保证总长时应注意：

①工件应夹正（保证左右两端的同轴度要求），可用百分表找正。

②车削时先试切一刀或几刀，大概还有零点几毫米时，将工件取出→仔细测量（例如，还长0.4 mm）→再将工件夹上，保证伸出长度（72 mm）并找正→再*Z*向沾刀→*X*向退出→操作面板上按两下位置键→按W键→按取消键（将W设置为0）→手轮→倍率调到0.01→手轮调到*Z*向→手轮移动到“W：－0.400”→手轮调到*X*向→一刀切下去即工件总长确定。

如果长度余量过多，可将余量放在程序中加工，对刀时则需输入超出工件的长度尺寸，比如Z10。当然，对应的粗加工程序要从中心开始，且*Z*向的定位要大于10，其余刀具的对刀也要输入Z10。

(3) 依次对刀，粗、精车左端外轮廓至尺寸。

(4) 调头夹持ϕ25 mm外圆并找正，对刀，粗、精车右端外轮廓至尺寸。

2. 零件精度检测

零件精度检测评分表见表5－4。

表5－4　零件精度检测评分表

<table>
<tr><td colspan="2">姓名</td><td colspan="2"></td><td>班级</td><td></td><td>日期</td><td colspan="3"></td></tr>
<tr><td colspan="2">任务名称</td><td colspan="2">手柄的编程与加工</td><td>零件图号</td><td></td><td>机床编号</td><td colspan="3"></td></tr>
<tr><td colspan="2">检测任务</td><td>考核内容</td><td>配分</td><td colspan="2">评分标准</td><td>学生自测</td><td>小组检测</td><td>教师检测</td><td>备注</td></tr>
<tr><td rowspan="6">基本检测</td><td rowspan="3">程序</td><td>切削加工工艺制定正确</td><td>2</td><td colspan="2">独立完成</td><td></td><td></td><td></td><td></td></tr>
<tr><td>切削用量选用合理</td><td>2</td><td colspan="2">独立完成</td><td></td><td></td><td></td><td></td></tr>
<tr><td>程序正确、简单、规范</td><td>10</td><td colspan="2">独立完成</td><td></td><td></td><td></td><td></td></tr>
<tr><td rowspan="3">操作</td><td>刀具的刃磨、安装和对刀</td><td>8</td><td colspan="2">独立完成</td><td></td><td></td><td></td><td></td></tr>
<tr><td>设备的正确操作与维护保养</td><td>3</td><td colspan="2">视情况扣分</td><td></td><td></td><td></td><td></td></tr>
<tr><td>安全、文明生产</td><td>10</td><td colspan="2">视情况扣分</td><td></td><td></td><td></td><td></td></tr>
</table>

续表

尺寸检测	直径	$\phi 29_{-0.33}^{0}$	8	超差 0.01 扣 4 分				
		$\phi 25_{-0.33}^{0}$	8	超差 0.01 扣 4 分				
		$\phi 24 \pm 0.02$	8	超差 0.01 扣 4 分				
		$\phi 20_{-0.033}^{0}$	8	超差 0.01 扣 4 分				
		螺纹大径 $\phi 22$	2	超差不得分				
	长度	90 ± 0.08	7	超差 0.01 扣 4 分				
		22	2	超差不得分				
	其他	倒角 4 处	4	未倒 1 处扣 1 分				
		锥度 1:3	2	超差不得分				
		*SR*12、*R*7	4	超差不得分				
		螺纹 M22 × 1.5	8	不合格不得分				
		表面粗糙度	4	超差不得分				
成绩评定		根据学生自测和组长检测综合考核	100	综合考核				
指导教师			小组长		总分			

任务评价

完成任务后，根据学生自评、小组互评和教师评价，填写学生学习过程综合评价表（见表 5-5）。

表 5-5　学习过程综合评价表

姓名	班级		小组号		日期	
任务名称	手柄的编程与加工		小组长		指导教师	
检测任务	考核内容与标准	配分	学生自测	小组检测	教师检测	备注
纪律观念	出勤、穿着、佩戴规范	5				
	遵守纪律、服从安排	5				
	具有责任心和团队意识	5				
学习情况	认真、积极学习	5				
	正确完成相关习题和任务	5				
工艺制定	正确选择工、量、夹具	5				
	正确填写各种工艺文件	5				
加工准备	正确准备刀具、量具和夹具	10				
	能独立编写加工程序	10				
零件加工	能独立、熟练操作数控车床	5				
	零件得分 × 0.4	40				
安全文明生产	规范、安全刃磨刀具与操作加工	5				

续表

卫生6S	能及时清理场地、设备	5				
成绩评定	根据学生自测、小组检测和观察综合评定	100			总分：	
等级评定	60分以下不合格，60（含）~75分合格，75（含）~90分良好，90（含）分以上优秀			等级		

任务拓展

根据所学知识，分析图5-13中两个零件图，编写数控加工工艺和加工程序，并完成加工。

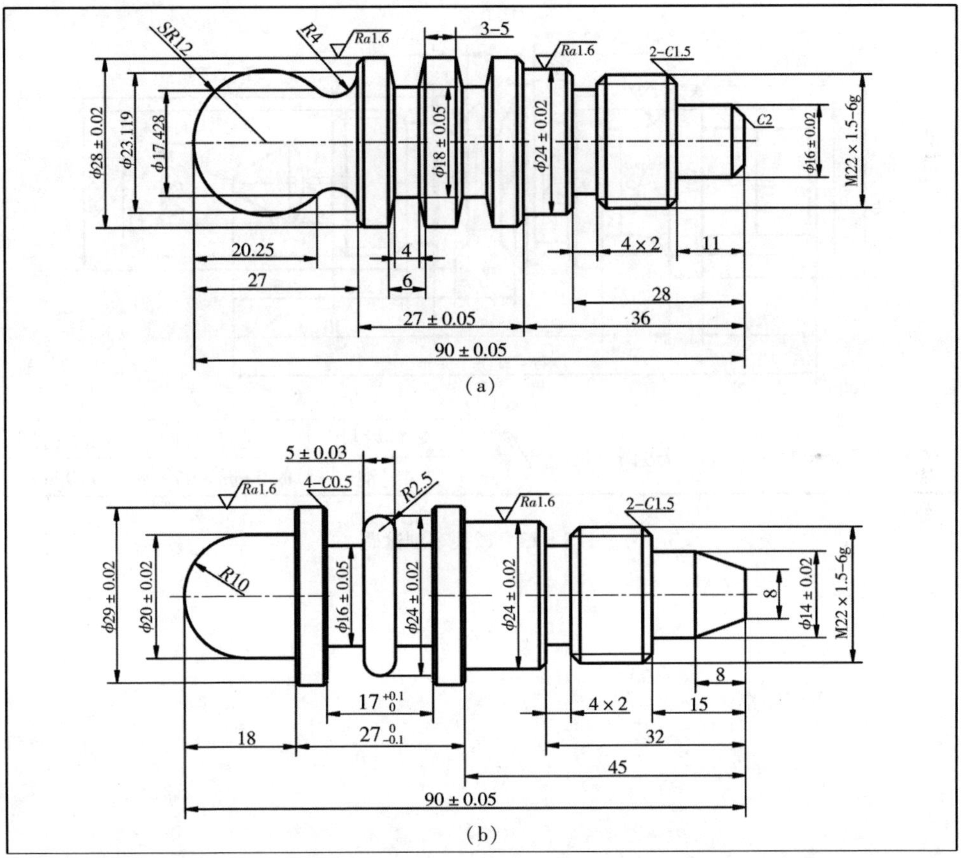

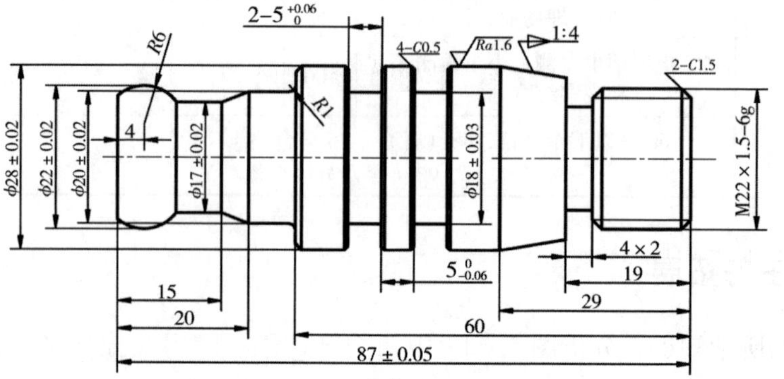

(c)

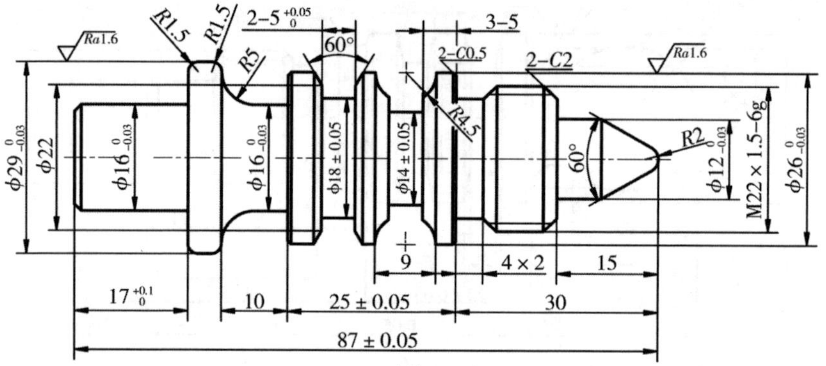

(d)

技术要求：未注倒角 $C1$，锐边倒毛刺。 $\sqrt{Ra3.2}$	零件材料	毛坯尺寸	加工时间
	45#钢	ϕ30 mm × 93 mm	120 min

图 5－13　调头车削试题

学习任务 6　轴套的编程与加工

学习目标

◎知识目标

1. 掌握镗孔的基础知识。
3. 掌握复合循环指令 G71 编写内孔的基本格式和注意事项。
3. 掌握镗孔车刀的几何角度和切削用量的选择方法。

◎能力目标

1. 熟练操作数控车床。
2. 能对镗孔车刀进行正确的刃磨、安装和对刀。
3. 能正确利用游标卡尺、内径百分表检测和控制内孔尺寸精度。

◎素养目标

1. 培养学生认真、细致的学习态度。
2. 养成安全、文明的操作习惯。

学习任务

使用 GSK980TB 系统数控车床，加工如图 6－1 所示工件轴套，材料为 45#钢、管料，毛坯尺寸为 ϕ38 mm（ϕ28 mm）×200 mm。

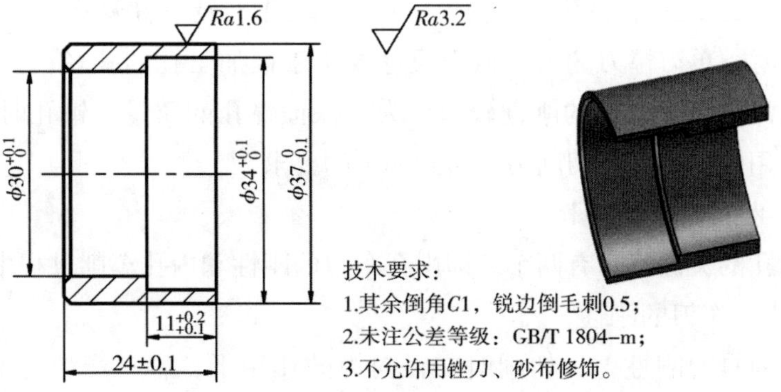

图 6－1　轴套

学习流程

制订计划 → 加工准备 → 加工与检测

学习过程

一、制订计划

（一）分析零件图

零件图分析表见表 6－1。

表 6－1　零件图分析表

零件图	分析要素	基本情况	分析结果
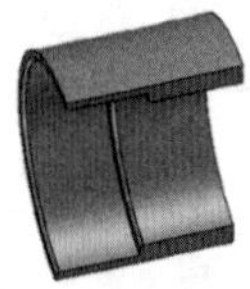	形状	圆柱、端面	刀具：90°、切断刀和镗孔车刀 量具：游标卡尺，千分尺（25～50）
	材料	45#	
	生产类型	单件	利用三爪卡盘夹持，可在一台车床上 1 次装夹完成
	毛坯尺寸	ϕ38 mm（ϕ28 mm）×200 mm	
	几何精度	外圆 0.05 mm， 粗糙度 1.6 μm	普通数控车床即可完成
	图纸的完整性	完整	无须计算与处理

知识探究

在车床上对工件已有孔进行车削加工的方法称为镗孔，也叫车孔。镗孔一般用于对已有孔进行扩大直径之用，也可以用于加工精度、直线度及表面粗糙度要求较高的孔加工。其加工精度可为 IT7 － IT8，表面粗糙度可为 Ra1.6 μm～3.2 μm。镗孔可以校正原有孔轴线歪斜及位置偏差。

镗孔时，单刃镗刀的刀头截面尺寸要小于被加工孔的孔径，且刀杆的长度大于孔深，因而刀具的刚性较差。为了保证镗孔的质量，镗孔时多采用较小的切削用量，以减小切削力，达到加工的要求。

1. 车内孔的关键技术

车内孔的关键技术有两个，即内孔车刀的刚性和内孔车削过程中的排屑。

1）内孔车刀的刚性

如果刀具的刚性差，切削时在径向力的作用下，容易产生变形和振动，影响镗孔的加工质量。为了增加刀具的刚性，防止振动的产生，要尽量选择粗的刀杆，装刀时，刀杆的伸出长度只要略大于孔深即可。刀尖要对准工件的中心，刀杆与轴心线平行。精车内孔时，要保持刀刃锋利，否则会产生让刀，把孔车成锥形。

2）内孔车削过程中的排屑

排屑好坏直接影响孔的加工质量好坏，内孔加工过程中，主要通过控制切屑流出的方向来解决排屑的问题。精车内孔的时候要求切屑流向待加工表面（前排屑），采用正值刃倾角的内孔车刀达到前排屑的目的。车削盲孔的时候，应采用负值刃倾角。

2. 内孔车刀

数控车床多用于车削盘套类和小型支架类零件的内孔。车孔分为车通孔和车盲孔两种，图6－2所示为硬质合金内孔车刀，图6－3为机夹式内孔车刀。车内孔基本上与车外圆相同，只是进刀和退刀方向相反，车内孔时要进行试切和试测。

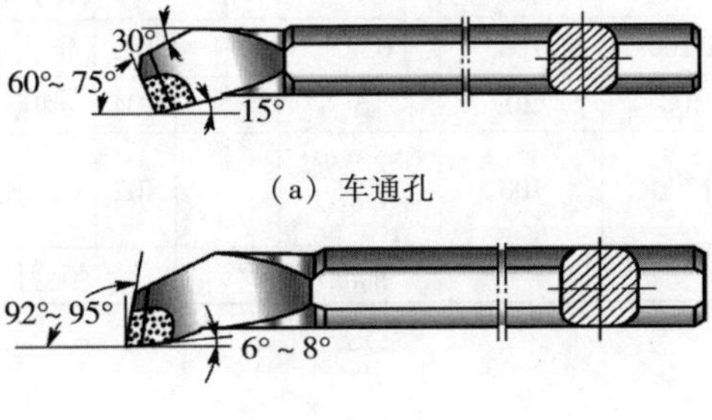

（a）车通孔

（b）车盲孔

图6－2　硬质合金内孔车刀

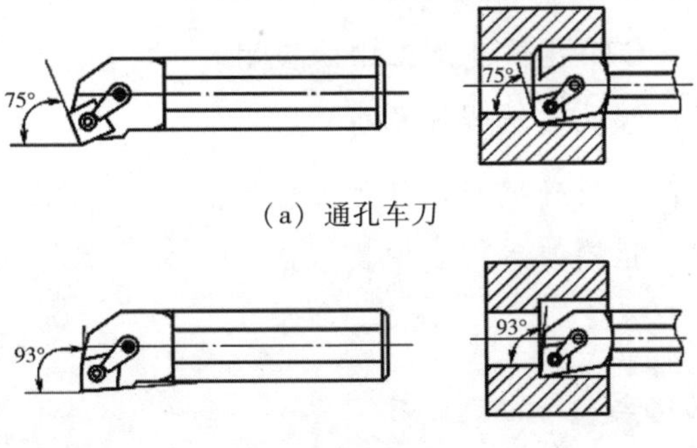

（a）通孔车刀

（b）盲孔车刀

图6－3　机夹式内孔车刀

（二）制定数控加工工艺

根据分析内容填写数控加工工序卡（见表6－2）。

表 6－2　数控加工工序卡

单位名称		数控加工工序卡	产品名称或代号	零件名称	零件图号	工序名称	工序号
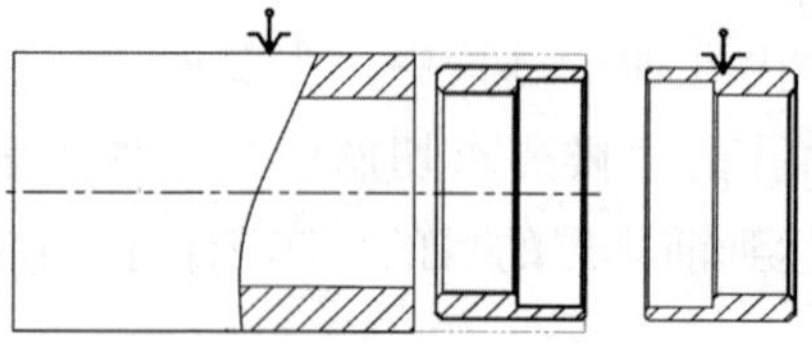				轴套		车 1	1
			毛坯尺寸	材料牌号	毛坯种类	每坯件数	工作液
			ϕ38 mm (ϕ28 mm) ×200 mm	40$^{\#}$	棒料	若干	无
			夹具名称	使用设备	车间	程序编号	准终(min)
			三爪卡盘	CJK6136	数车实训	1	

工步号	工步内容	走刀次数	切削用量			工时/min		刀、量、辅助工具				
			主轴转速 (r/min)	进给速度 (mm/min)	背吃刀量 (mm)	加工	辅助	刀具号	刀具名称	量具名称	辅助工具	备注
1	精车外轮廓	1	1 200	120	1			T01	90°车刀	千分尺		自动
2	粗车内孔	3	600	150	1			T02	镗孔车刀	游标卡尺		自动
3	精车内孔	1	1 200	100	0. 25			T02	镗孔车刀	游标卡尺		自动
4	切断工件	1	400	20	3			T04	切断刀	游标卡尺		自动
5	调头夹持，车端面、倒角	1	1200	100	0. 25			T02	45°车刀	游标卡尺		手动
编制		审核		批准		年 月 日			共 页		第 页	

二、加工准备

（一）编制数控加工程序

应知

（1）G71 在镗孔加工中的应用。

（2）镗孔的编程注意事项。

应会

（1）能正确编写零件加工程序。

（2）正确使用切削用量。

知识探究

1. 镗孔程序的编写

内孔程序在编写时可根据加工余量和轮廓的复杂程度来选择编程指令。对于加工余量小、轮廓简单的可采用基本指令 G0、G1 来编写；对于余量多、轮廓复杂的可采用复合循环指令来编写。如图 6－4 所示：毛坯材料为 45$^{\#}$钢、管料，毛坯尺寸为 ϕ38 mm（ϕ28 mm）×200 mm，用复合循环指令 G71 来编写。

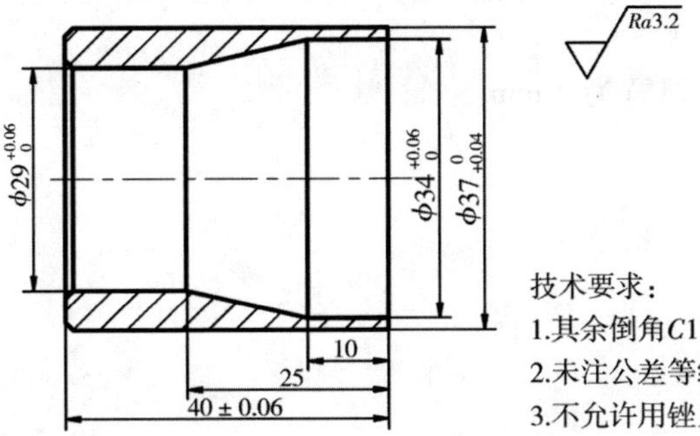

图6-4　镗孔实例

程序：O0025；

```
M3 S1200 T0101;
G0 X35 Z0.5;
G1 X37 Z-0.5 F150;
G1 Z-44;
G0 X80 Z50;
M3 S800 T0303;
G0 X28 Z2;                      定位点等于毛坯内孔直径
G71 U0.8 R0.5;
G71 P1 Q2 U-0.5 W0.2 F180;      X向精车余量设成负值
N1 G0 X35;
G41 G1 Z0 F120;
X34 Z-0.5;
Z-10;
X29 Z-25;
N2 Z-42;
G0 X80 Z50;
M5;
M0;
M3 S1200 T0303;
G0 X28 Z2;
G70 P1 Q2;
```

```
G40G0 X80 Z50;
M3 S400 T0404;
G0 X40 Z-43.5; 设刀宽为 3 mm
G1 X34 F40;
X37.2;
W1.6;
X34 W-1.6;
X26;
G0 X80;
Z50;
M30;
```

2. 镗孔的编程注意事项

（1）用基本指令 G0、G1 来编写时，要注意刀具退刀和返回时的运动轨迹，一定要避免干涉和撞刀。

（2）采用复合循环指令 G71、G72 和 G73 编写内孔程序时，定位点应等于或略小于已知孔径，防止刀具退刀时与孔壁发生碰撞，X 向吃刀量要比车外圆时小，精车余量 U 应取负值。

（3）采用刀尖半径补偿时，要注意刀具半径左补偿与右补偿的区别。以刀具从右向左进给为例，加工外轮廓时半径补偿指令用 G42，加工内轮廓时半径补偿指令用 G41。

（二）刀、量、夹具的准备

1. 填写刀、量、夹具清单

根据任务要求，正确填写刀、量、夹具清单（见表 6-3）。

表 6-3 刀、量、夹具清单

产品名称或代号			零件名称		零件图号	
种类	序号	名称	规格（mm）	精度（mm）	单位	数量
刀具	1	45°车刀	20×20		把	1
	2	90°车刀	20×20		把	1
	3	镗孔车刀	20×20		把	1
	4	切槽刀	20×20		把	1
量具	5	游标卡尺	0~150	0.02	把	1
	6	千分尺	25~50	0.01	把	1

续表

产品名称或代号			零件名称		零件图号	
夹具	7	三爪卡盘	200		个	1
	8					

2. 镗孔车刀的刃磨

1）通孔镗刀

通孔镗刀主要用于粗、精加工通孔，切削部分的几何形状与45°端面车刀相似，如图6-5所示。为了减小径向切削抗力，防止车孔时产生振动，主偏角应取大一些，一般取60°~75°；副偏角略小，一般取15°左右。

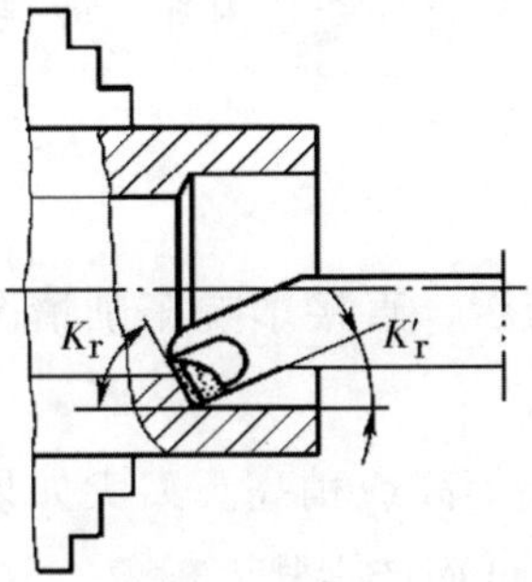

图6-5　通孔车刀

2）盲孔镗刀

盲孔镗刀用来车削盲孔或粗、精加工台阶孔，切削部分的几何形状与90°外圆车刀相似，如图6-6所示。刃磨时，主偏角一般在92°~95°，副偏角取6°~10°，刀尖在刀杆的最前端，刀尖与刀杆外端的距离应小于内孔半径，车刀副后刀面要磨成圆弧过渡面，图中尺寸α小于R所示，否则孔的底平面就无法车平，且无法车平台阶孔底。

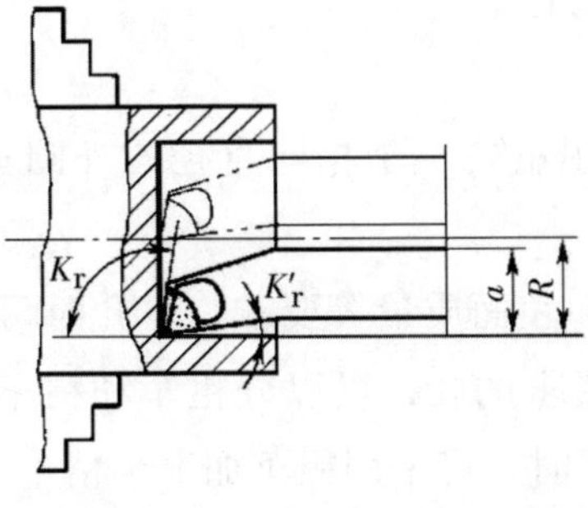

图6-6　盲孔车刀

三、加工与检测

应知

（1）镗孔车刀的安装与对刀方法。

（2）镗孔的注意事项。

（3）内孔的测量方法。

（4）造成内孔尺寸误差的原因。

应会

（1）能正确安装内孔车刀和对刀。

（2）掌握镗孔的注意事项。

（3）能正确使用各种量具测量内孔直径。

（4）能正确分析并处理内孔尺寸误差。

知识探究

1. 内孔车刀的安装

内孔车刀安装的正确与否，直接影响车削情况及孔的精度，在安装时应注意以下几个问题：

（1）刀尖应与工件中心等高或稍高。刀尖如果装得低于中心，由于切削抗力的作用，容易将刀柄压低而产生扎刀现象，并可造成孔径扩大。

（2）刀杆伸出刀架不宜过长，刀杆伸出长度越长，刚性越差，加工时工件表面容易出现振纹，比被加工孔长 5 ~6 mm。

（3）安装垫铁时，垫铁应与刀架边齐平，不要让刀杆悬空过多，从而降低刀杆的刚性。

（4）刀杆基本平行于工件轴线，否则在车削到一定深度时刀柄后半部容易碰到工件孔口。

（5）盲孔车刀装夹时，主切削刃应与孔底平面成 3° ~5°的角度，并且在车平面时要求横向有足够的退刀余地。

2. 镗孔的注意事项

（1）镗孔时，切削用量要小于相同直径的外圆车削，车小孔或深孔时，切削用量应更小。

（2）根据孔的精度和表面质量等要求，车孔时可以采用粗车、半精车和精车等加工方法。一般要求的孔，可以分粗车和精车两个阶段完成；当车孔作为铰孔前的预加工工序时，可采用粗车加上半精车。

（3）为了确保镗孔安全，通常在镗孔对刀时，让内孔车刀在孔内试走一刀，以便及时了解内孔车刀在孔内加工的状况，确保镗孔顺利进行。

3. 内孔的测量

孔径的测量工具主要有：内卡钳、游标卡尺、塞规、内径千分尺、内径百分表和三爪内径千分尺等（见图6－7），选用量具时可根据加工精度和被测孔径的大小以及深度来选择。一般粗车时，可选用卡尺或游标卡尺；精车时，可选用塞规、内径百分表以及三爪内径千分尺测量。

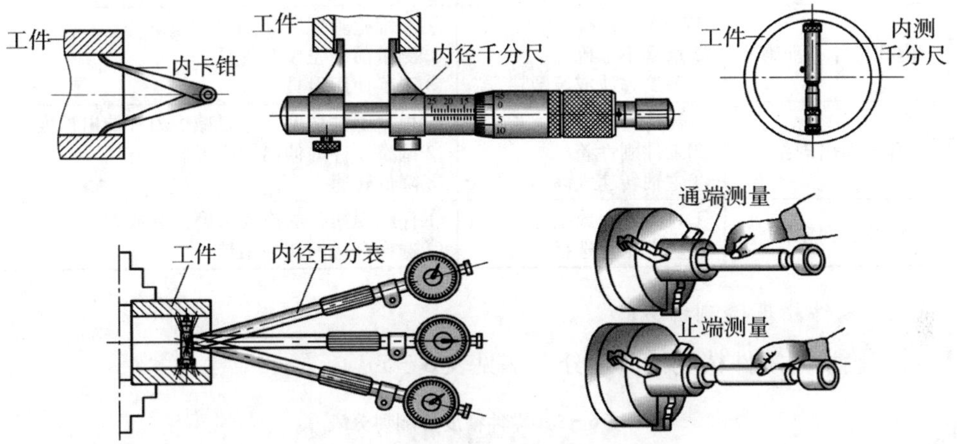

图6－7 内孔的常见部分测量工具

（1）塞规主要用于批量加工零件检测。由通端、止端和柄部组成。通端为孔的最小极限尺寸，测量时应塞入孔底；止端为孔的最大极限尺寸，一般通端的长度比止端长些。测量时，通端过、止端不过才算合格。塞入塞规时，用力不能太大，一般靠塞规的自身重力自由通过，拔出时注意安全。测量盲孔时要注意排气。

（2）内径百分表测量时，要先根据内孔直径选用合适的测量头，然后将内径百分表在千分尺上对准孔径尺寸的零位，放入孔中，使活动测头在径向摆动时找出最大值，在轴向摆动时找出最小值，两者的重合尺寸即为实际尺寸。

（3）三爪内径千分尺可用于内孔的精密测量，配有接长杆可测量深孔，其测量精度高（数显的可达0.001 mm）、方便，但价格比其他量具要贵。测量步骤如下：

①对应孔径选择合适量程三爪内径千分尺。

②用自带的校准环规检测千分尺的零位是否准确。

③头部插入孔内旋手柄使三爪张开。

④保持水平，待三爪与内壁接触后听见3声齿轮声即可读数。

⑤数显的直接读数，游标的则需要对照刻度读数，其读数方法与外径千分尺读数方法一样。

4. 镗孔质量分析

镗孔质量分析见表 6－4。

表 6－4　镗孔质量分析

问题现象	产生原因	预防和消除
内孔尺寸不准确	①程序不对 ②量具不准确 ③测量方法或读数错误	①仔细检验程序 ②测量前，先校对量具 ③正确使用量具
内孔表面出现振纹	①镗孔刀杆伸出太长 ②工件刚性差 ③主轴转速太高	①根据工件长度，尽量减少刀杆伸出长度 ②调整工件的伸出长度或装夹方法 ③降低转速
内孔表面粗糙	①刀尖磨损或损坏 ②切削用量选择不对	①仔细观察，更换或刃磨刀具或刀片 ②选择合适的切削用量

5. 零件精度检测评分

正确填写零件精度检测评分表（见表 6－5）。

表 6－5　零件精度检测评分表

姓名				班级		日期		
任务名称		轴套的编程与加工		零件图号		机床编号		
检测任务		考核内容	配分	评分标准	学生自测	小组检测	教师检测	备注
基本检测	程序	切削加工工艺制定正确	2	独立完成				
		切削用量选用合理	2	独立完成				
		程序正确、简单、规范	10	独立完成				
	操作	刀具的刃磨、安装和对刀	8	独立完成				
		设备的正确操作与维护保养	3	视情况扣分				
		安全、文明生产	10	视情况扣分				
尺寸检测	直径	$\phi 37_{-0.1}^{\ 0}$	11	超差 0.01 扣 4 分				
		$\phi 34_{\ 0}^{+0.1}$	12	超差 0.01 扣 4 分				
		$\phi 30_{\ 0}^{+0.1}$	12	超差 0.01 扣 4 分				
	长度	24 ± 0.1	10	超差 0.01 扣 4 分				
		$10_{+0.1}^{+0.2}$	10	超差不得分				
	其他	倒角 5 处	5	未倒 1 处扣 1 分				
		表面粗糙度	5	超差不得分				
成绩评定		根据学生自测和组长检测综合考核	100	综合考核				
指导教师			小组长		总分			

任务评价

完成任务后，根据学生自评、小组互评和教师评价，填写学生学习过程综合评价表（见表6-6）。

表6-6　学习过程综合评价表

姓名		班级		小组号	日期	
任务名称	轴套的编程与加工			小组长	指导教师	
检测任务	考核内容与标准	配分	学生自测	小组检测	教师检测	备注
纪律观念	出勤、穿着、佩戴规范	5				
	遵守纪律、服从安排	5				
	具有责任心和团队意识	5				
学习情况	认真、积极学习	5				
	正确完成相关习题和任务	5				
工艺制定	正确选择工、量、夹具	5				
	正确填写各种工艺文件	5				
加工准备	正确准备刀具、量具和夹具	10				
	能独立编写加工程序	10				
零件加工	能独立、熟练操作数控车床	5				
	零件得分×0.4	40				
安全文明生产	规范、安全刃磨刀具与操作加工	5				
卫生6S	能及时清理场地、设备	5				
成绩评定	根据学生自测、小组检测和观察综合评定	100			总分：	
等级评定	60分以下不合格，60（含）~75分合格，75（含）~90分良好，90（含）分以上优秀			等级		

任务拓展

根据所学知识，批量加工图6-8所示零件，材料为45#钢、管料，毛坯尺寸为ϕ38 mm（或ϕ28 mm）×200 mm。

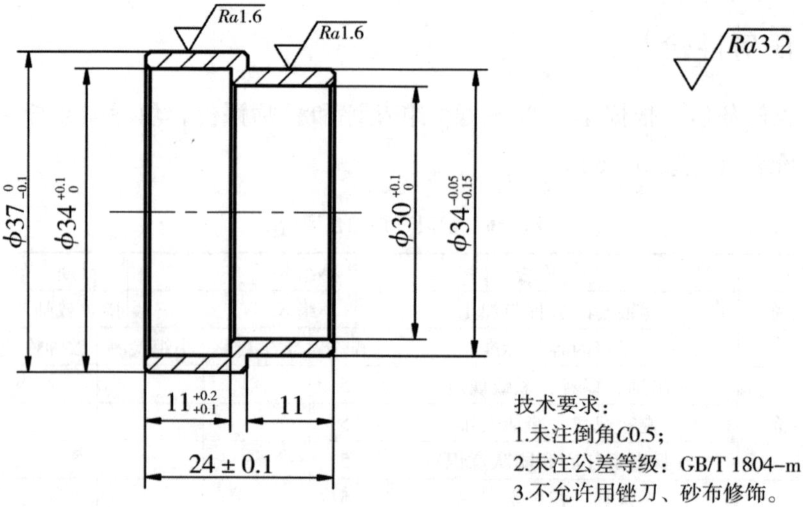

技术要求：
1.未注倒角C0.5；
2.未注公差等级：GB/T 1804-m；
3.不允许用锉刀、砂布修饰。

图 6－8　练习题

学习任务7　限位销的编程与加工

学习目标

◎知识目标

1. 掌握中心孔分类、特点和应用。

2. 掌握中心钻、麻花钻的基本知识以及切削用量的选用原则。

3. 掌握生产中设置重复定位基准的编程技巧。

◎能力目标

1. 熟练操作数控车床。

2. 能正确利用中心钻、麻花钻钻孔并控制深度。

3. 能正确检测和控制零件的尺寸精度。

◎素养目标

1. 培养学生认真、细致、精益求精的工匠精神。

2. 养成安全、文明的操作习惯。

学习任务

使用GSK980TDi系统数控车床加工图7－1所示限位销，工件毛坯为棒料，材料为45#钢，毛坯尺寸为$\phi 12$ mm×200 mm，小批量加工。

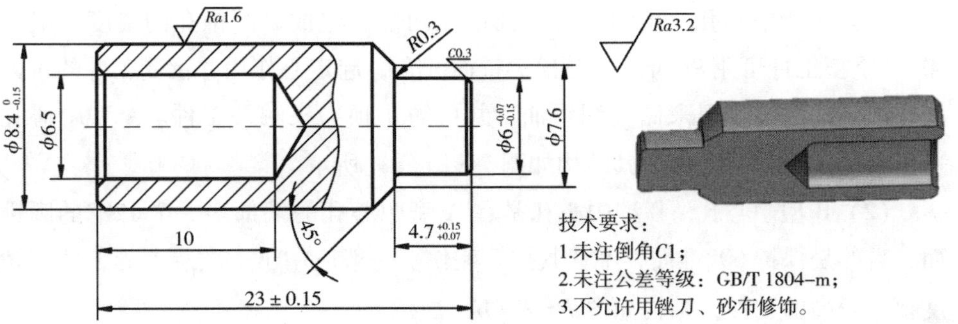

图7－1　限位销

学习流程

制订计划 → 加工准备 → 加工与检测

学习过程

一、制订计划

（一）分析零件图

零件图分析表见表 7－1。

表 7－1　零件图分析表

零件图	分析要素	基本情况	分析结果
	轮廓	圆柱、圆锥面、内孔	刀具：90°、45°、切断刀和麻花钻 量具：游标卡尺，千分尺（0～25）
	材料	$45^{\#}$	
	生产类型	小批量	利用三爪卡盘夹持，可在 2 台车床上完成加工
	毛坯尺寸	ϕ12 mm×200 mm	
	几何精度	外圆 0.05 mm， 粗糙度 1.6 μm	普通数控车床即可完成
	图纸的完整性	完整	无须计算与处理

知识探究

1. 钻中心孔

中心孔的作用是定位和导向。用顶尖装夹工件或者用麻花钻钻孔时，必须先在工件的端面上加工出中心孔。国家标准 GB/T 145—2001 规定中心孔有 A 型（不带护锥）、B 型（带护锥）、C 型（带护锥和螺纹）和 R 型（弧形）四种。

（1）A 型中心孔。由圆柱孔和圆锥孔两部分组成。圆锥孔的锥度一般为 60°（重型工件可用 90°），它与顶尖锥面配合，起定心作用并承受工件的重力和切削力；圆锥孔用来储存润滑油，并可防止顶尖头触及工件。A 型中心孔适用于精度不高的工件，其结构如图 7－2（a）所示。

（2）B 型中心孔。B 型中心孔是在 A 型中心孔的端部多一个 120°的圆锥面，目的是保护 60°锥面，不让其拉毛碰伤。一般应用于多次装夹的工件或精度要求较高的工件，结构如图 7－2（b）所示。

（3）C 型中心孔。C 型中心孔外端形似 B 型中心孔，里端有一个比圆柱孔还要小的内螺纹，它可以将其他零件轴向固定在轴上，或将零件吊挂放置。适用于当其他零件轴向固定在轴端时，其结构如图7－2（c）所示。

（4）R型中心孔。R型中心孔是将A型中心孔的圆锥母线改为圆弧线而形成的。将圆锥母线改为圆弧线可以减少中心孔与顶尖的接触面积，减少摩擦力，提高定位精度，能够自动纠正少量的位置误差。适用于轻型和高精度轴类工件，其结构如图7－2（d）所示。

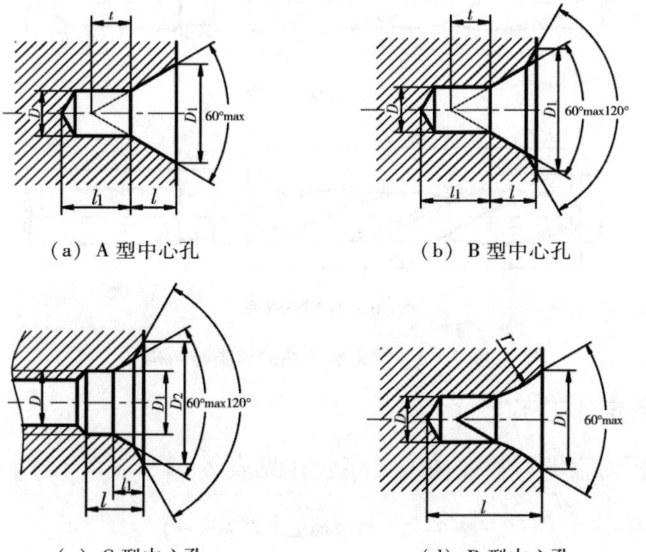

（a）A型中心孔　（b）B型中心孔

（c）C型中心孔　（d）R型中心孔

图7－2　常见中心孔形状

中心孔的尺寸以圆柱孔直径（*D*）为基本尺寸，它是选取中心钻的依据。直径在ϕ6 mm以下的中心孔，常用高速钢制成的中心钻直接钻出。不同类型的中心孔加工工具及方法是有区别的。加工A、B、R三种类型中心孔需分别对应不同的中心钻，通常A型为不带护锥的中心钻、B型为带护锥的中心钻、R型为弧形中心钻。

实际生产中，中心孔也称为工艺孔和导向孔。比如采用两顶尖装夹时工件上的中心孔就属于工艺孔，钻孔前钻的中心孔就属于导向孔，目的是防止麻花钻跑偏。生产中为减少换刀时间，提高加工效率，也可以直接利用45°车刀车出一个圆锥孔；对于麻花钻伸出较短、刚性好、孔要求不高的，还可以直接钻孔。

2. 麻花钻钻孔

钻孔常用的刀具是高速钢麻花钻头，分为直柄和锥柄两种，图7－3所示为常见麻花钻的种类与结构。通常在麻花钻钻孔前，先用中心钻钻出一个小孔，用于麻花钻的定位和导向。钻孔的加工精度一般为 IT11 ~ IT12、表面粗糙度值大（$Ra12.5$ μm），一般只能做粗加工。钻孔后还可以通过扩孔、铰孔、镗孔等方法来提高孔的加工精度和表面粗糙度。

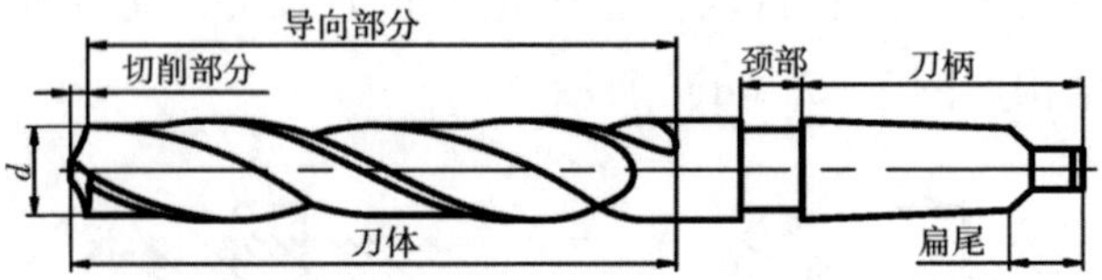

（a）锥柄麻花钻

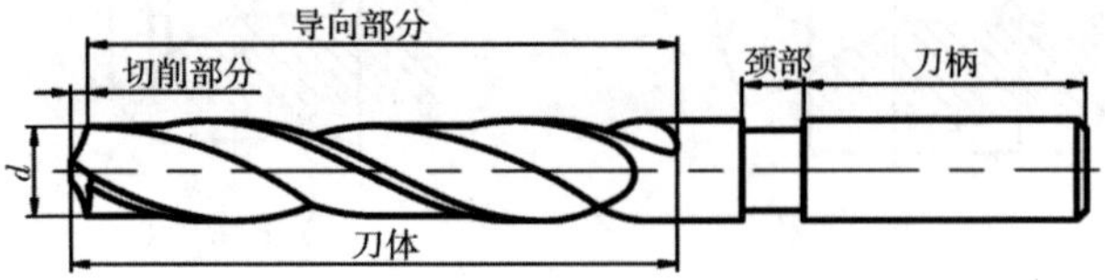

（b）直柄麻花钻

图 7－3　常见麻花钻的种类与结构

（二）制定加工工艺

根据分析内容填写数控加工工序卡（见表 7－2、表 7－3）。

表 7－2　数控加工工序卡（一）

单位名称		数控加工工序卡	产品名称或代号	零件名称	零件图号	工序名称	工序号
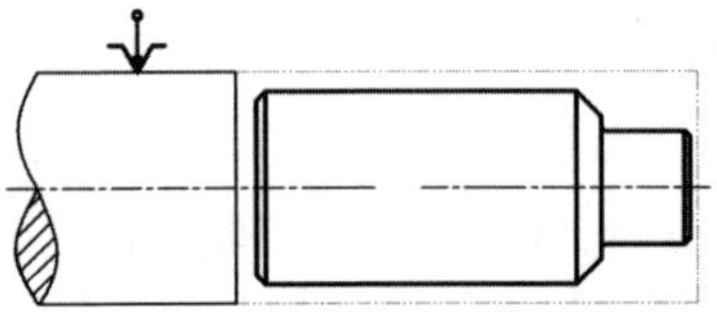			JD307	限位销		车 1	1
			毛坯尺寸	材料牌号	毛坯种类	每坯件数	工作液
			ϕ25 mm × 500 mm	40[#]	棒料	若干	无
			夹具名称	使用设备	车间	程序编号	准终(min)
			三爪卡盘	CJK6136	数车实训	71	

工步号	工步内容	走刀次数	切削用量			工时/min		刀、量、辅助工具			
			主轴转速（r/min）	进给速度（mm/min）	背吃刀量（mm）	加工	辅助	刀具号	刀具名称	量具名称	辅助工具
1	粗车外轮廓	5	800	150	1.5			T01	90°车刀	千分尺	
2	精车外轮廓	1	1 400	120	0.25			T01	90°车刀	千分尺	
3	切断工件	1	600	30	3			T02	切断刀	游标卡尺	
编制		审核			批准			年 月 日		共 页	第 页

表7-3　数控加工工序卡（二）

单位名称		数控加工工序卡	产品名称或代号	零件名称	零件图号	工序名称	工序号
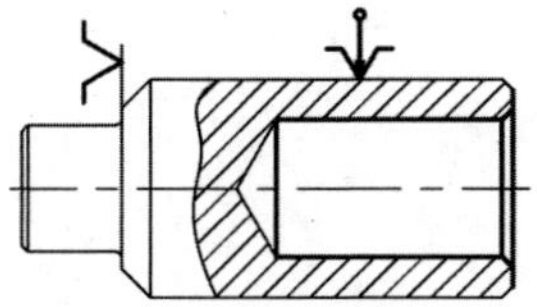			JD307	限位销		车2	2
			毛坯尺寸	材料牌号	毛坯种类	每坯件数	工作液
			ϕ12 mm ×200 mm	45[#]	棒料	若干	无
			夹具名称	使用设备	车间	程序编号	准终(min)
			三爪卡盘	CJK6136	数车实训	72	

工步号	工步内容	走刀次数	切削用量			工时(min)		刀、量、辅助工具			
			主轴转速(r/min)	进给速度(mm/min)	背吃刀量(mm)	加工	辅助	刀具号	刀具名称	量具名称	辅助工具
1	车端面	1	1 200	120	0.5			T01	45°车刀	千分尺	
2	钻中心孔	1	1 400	120	1.5			T02	中心钻	千分尺	
3	麻花钻钻孔	1	600	40	3.25			T03	麻花钻	游标卡尺	
编制		审核			批准			年 月 日		共 页	第 页

二、加工准备

（一）编制数控加工程序

应知　生产加工中重复定位基准的设置。

应会　能设置定位基准并编写加工程序。

知识探究

生产加工中重复定位基准的设置与程序编写：

参考程序：

```
O0025;
M3 S1000 T0101;
G0 X15 Z2;
G71 U1 R1;
G71 P1 Q2 U0.5 W0.2 F150;
N1 G42 G0X-0.5 S1500;
G1 Z0 F120;
X5.4;
```

X6 W -0.3;

Z -4.4;

G2 X6.6 W -0.3 R0.3;

G1 X7.6;

X10.3 W -1.35;

N2 Z -26;

G70 P1 Q2;

G40 G0 X50 Z30;

M3 S1000T0202;

G0 X15 Z -25.5；切断刀宽 2 mm

G1 X0 F100;

G1 X12 M05 F400;

G0 Z0;

X0 T0205；换 5 号刀补，设重复定位基准

M00；松卡盘，拉工件与切刀刀杆端面贴紧并夹紧工件

G0 X50 Z30 T0100；退刀，换 1 号刀

M30;

注意：设置重复定位基准时，要用切刀的刀杆侧面作为定位基准，不要用切刀左端刀尖作为定位基准。

（二）刀、量、夹具的准备

1. 填写刀、量、夹具清单

根据任务要求，正确填写刀、量、夹具清单（见表 7-4）。

表 7-4　刀、量、夹具清单

产品名称或代号			零件名称		零件图号	
种类	序号	名称	规格（mm）	精度（mm）	单位	数量
刀具	1	45°车刀	20×20		把	1
	2	90°车刀	20×20		把	1
	3	切断刀	20×20		把	1
	4	中心钻	A3		支	1
	5	麻花钻	6.5		支	1
量具	6	游标卡尺	0~150	0.02	把	1
	7	千分尺	25~50	0.01	把	1

续表

产品名称或代号			零件名称		零件图号	
夹具	8	标准三爪	200		副	1
	9	限位三爪	200		副	1
	10	麻花钻刀座			个	2

2. 标准麻花钻

标准麻花钻的刃磨要求、结构与几何角度如图 7－4 所示。

（1）保证顶角 $2K_r$ 为 118°。

（2）保证后角 α_0 为 8°～14°。

（3）保证横刃斜角 ψ 为 50°～55°。

（4）保证两条主切削刃对称，即两条主切削刃跟钻头轴心线组成的两个角要相等，并且长度相等。

（5）两个主后刀面要刃磨光滑。

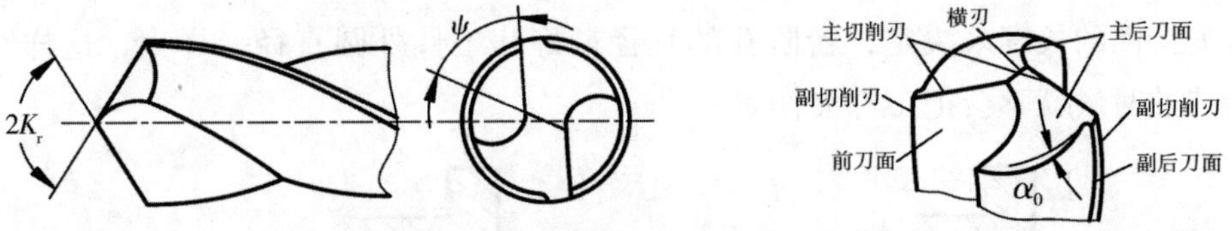

图 7－4　标准麻花钻的刃磨

3. 常见麻花钻的修磨

常见麻花钻的修磨如图 7－5 所示。

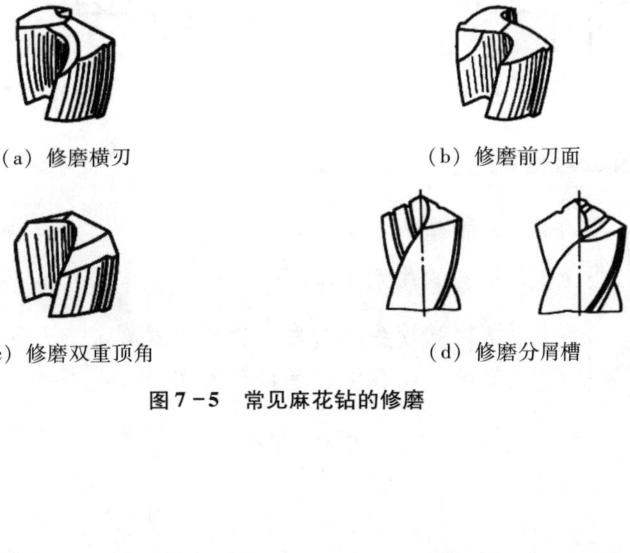

（a）修磨横刃　　（b）修磨前刀面

（c）修磨双重顶角　　（d）修磨分屑槽

图 7－5　常见麻花钻的修磨

（1）修磨横刃。缩短横刃的长度，减小钻削时的阻力。

（2）修磨前刀面。主要是修磨外圆处的前刀面，目的是减小前角，增加钻头边缘处的强度。

（3）修磨双重顶角。改善钻头外缘处的散热条件，增加钻头的强度，并可减小孔的表面粗糙度。

（4）修磨分屑槽。能顺利让铁屑从螺旋槽里排出。

4. 限位三爪的制作

在批量加工时，为提高加工效率，都会设置重复定位基准。在车床上利用三爪夹持的定位基准通常有两种方式：一种是在主轴锥孔中安装芯轴，利用芯轴定位；一种是在三爪上加工一个台阶，利用台阶定位（如图 7－6 所示），其制作方法如图 7－7 所示。

第一步：找一根短轴放在三爪靠里面一点，并夹紧。

第二步：利用合适的内孔车刀车削一个台阶。车削台阶的长度根据工件被夹持面的长度来决定，台阶孔的直径最好和工件外圆直径一样大，这样在夹持的时候就不会把工件夹伤。

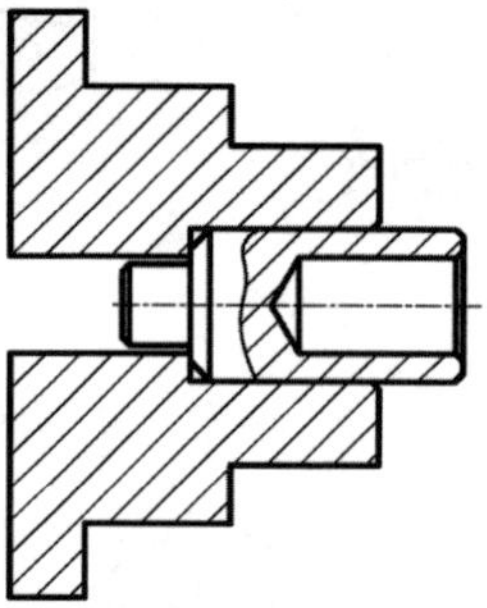

图 7－6　台阶定位

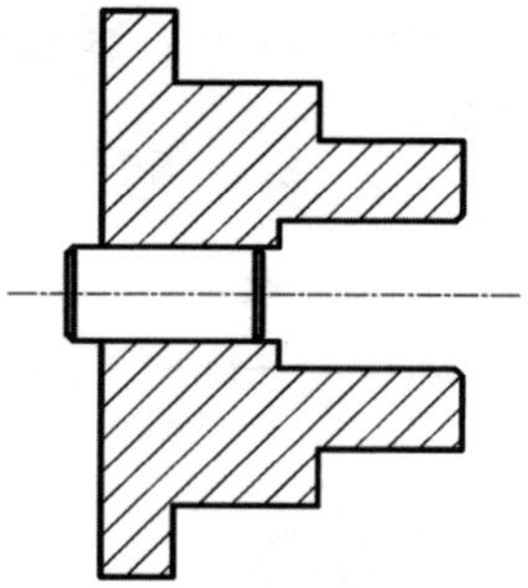

图 7－7　台阶的车削

三、加工与检测

应知

（1）麻花钻的安装。

（2）钻孔的注意事项。

应会

（1）掌握数控车床的对刀方法和步骤。

（2）能独立完成零件的操作加工。

知识探究

1. 麻花钻的安装

直柄麻花钻通常用钻夹头装夹，然后将钻夹头的锥柄插入尾座的锥孔中，也可用专用夹具夹持（见图7-8）并装夹在刀架上，以自动进给的方式进行钻削。锥柄麻花钻可以直接或使用莫氏过渡锥套（变径套）插入尾座的锥孔中，也可以放入专用四方锥套中（见图7-9），再装夹在刀架上。一般情况下，在单件加工中，可将麻花钻和钻夹头放在尾座锥孔即可。批量加工的零件，通常将麻花钻利用专用夹具安装在刀架上，以提高加工效率。

图7-8　直柄麻花钻专用夹具

图7-9　锥柄麻花钻专用四方锥套

2. 钻孔时的注意事项

利用麻花钻钻孔时除了要正确刃磨麻花钻外，还要正确选择切削用量：钻钢料时，切削速度一般选择15~30 m/min，钻铸铁时取10~25 m/min；钻削时主轴的转速可按公式 $V_C = \dfrac{\pi Dn}{1\,000}$ 来计算；用直径为12~25 mm的麻花钻钻钢料时，进给量可选0.15~0.35 mm/r，钻铸铁时，进给量可选大些。另外在操作加工中还要注意：

（1）麻花钻装在尾座套筒或刀架上时，必须保证钻头轴线与工件旋转轴线的同轴度，否则钻出孔径易扩大，当偏斜量过大时，钻头甚至会折断。

（2）钻孔前，必须把端面车平，中心处不能有凸台，否则钻头不能定心，易使钻头折断。

（3）起钻和钻通时，用力不可过大，以防止损坏工件和折断钻头。

（4）钻削钢料时，必须加充分的冷却润滑液，钻铸铁时可不用切削液。

（5）钻较深的孔时，切屑不易排出，必须经常退出工件，清除切屑。

（6）钻小而深的孔时，必须先钻中心孔定位，避免将孔钻歪。

（7）直径较大的孔（大于 30 mm），不宜用大钻头一次钻出，最好分两次或多次钻。

3. 任务操作步骤与注意事项

（1）三爪夹持工件，伸出长度 30 mm 左右。若工件伸出太长、刚性差，加工表面易出现振纹。

（2）依次装夹 90°车刀和切槽刀并对刀。

（3）自动加工，加工完成后切槽刀进到设置的定位基准上。第一次装夹加工时要仔细测量外圆精度并调试，直到合格才切断。

（4）松卡盘，把工件拉出与切槽刀侧面贴紧，车紧工件，按“循环启动”键，继续加工。

4. 钻孔质量分析

常见钻孔质量分析见表 7－5。

表 7－5　常见钻孔质量分析

问题现象	产生原因	预防和消除
孔径偏大	①钻头两切削刃长度不等，高低不一致 ②主轴中心与尾座中心不同轴 ③钻头本身弯曲或装夹不好 ④测量方法和量具未校对 ⑤麻花钻装夹和对刀不正确（安装在刀架上）	①正确刃磨麻花钻 ②调整尾座中心 ③正确选择麻花钻和钻夹 ④校准量具并采用正确的测量方法 ⑤认真调试中心高和对刀
孔轴线歪斜	①工件端面不平 ②尾座中心与主轴中心不同轴且麻花钻太长 ③钻头两主切削刃不对称	①先把端面车平或先钻中心孔 ②调整尾座中心 ③正确刃磨麻花钻
内孔表面粗糙	①进给量过大 ②麻花钻磨损，棱边不锋利 ③切削液不到位	①减小进给量 ②重新刃磨或换新的麻花钻 ③调整冷却液喷头位置
钻头寿命低或折断	①切削用量选择过大 ②钻头磨损还继续使用 ③钻孔时没有及时退屑，使切屑阻塞在钻头螺旋槽内 ④孔将钻通时没有减小进给量 ⑤工件未夹紧，钻孔时产生松动	①调整切削用量 ②重新刃磨或更换麻花钻 ③根据情况及时退出排屑和冷却 ④钻通时减少进给量 ⑤夹紧工件

5. 零件精度检测评分

正确填写零件精度检测评分表（见表7－6）。

表7－6　零件精度检测评分表

姓名				班级		日期		
任务名称		限位销的编程与加工		零件图号		机床编号		
检测任务		考核内容	配分	评分标准	学生自测	小组检测	教师检测	备注
基本检测	程序	切削加工工艺制定正确	2	独立完成				
		切削用量选用合理	2	独立完成				
		程序正确、简单、规范	10	独立完成				
	操作	刀具的刃磨、安装和对刀	8	独立完成				
		设备的正确操作与维护保养	3	视情况扣分				
		安全、文明生产	10	视情况扣分				
尺寸检测	直径	$\phi 10.3_{-0.11}^{0}$	12	超差不得分				
		$\phi 6_{-0.15}^{-0.07}$	12	超差不得分				
		$\phi 6.5$	6	超差不得分				
	长度	23 ± 0.15	12	超差不得分				
		$4.7_{+0.07}^{+0.15}$	10	超差不得分				
		10	5	超差不得分				
	其他	倒角3处	3	未倒1处扣1分				
		表面粗糙度	5	超差不得分				
成绩评定		根据产品要求，凡是尺寸检查不合格者，成绩评定均为0分	100	综合考核				
指导教师			小组长		总分			

任务评价

完成任务后，根据学生自评、小组互评和教师评价，填写学习过程综合评价表（见表7－7）。

表7－7　学习过程综合评价表

姓名	班级		小组号		日期	
任务名称	阶梯轴的编程与加工		小组长		指导教师	
检测任务	考核内容与标准	配分	学生自测	小组检测	教师检测	备注
纪律观念	出勤、穿着、佩戴规范	5				
	遵守纪律、服从安排	5				
	具有责任心和团队意识	5				
学习情况	认真、积极学习	5				
	正确完成相关习题和任务	5				

续表

工艺制定	正确选择工、量、夹具	5				
	正确填写各种工艺文件	5				
加工准备	正确准备刀具、量具和夹具	10				
	能独立编写加工程序	10				
零件加工	能独立、熟练操作数控车床	5				
	零件得分 ×0.4	40				
安全文明生产	规范、安全刃磨刀具与操作加工	5				
卫生 6S	能及时清理场地、设备	5				
成绩评定	根据学生自测、小组检测和观察综合评定	100			总分：	
等级评定	60 分以下不合格，60（含）~75 分合格，75（含）~90 分良好，90（含）分以上优秀			等级		

任务拓展

根据所学知识，对图 7－10 进行操作加工。

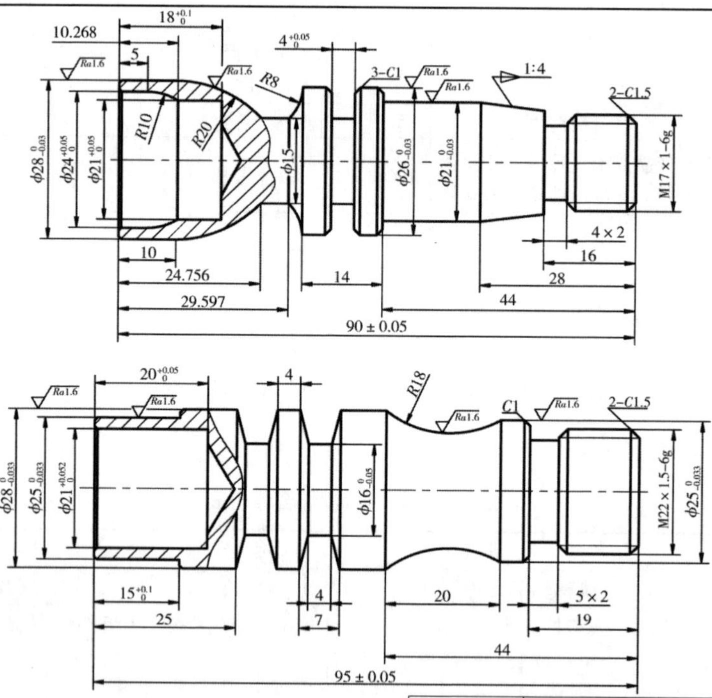

技术要求：未注倒角 C0.5，锐边倒毛刺。 $\sqrt{Ra3.2}$

零件材料	毛坯尺寸	加工时间
45#钢	φ30 mm × 100 mm	180 min

图 7－10 零件图

学习任务8　锁紧丝圈的编程与加工

学习目标

◎**知识目标**

1. 掌握生产零件的工艺分析步骤。
2. 掌握子程序调用 M98、M99 的应用和编程方法。
3. 掌握生产中设置重复定位基准的编程技巧。

◎**能力目标**

1. 熟练操作数控车床，掌握加工多个零件的编程技巧。
2. 能在三爪上制作限位基准。
3. 能正确检测和控制零件的几何精度。

◎**素养目标**

1. 培养学生认真、细致的学习态度。
2. 养成安全、文明的操作习惯。

学习任务

使用 GSK980TD 系统数控车床加工图 8－1 所示零件，该零件为射钉器 JD007 中的锁紧丝圈，材料为 45#钢，毛坯为空心管料 ϕ30 mm（内 ϕ20 mm）×700 mm，加工要求：小批量加工，每组完成 30 件，一次装夹加工不少于 2 个零件。

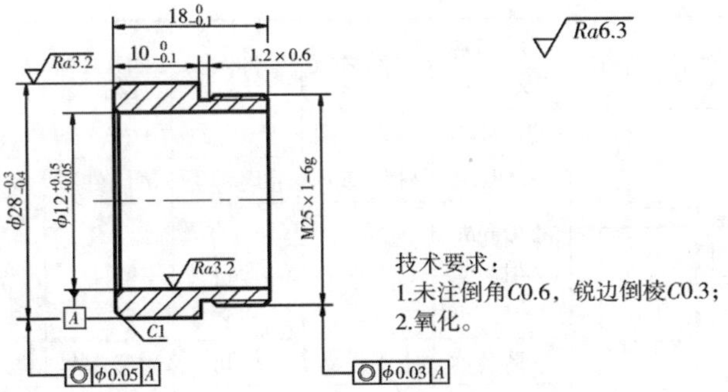

图 8－1　锁紧丝圈

学习流程

制订计划 → 加工准备 → 加工与检测

学习过程

一、制订计划

（一）分析零件图

零件图分析表见表 8－1。

表 8－1　零件图分析表

零件图	分析要素	基本情况	分析结果
	轮廓	内、外圆柱面、端面、外螺纹	刀具：45°、90°、外螺纹车刀和镗孔车刀 量具：游标卡尺，千分尺（25～50）、螺纹环规
	材料	40#	
	生产类型	批量	三爪卡盘夹持，2 道工序完成：第一道，车削内外轮廓并切断；第二道，调头夹持车端面、倒角
	毛坯尺寸	ϕ30 mm（ϕ20 mm）×700 mm	
	几何精度	外圆 0.05 mm，粗糙度 3.2 μm，同轴度 ϕ0.05 mm	普通数控车床一次装夹即可保证同轴度要求
	图纸的完整性	完整	无须计算与处理

（二）制定加工工艺

根据分析内容填写数控加工工序卡（见表 8－2、表 8－3）。

表 8－2　数控加工工序卡（一）

单位名称		数控加工工序卡	产品名称或代号	零件名称	零件图号	工序名称	工序号
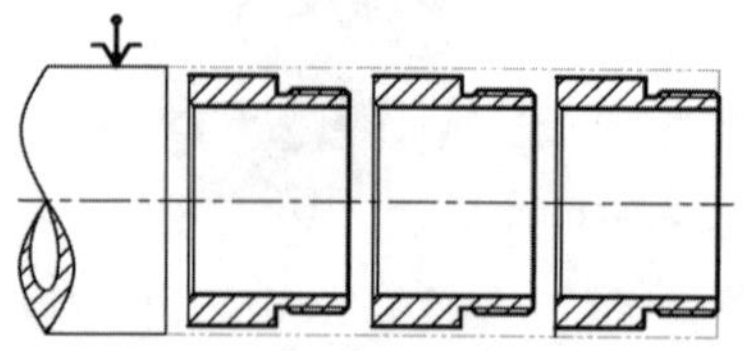			JD307	锁紧丝圈		车 1	1
			毛坯尺寸	材料牌号	毛坯种类	每坯件数	工作液
			ϕ30 mm（ϕ20 mm）×700 mm	40#	管料	若干	无
			夹具名称	使用设备	车间	程序编号	准终（min）
			三爪卡盘	CJK6136	数车实训	1	

续表

工步号	工步内容	走刀次数	切削用量			工时（min）		刀、量、辅助工具			
			主轴转速（r/min）	进给速度（mm/min）	背吃刀量（mm）	加工	辅助	刀具号	刀具名称	量具名称	辅助工具
1	粗车外轮廓	5	800	150	1.5			T01	90°车刀	千分尺	
2	精车外轮廓和退刀槽	1	1 400	120	0.25			T01	90°车刀	千分尺	
3	车螺纹 M22×1.5	3	1 000		0.25			T03	螺纹车刀	螺纹环规	
4	切断工件	1	300	25	3			T02	切断刀	游标卡尺	
编制		审核			批准			年　月　日		共　页	第　页

表8-3　数控加工工序卡（二）

<table>
<tr><td>单位名称</td><td></td><td>数控加工工序卡</td><td>产品名称或代号</td><td>零件名称</td><td>零件图号</td><td>工序名称</td><td>工序号</td></tr>
<tr><td colspan="3" rowspan="7">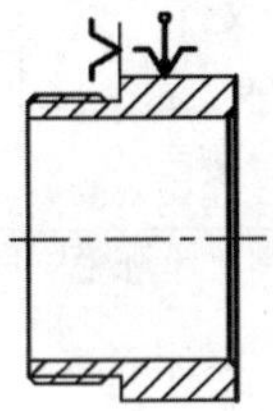</td><td>JD307</td><td>锁紧丝圈</td><td></td><td>车2</td><td>2</td></tr>
<tr><td>毛坯尺寸</td><td>材料牌号</td><td>毛坯种类</td><td>每坯件数</td><td>工作液</td></tr>
<tr><td>φ30 mm（φ20 mm）×700 mm</td><td>40#</td><td>管料</td><td>1</td><td>无</td></tr>
<tr><td>夹具名称</td><td>使用设备</td><td>车间</td><td>程序编号</td><td>准终（min）</td></tr>
<tr><td>自制限位三爪</td><td>CJK6136</td><td>数车实训</td><td>1</td><td></td></tr>
</table>

工步号	工步内容	走刀次数	切削用量			工时（min）		刀、量、辅助工具			
			主轴转速（r/min）	进给速度（mm/min）	背吃刀量（mm）	加工	辅助	刀具号	刀具名称	量具名称	辅助工具
1	车端面倒角	1	1 300	100	0.5			T01	45°车刀	游标卡尺	
2											
编制		审核			批准			年　月　日		共　页	第　页

二、加工准备

（一）编制数控加工程序

应知

（1）子程序调用的格式与应用。

（2）实际生产加工中程序的编写方法。

应会
（1）能正确使用M98、M99编写加工程序。
（2）能综合运用各种指令编写生产程序。

知识探究

1. 子程序调用的概念与格式

1）主程序与子程序的概念

为简化编程，当相同或相似的加工轨迹、控制过程需要多次使用时，就可以把该部分的程序指令编辑为独立的程序进行调用。调用其他程序的程序称为主程序，被调用的程序（以M99结束）称为子程序。子程序和主程序一样占用系统的程序容量和存储空间，子程序也必须有自己独立的程序名，子程序可以被其他任意主程序调用，也可以独立运行。子程序结束后就返回到主程序中继续执行，如图8－2所示。

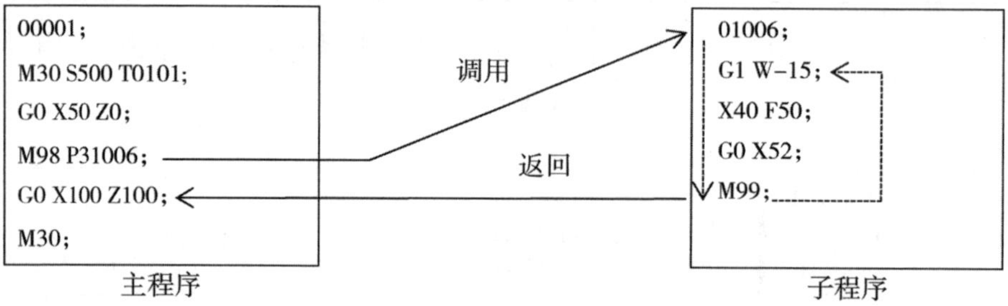

图8－2　主程序与子程序的关系

2）基本指令

A. 调用子程序M98

指令格式：

M98　P○○○□□□□

其中○○○表示调用次数（999），调用1次时，可不输入；□□□□表示被调用的子程序号（0000～9999）。当调用次数未输入时，子程序号的前导0可省略；当输入调用次数时，子程序号必须为4位数。

指令功能：当前程序段的其他指令执行完成后，系统不执行下一程序段，而是去执行P指定的子程序，子程序最多可执行999次。

B. 返回主程序 M99

指令格式：M99 P○○○○

○○○○表示返回主程序执行的程序段号（0000～9999），前导0可以省略。

指令功能：（子程序中）当前程序段的其他指令执行完成后，返回主程序中由P指定的程序段继续执行，当未输入P时，在返回主程序中调用当前子程序的M98指令的后一程序段继续执行。如果M99用于主程序结束（即当前程序不是由其他程序调用执行），当前程序反复执行。

注：①本系统最多可以调用四重子程序，即可以在子程序中调用其他子程序。

②子程序在编写时，*X*轴可以用绝对坐标来编写，而*Z*轴必须用增量坐标来编写。

③对于精度要求高的零件，需要留出精车余量，将精车程序编入主程序中。

2. 子程序调用的应用

1）在一个零件上具有几处相同尺寸轮廓的应用

如图8－3所示，该零件上3个槽尺寸完全一样，锐边倒毛刺*C*0.5。

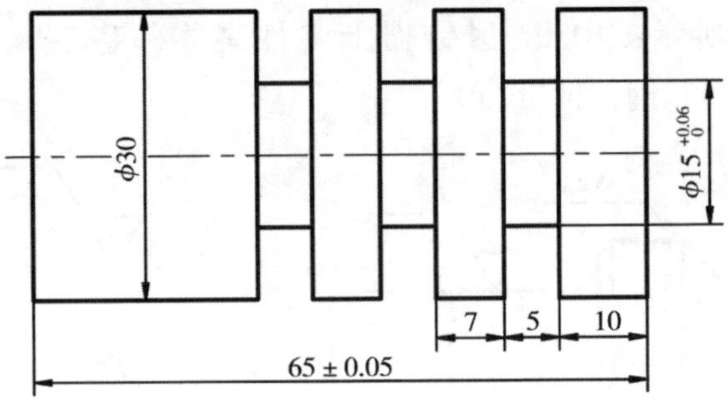

图8－3　子程序例

程序：

○0022；

…

M03 S500　T0101；	T0101为切槽刀（刀宽3 mm）
G0　X32　Z－1；	快速定位
M98　P031235；	调用O1235子程序3次

G0　X100　Z100；	快速退刀
M30；	程序结束
子程序：	
O1235；	子程序号
G0 W－12；	快速定位
G1 X28 F40；	切削
X30.2 F200；	退刀
W0.6；	刀具右移
X29 W－0.6 F40；	倒角
X15.1；	切削到 15.1 mm，留 0.1 mm
X30.2 F200；	退刀
W－2.6；	左移 2.6 mm（槽宽 5 mm）
X29 W0.6 F40；	倒角
X15；	切削至尺寸
W2；	右移精车
G0 X32；	退刀
M99；	子程序调用结束返回主程序

2）在批量生产中的应用

如图 8－4 所示：JD307 射钉器上零件尾体，毛坯尺寸为 $\phi30$ mm × 700 mm，材料为 45#钢，批量加工。

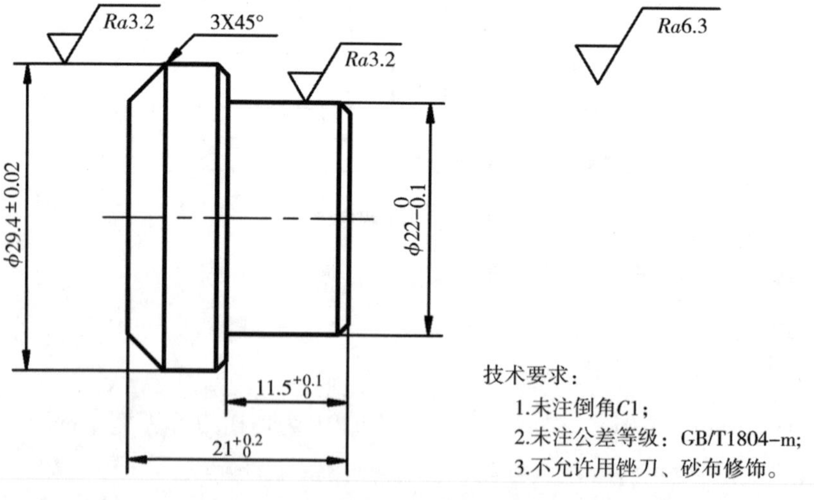

图 8－4　尾体

工艺分析：根据零件的毛坯尺寸和加工类型，如果一次装夹车削 1 个零件，则加工效率低，实际生产中通常采用一次装夹车削几个零件的方式来提高加工效率。在编写加工程序时，要考虑到零件加工的刚性和加工精度（加工第一件和最后一件的加工误差不一样）的影响，这里就不能直接利用一把刀调用几次子程序的编程方式，而应该采用几个刀补号调用同一把刀具的程序来编写，这样就能分别控制每个零件的加工误差。根据生产实际情况，刀具选 2 把：93°车刀（刀尖半径 $R=0.8$ mm），切槽刀（刀宽 3 mm）。如图8-4 所示，一次装夹车削 3 个零件，其参考程序如表 8-4 所示。

表 8-4　尾体参考程序

O0023;	主程序	O1007;	子程序
M3 S700 T0101;	调用 1 号刀，1 号刀补	G42 G0 X26;	X30.4 F400;
G0 X32 Z1;	第 1 个工件定位点	G1 W-12.5 F180;	W7.5;
M98 P1007;	调用子程序 1007	G0 X28 W12.5;	X23.4 W-3.5 F120;
T0105;	调用 1 号刀，5 号刀补	X22.5;	W-4 F180;
G0 X32 Z-24.5;	第 2 个工件定位点	G1 W-12.5;	G0 X50;
M98 P1007;	调用子程序 1007	G0 X24 W11.5;	G40 W70;
T0106;	调用 1 号刀，6 号刀补	S1500;	M3 S700 T0202;
G0 X32 Z-49;	第 3 个工件定位点	G1 X-1 F120;	G0 X32 W-69;
M98 P1007;	调用子程序 1007	G0 X19 W0.5;	G1 X0 F70;
M5 G0 Z0;		G1 X22 W-1.5;	G0 X50;
X0 T0207;	利用 2 号刀设置定位基准	W-10.5;	W45;
M0;		X27.4;	M99;
G0 X50 Z40;		X29.4 W-1;	
T0100;		W-7;	
M30;		X26.4 W-1.5;	
		W-4;	

（二）刀、量、夹具的准备

根据任务要求，正确填写刀、量、夹具清单（见表 8-5）。

表 8－5　刀、量、夹具清单

产品名称或代号			零件名称		零件图号	
种类	序号	名称	规格（mm）	精度（mm）	单位	数量
刀具	1	45°车刀	20×20		把	1
	2	93°车刀	20×20		把	1
	3	切断刀	20×20		把	1
	4	内孔车刀	ϕ16		把	1
量具	5	游标卡尺	0～150	0.02	把	1
	6	千分尺	25～50	0.01	把	1
	7	螺纹环规	M22×1.5	6 g	副	1
	8	内侧千分尺	0～25	0.01	把	1
夹具	9	标准三爪			副	1
	10	自制限位三爪			副	1

三、加工与检测

1. 操作步骤与注意事项

工序一：

（1）三爪夹持工件，伸出长度 70 mm。若工件伸出太长、刚性差，第一个工件的加工精度不易保证。

（2）依次装夹 93°车刀、螺纹车刀、镗孔车刀和切槽刀并对刀。

（3）自动加工，第一次试切时，要对每一件的外圆、螺纹和内孔尺寸进行检测并调试（调整到公差中值），直到合格才切断。

（4）自动运行完毕后→松卡盘→把工件拉出与切槽刀刀杆侧面贴紧→按［循环启动］键，退刀→车紧工件→按［循环启动］键，继续下一次装夹的加工。

工序二：

（1）在三爪上车一台阶，作为重复定位基准。

（2）利用 45°车刀车端面并倒角，倒内孔时刀具应从里向外车出，避免内孔处倒出毛刺。

2. 零件加工检测评分

正确填写零件加工评分表（见表8-6）。

表8-6　零件加工评分表

姓名				班级		日期		
任务名称		锁紧丝圈的编程与加工		零件图号		机床编号		
检测任务		考核内容	配分	评分标准	学生自测	小组检测	教师检测	备注
基本检测	程序	切削加工工艺制定正确	2	独立完成				
		切削用量选用合理	2	独立完成				
		程序正确、简单、规范	10	独立完成				
	操作	刀具的刃磨、安装和对刀	8	独立完成				
		设备的正确操作与维护保养	3	视情况扣分				
		安全、文明生产	10	视情况扣分				
尺寸检测	直径	$\phi 28^{-0.3}_{-0.4}$	10	超差不得分				
		$\phi 21^{+0.15}_{+0.05}$	10	超差不得分				
		M25×1（大径）	2	超差不得分				
	长度	$18^{0}_{-0.1}$	10	超差不得分				
		$10^{0}_{-0.1}$	8	超差不得分				
	其他	倒角5处	5	超差不得分				
		M25×1-6g（中径）	10	超差不得分				
		1.2×0.6	4	超差不得分				
		同轴度 ϕ0.05和 ϕ0.03	4	超差不得分				
		表面粗糙度	2	超差不得分				
成绩评定		根据产品要求，凡是尺寸检查不合格的，该任务成绩为0分	100	综合考核				
指导教师			小组长		总分			

任务评价

完成任务后，根据学生自评、小组互评和教师评价，填写学生学习过程综合评价表（见表8-7）。

表8－7　学习过程综合评价表

姓名		班级		小组号		日期
任务名称	锁紧丝圈的编程与加工			小组长		指导教师
检测任务	考核内容与标准	配分	学生自测	小组检测	教师检测	备注
纪律观念	出勤、穿着、佩戴规范	5				
	遵守纪律、服从安排	5				
	具有责任心和团队意识	5				
学习情况	认真、积极学习	5				
	正确完成相关习题和任务	5				
工艺制定	正确选择工、量、夹具	5				
	正确填写各种工艺文件	5				
加工准备	正确准备刀具、量具和夹具	10				
	能独立编写加工程序	10				
零件加工	能独立、熟练操作数控车床	5				
	零件得分×0.4	40				
安全文明生产	规范、安全刃磨刀具与操作加工	5				
卫生6S	能及时清理场地、设备	5				
成绩评定	根据学生自测、小组检测和观察综合评定	100			总分：	
等级评定	60分以下不合格，60（含）~75分合格，75（含）~90分良好，90（含）分以上优秀			等级		

任务拓展

使用GSK980TDi系统数控车床加工图8－5所示零件轴套，工件毛坯为ϕ40 mm（或ϕ22 mm）×500 mm，材料为40Cr，小批量加工。

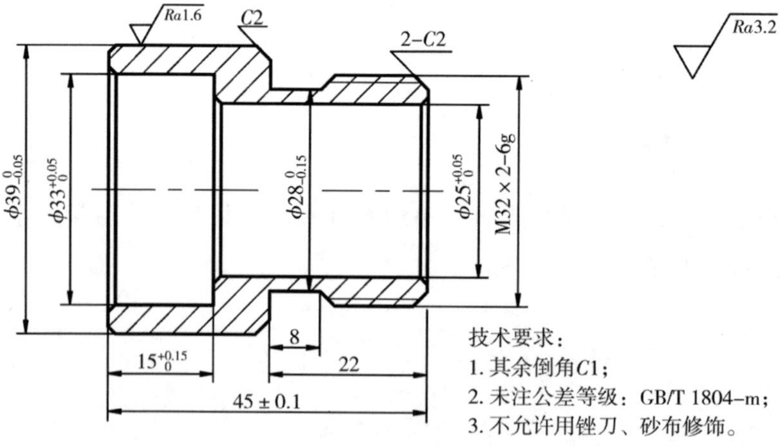

图8－5　轴套

数控铣削篇

学习任务9　数控铣床的基本操作

学习目标

◎知识目标

1. 了解控制面板上各功能键的作用。
2. 掌握程序的新建、输入、编辑和验证的操作步骤。
3. 掌握数控铣床系统操作面板的名称，能正确进行基本操作。

◎能力目标

1. 熟悉数控铣床操作面板上各功能键的作用。
2. 能在数控铣床上正确新建、编辑、输入、修改、删除和校验加工程序。
3. 能进行开关机、回零、启动主轴、手动和手轮运行机床等操作。

◎素养目标

1. 培养学生认真、细致的学习态度。
2. 养成安全、文明的操作习惯。

学习任务

认识数控铣床系统面板（FANUC 0I MF 系统），熟悉控制面板各功能键的作用，掌握数控铣床的基本操作，将表9－1中的程序输入系统中并进行校验。

表9－1　程序示例

段号	程序内容	段号	程序内容
N10	G54 G90 G17 G40 G49 G80 G0 Z50;	N100	Y44;
N20	M03 S800;	N110	G2 X－9 Y50 R6;
N30	G00 X0 Y0;	N120	G1 X9;
N40	Z10;	N130	G2 X15 Y44 R6;
N50	G01 Z0 F 150;	N140	G1 Y0;
N60	M98 P2006 L9;	N150	G40 X0;
N70	G90 G42 G1 X－15D1 F150;	N160	Z2;

段号	程序内容
N170	G0 Z100;
N180	M00;
N190	G54 G90 G00 Y0;
N200	M03 S1000;
N210	G0 X0 Y0;
N220	Z5;
N230	G1 Z－4.5 F100;
N240	G42 X－20. Z－5. D2;
N250	G2 I20;
N260	G40 G1 X0;
N270	G42 X－15D2;
N280	Y44;
N290	G2 X－9 Y50 R6;
N300	G1 X9;
N310	G2 X15 Y44 R6;
N320	G1 Y0;
N330	G40 X0;
N340	Z2;
N350	G0 Z100;
N360	X100 Y100;
N370	M30;

学习流程

认识数控铣床 → 认识FANUC 0I MF系统面板 → 认识数控铣削刀具 → 刀具的装夹 → 数控铣床/加工中心的基本操作

学习过程

一、认识数控铣床

应知

（1）数控铣床的分类、结构及主要参数。

（2）数控铣床/加工中心的安全文明操作要求。

（3）FANUC 0I MF 系统控制面板。

应会

（1）能简述数控铣床的分类和结构。

（2）牢记数控铣床安全、文明的操作要求。

（3）能正确输入加工程序并校验。

知识探究

（一）数控铣床的分类

1. 按主轴布置形式分类

按机床主轴的布置形式及机床的布局特点分类，数控铣床可分为立式数控铣床、卧式数控铣床和数控龙门铣床等。

1）立式数控铣床

立式数控铣床一般可进行三坐标联动加工，目前三坐标立式数控铣床占大多数。如图9－1所示，立式数控铣床主轴与机床工作台面垂直，工件装夹方便，加工时便于观察，但不便于排屑。一般采用固定式立柱结构，工作台不升降。主轴箱做上下运动，并通过立柱内的重锤平衡主轴箱的质量。为保证机床的刚性，主轴中心线距立柱导轨面的距离不能太大，因此，这种结构主要用于中小尺寸的数控铣床。

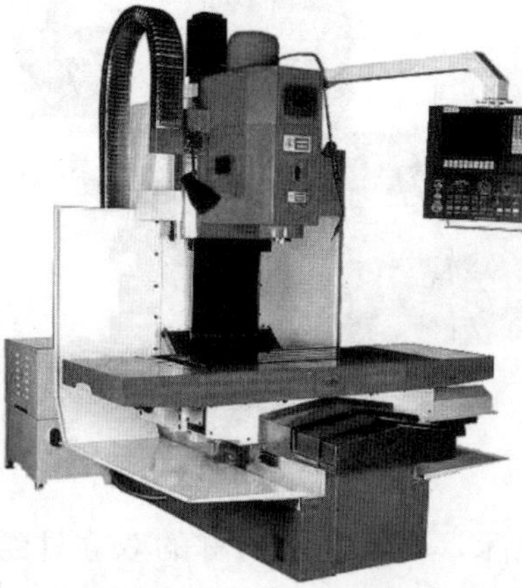

图9－1　立式数控铣床

此外，还有机床主轴可以绕 X、Y、Z 坐标轴中其中一个或两个做数控回转运动的四坐标和五坐标立式数控铣床。通常，机床控制的坐标轴越多，尤其是要求联动的坐标轴越多，机床的功能、加工范围及可选择的加工对象也就越多。但随之而来的就是机床结构更加复杂，对数控系统的要求更高，编程难度更大，设备的价格也更高。立式数控铣床也可以通过附加数控转盘、采用自动交换台、增加靠模装置来扩大它的功能、加工范围及加工对象，进一步提高生产效率。

2）卧式数控铣床

卧式数控铣床与通用卧式铣床相同，其主轴轴线平行于水平面。如图9－2所示，卧式数控铣床的主轴与机床工作台面平行，加工时不便于观察，但排屑顺畅。为了扩大加工范围和扩充功能，一般配有数控回转工作台或万能数控转盘来实现四坐标、五坐标加工，这样不但工件侧面上的连续轮廓可以加工出来，而且可以实现在一次安装过程中通过转盘改变工位，进行“四面加工”。尤其是万能数控转盘可以把工件上各种不同的角度或空间角度的加工面摆成水平平面或方向来加工，这样可以省去很多专用夹具或专用角度的成形铣刀。虽然卧式数控铣床在增加了数控转盘后很容易做到对工件进行“四面加工”，使其加工范围更加广泛，但从制造成本上考虑，单纯的卧式数控铣床现在已比较少，而多是在配备自动换刀装置（ATC）后成为卧式加工中心。

图 9－2　卧式数控铣床

3）数控龙门铣床

对于大尺寸的数控铣床，一般采用对称的双立柱结构，以保证机床的整体刚性和强度，这就是数控龙门铣床。如图 9－3 所示，数控龙门铣床有工作台移动和龙门架移动两种形式。主要用于大、中等尺寸，大、中等质量的各种基础大件、板件、盘类件、壳体件和模具等多品种零件的加工，工件一次装夹后，可自动、高效、高精度地连续完成铣、钻、镗和铰等多种工序的加工，适用于航空、重机、机车、造船、机床、印刷、轻纺和模具等制造行业。

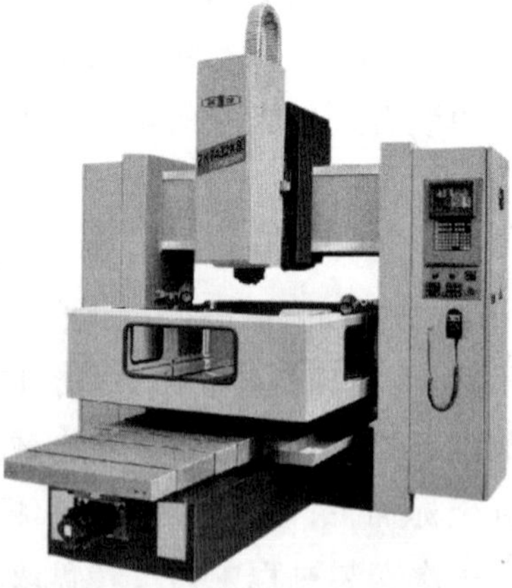

图 9－3　数控龙门铣床

2. 按数控系统的功能分类

按数控系统的功能分类，数控铣床可分为经济型数控铣床、全功能数控铣床和高速数控铣床等。

1）经济型数控铣床

经济型数控铣床一般采用经济型数控系统，如 SE. MENS802S 等采用开环控制，可以实现三坐标联动。这种数控铣床成本较低、功能简单、加工精度不高，适用于一般复杂零件的加工，一般有工作台升降式和床身式两种类型。如图 9－4（a）所示。

2）全功能数控铣床

全功能数控铣床采用半闭环控制或闭环控制，其数控系统功能丰富，一般可以实现四坐标以上的联动，加工适应性强，应用最广泛，如图 9－4（b）所示。

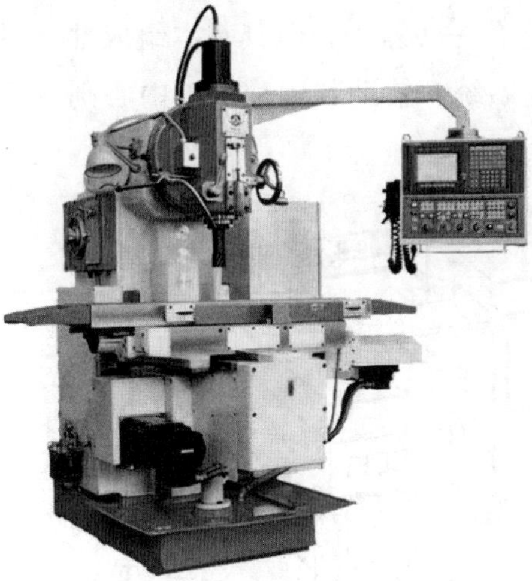

（a）经济型数控铣床

（b）全功能数控铣床

图 9－4　数控铣床

3）高速数控铣床

高速铣削是数控加工的一个发展方向，技术已经比较成熟，已逐渐得到广泛应用。高速数控铣床采用全新的机床结构、功能部件和功能强大的数控系统，并配以加工性能优越的刀具系统，加工时主轴转速一般在 8 000 ~ 40 000 r/min，切削进给速度为 10 ~ 30 m/min，可以对大面积的曲面进行高效率、高质量的加工，如图 9－5 所示。但目前这种机床价格昂贵，使用成本比较高。

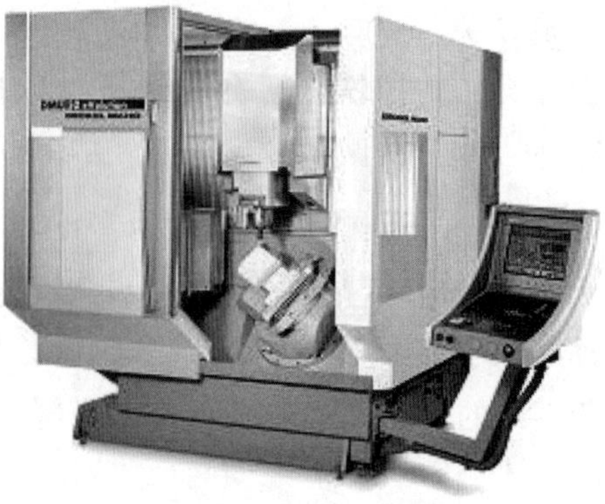

图9－5　高速数控铣床

（二）数控铣床/加工中心基本结构

数控铣床是在原普通铣床上发展起来的，可以看作是普通铣床加了数控系统就成了数控铣床，而加工中心则是在数控铣床上增加了刀库而成的（见图9－6）。目前数控铣床外形不统一，有一些差别，但其基本组成部分不变，主要包括基础部件、主轴部件、数控系统、辅助装置，加工中心则在此基础上增加有自动换刀系统。

图9－6　加工中心结构图

1. 基础部件

基础部件包括床身、立柱、工作台等，构成了数控机床的基本框架。对机床上其他零部件起着支撑和导向作用。

2. 主轴部件

主轴部件包括主轴箱体和主轴传动系统，用于装夹刀具并带动刀具旋转，是切削加工的功率输出部件。

3. 数控系统

数控系统包括CNC装置、可编程控制器、伺服驱动装置、输入输出装置等。它是数控机床的核心部件，是数控机床运动控制的中心。数控系统根据输入装置送来的信息（主要是程序指令），经过数控装置进行译码、插补运算和数据处理后，向伺服驱动装置和辅助控制装置发出控制指令，驱动机床移动部件按程序运行，加工出需要的零件。

4. 辅助装置

辅助装置包括润滑系统、冷却系统、排屑系统、液压系统、气动系统、检测系统以及防护装置。这些装置虽然不直接参与切削运动，但对完成切削加工以及对零件的加工效率、加工精度和加工可靠性起着保障作用。

5. 自动换刀系统

由刀库、刀具交换机构等部件组成，自动换刀功能只有加工中心具备。当需要换刀时，数控系统发出指令，由刀具交换机构实现刀库和主轴上刀具的交换。

（三）数控铣床/加工中心机床主要参数

数控铣床/加工中心机床主要参数见表9－2。

表9－2　机床主要参数

项目		单位	规格（mm）	备注
工作台	工作台面尺寸	mm	1 050×500	
	T形槽（数目－尺寸×距离）		5－18×90	
	主轴端面至工作台面距离	mm	105～655	
	台面最大承重	kg	600	
主轴	锥孔型式/安装尺寸		BT40/ϕ150	
	转速	r/min	50～8 000	
	驱动系统			皮带驱动
	主轴中心至立柱导轨距离	mm	580	
行程	X轴	mm	800	
	Y轴	mm	500	
	Z轴	mm	550	

（四）数控铣削安全文明操作规程

1. 对操作者的要求

操作者必须熟悉机床的结构、性能及传动系统、润滑部位、电气等基本知识和使用维护方法，操作者必须经过考核合格后方可进行操作。

2. 工作前要做到以下几点

（1）检查润滑系统储油部位的油量是否符合规定，封闭是否良好。油标、油窗、油杯、油嘴、油线、油毡、油管和分油器等应齐全完好，安装正确。按润滑指示图表规定做人工加油，查看油窗是否来油。

（2）必须束紧服装、套袖，戴好工作帽、防护眼镜，工作时应检查各手柄位置的正确性，应使变换手柄保持在定位位置上，严禁戴围巾、手套和穿裙子、凉鞋、高跟鞋上岗操作。工作时严禁戴手套。

（3）检查机床、导轨以及各主要滑动面，如有障碍物、工具、铁屑、杂质等，必须清理、擦拭干净、上油。

（4）检查工作台、导轨及主要滑动面有无新的拉、研、碰伤，如有，应通知指导教师一起查看，并做好记录。

（5）检查安全防护、制动（止动）和换向等装置是否齐全完好。

（6）检查操作手柄、阀门、开关等是否处于非工作的位置上。是否灵活、准确、可靠。

（7）检查刀具是否处于非工作的位置上。检查刀具及刀片是否松动，检查操作面板是否有异常。

（8）检查电器配电箱是否关闭牢靠，电气是否接地良好。

3. 工作中认真做到以下 30 点

（1）坚守岗位，精心操作，不做与工作无关的事。因事离开机床时要停车，关闭电源。

（2）按工艺规定进行加工。不准任意加大进刀量、削速度。不准超规范、超负荷、超重使用机床。

（3）刀具、工件应装夹正确、紧固牢靠。装卸时不得碰伤机床。

（4）不准在机床主轴锥孔，安装与其锥度或孔径不符、表面有刻痕和不清洁的顶针、刀套等。

（5）对加工的首件要进行动作检查和防止刀具干涉的检查，按高速扫描运行、空运转、单程序断切削、连续运转的顺序进行。

（6）应保持刀具及时更换。

（7）切削刀具未离开工件时不准停车。

（8）不准擅自拆卸机床上的安全防护装置，缺少安全防护装置的机床不准工作。

（9）开车时，工作台不得放置工具或其他无关物件，操作者应注意不要使刀具与工作台撞击。

（10）经常清除机床上的铁屑、油污，保持导轨面、滑动面、转动面、定位基准面清洁。

（11）密切注意机床运转情况、润滑情况，如发现动作失灵、震动、发热、爬行、噪声、异味、碰伤等异常现象，应立即停车检查，排除故障后，方可继续工作。

（12）机床发生事故时应立即按急停按钮，保持事故现场，报告有关部门分析处理。

（13）工作中严禁用手清理铁屑，一定要用清理铁屑的专用工具，以免发生事故。

（14）自动运行前，确认刀具补偿值和工件原点的设定。确认操作面板上进给轴的速度及其倍率开关状态。

（15）铣刀必须夹紧。

（16）切削加工要在各轴与主轴的扭矩和功率范围内使用。

（17）装卸及测量工件时，把刀具移到安全位置，主轴停转；要确认工件在卡紧状态下加工。

（18）使用快速进给时，应注意工作台面情况，以免发生事故。

（19）装卸大件、大平口钳及分度头等较重物件需多人搬运时，动作要协调，应注意安全，以免发生事故。

（20）每次开机后，必须首先进行回机床参考点的操作。

（21）装卸工作、测量对刀、紧固心轴螺母及清扫机床时，必须停车进行。

（22）工件必须夹紧，垫铁必须垫平，以免松动导致发生事故。

（23）运行程序前要先对刀，确定工件坐标系原点。对刀后立即修改机床零点偏置参数，以防程序不正确运行。

（24）不准使用钝的刀具和过大的吃刀深度、进刀速度进行加工。

（25）开车时不得用手摸加工面和刀具，在清除铁屑时应用刷子，不得用嘴吹或用棉纱擦。

(26) 操作者在工作中不许离开工作岗位，如需离开时无论时间长短，都应停车，以免发生事故。

(27) 在手动方式下操作机床，要防止主轴和刀具与机床或夹具相撞。操作机床面板时，只允许单人操作，其他人不得触摸按键。

(28) 运行程序自动加工前，必须进行机床空运行。空运行时必须将 Z 向提高一个安全高度。

(29) 自动加工中出现紧急情况时，立即按下复位或急停按钮。当显示屏出现报警信号时，要先查明报警原因，采取相应措施，待取消报警后，再进行操作。

(30) 机床开动前必须关好机床防护门。机床开动时不得随意打开防护门。

4. 工作后认真做到以下几点

(1) 将机械操作手柄、阀门、开关等扳到非工作位置上。

(2) 停止机床运转，切断电源、气源。

(3) 清除铁屑，清扫工作现场，认真擦净机床。导轨面、转动及滑动面、定位基准面、工作台面等处加油保养。严禁使用带有铁屑的脏棉纱揩擦机床，以免拉伤机床导轨面。

(4) 认真将上班中发现的机床问题填到交接班记录本上，做好交班工作。

二、认识 FANUC 0I MF 系统控制面板

知识探究

数控铣床配备的系统有很多，常见的有 FANUC（发那科）、SIEMENS（西门子）、GSK（广数系统）、华中数控等。图 9 - 7 所示为 FANUC 0I MF 系统。

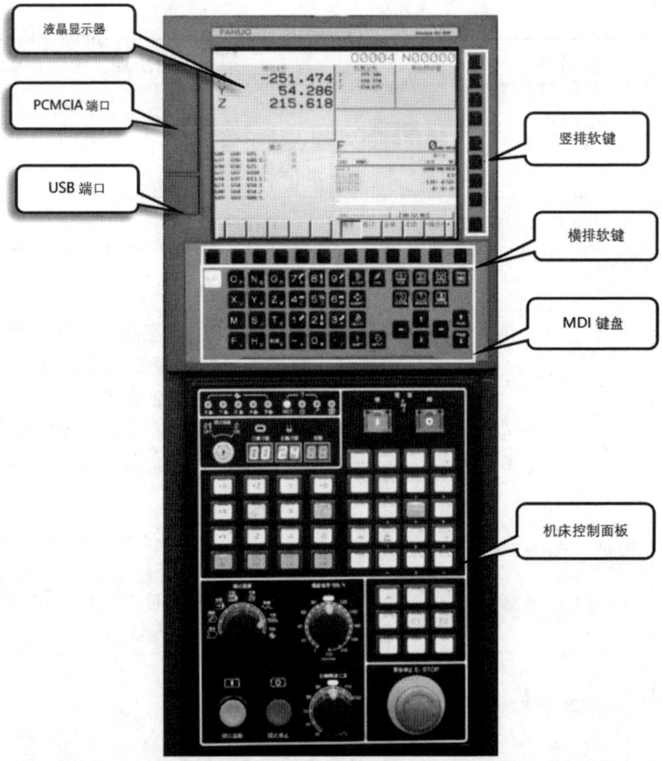

图9－7　数控铣床系统面板（FANUC 0I MF 系统）

（一）FANUC 0I MF 系统面板上 MDI 单元按键说明

FANUC 0I MF 系统面板上图标名称及功能见表9－3。

表9－3　FANUC 0I MF 系统面板上图标名称及功能

图标	名称	功能描述
	复位（RESET）键	要解除报警或者复位 CNC 时按此键
	帮助（HELP）键	当不明白 MDI 键操作，想要显示操作方法以及想要显示 CNC 上发生的报警详细内容时按此键（帮助功能）
	地址键	按这些键可输入字母等字符

续表

图标	名称	功能描述
	数值键	按这些键可输入数字等字符
	位移（SHIFT）键	有些键的键顶上印有两个字符。 按位移键可切换并输入字符。当可以输入右下角指示的字符时，画面上显示出“∧”
	输入（INPUT）键	按下地址/数值键后输入的数据被输入缓冲器并显示于画面上。为把键入缓冲器的数据复制到偏置寄存器等，按 <INPUT> 键。它与［输入］软键等效，按下时会产生相同的结果。在程序一览画面上还可以用于移动文件夹的操作
	取消（CAN）键	按此键可删除输入到键入缓冲器的字符或符号。例：键入缓冲器的显示为 > N001X100Z_ 时，按下  键，Z 即被取消，成为：> N001X100_ 。在字符编辑方式下，按此键成为与按下 Back Space 等效的动作
	编辑键（修改）	编辑程序：修改
	编辑键（插入）	编辑程序：插入
	编辑键（删除）	编辑程序：删除
	功能键（位置）	显示位置画面
	功能键（程序）	显示程序画面
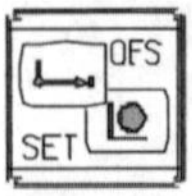	功能键（位置/设置）	显示偏置/设定画面
	功能键（系统）	显示系统画面

续表

图标	名称	功能描述
	功能键（信息）	显示信息画面
	功能键（图形）	显示图形画面

（二）机床控制面板按键说明

机床控制面板根据机床生产厂家配备的面板各有不同，表9－4中介绍的是其中一个机床制造厂家配备的面板。若是其他厂家的机床控制面板，请阅读机床使用说明书。

表9－4　数控机床控制面板上图标的名称及功能

图形	名称	功能描述
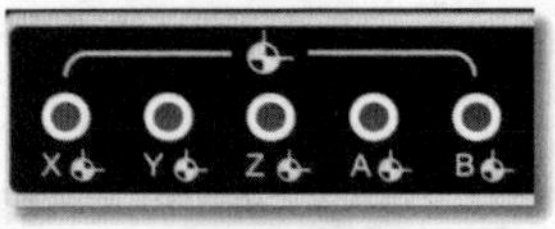	回零指示灯	当各控制轴回到机械原点后，对应指示灯亮
	程序锁	利用钥匙锁住程序后，程序不能进行编辑
	刀库显示灯	显示当前使用的刀具号
	机床控制轴按键	在“快速”和“寸动”模式下，按这些键可以移动对应轴
	快速倍率调节开关	在“快速”“寸动”“手轮”模式下控制各轴移动速度

续表

图形	名称	功能描述
	模式选择开关	将旋钮旋至需要的模式可打开对应模式
	进给倍率	调节机床进给速度
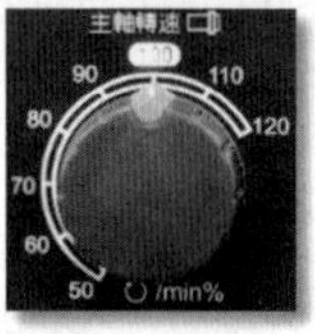	主轴倍率	调节主轴转速
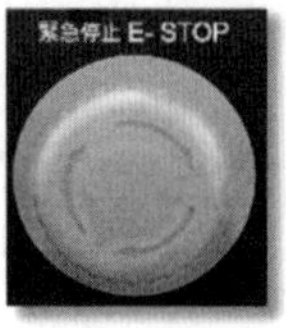	急停按钮	在遇到紧急情况下可按下此按钮，机床停止一切运动
	程序启动	按下此按钮，程序运行
	进给保持	按下此按钮，控制轴停止进给，但主轴保持转动

续表

图形	名称	功能描述
	机床控制按键	根据按键显示功能，可对该功能进行开关
	手轮	可进行机床的移动轴控制

三、认识数控铣削刀具

（一）按制造铣刀所用的材料可分为以下几类

1. 高速钢（HSS）刀具

高速钢刀具过去曾经是切削工具的主流，随着数控机床等现代制造设备的广泛应用，大力开发了各种有涂层和无涂层的高性能、高效率高速钢刀具，高速钢凭借其在强度、韧性、热硬性及工艺性等方面优良的综合性能，在切削某些难加工材料以及在复杂刀具，特别是切齿刀具、拉刀和立铣刀造中仍有较大的市场。但一些高端产品已逐步被硬质合金刀具代替。

2. 硬质合金刀具

硬质合金是用高硬度、难熔的金属碳化物（WC、TiC 等）和金属黏结剂（Co、Ni 等）在高温条件下烧结而成的粉末冶金制品。硬质合金的常温硬度为 89 ~ 93 HRA，760℃时其硬度为 77 ~ 85 HRA，在 800 ~ 1 000℃时硬质合金还能进行切削。硬质合金刀具寿命比高速钢刀具高几倍到几十倍，可加工包括淬硬钢在内的多种材料。但硬质合金的强度和韧性比高速钢差，常温下的冲击韧性仅为高速钢的1/8～1/30，因此，硬质合金承受切削振动和冲击的能力较差。硬质合金是最常用的刀具材料之一，常用于制造车刀和面铣刀，也可用硬质合金制造深孔钻、铰刀、拉刀和滚刀。尺寸较小和形状复杂的刀具，可采用整体硬质合金制造，但整体硬质合金刀具成本高，其价格是高速钢刀具的8～10倍。ISO（国际标准化组织）把切削用硬质合金分为三类：P类、K类和M类。P类（相当于我国YT类）硬质合金由WC、TiC和Co组成，也称钨钛钴类硬质合金。这类合金主要用于加工钢料。常用牌号有YT5（TiC的质量分数为5%）、YTl5（TiC的质量分数为15%）等，随着TiC质量分数的提高，钴质量分数相应减少，硬度及耐磨性增高，抗弯强度下降。此类硬质合金不宜加工不锈钢和钛合金。K类（相当于我国YG类）硬质合金由WC和Co组成，也称钨钴类硬质合金。这类合金主要用来加工铸铁、有色金属及其合金。常用牌号有YG6（钴的质量分数为6%）、YG8（钴的质量分数为8%）等，随着钴质量分数增多，硬度和耐磨性下降，抗弯强度和韧性增高。M类（相当于我国YW类）硬质合金是在WC、TiC、Co的基础上再加入T_aC（或N_bC）而成。加入T_aC（或N_bC）后，改善了硬质合金的综合性能。这类硬质合金既可以加工铸铁和有色金属，又可以加工钢料，还可以加工高温合金和不锈钢等难加工材料，有通用硬质合金之称。常用牌号有YWl和YW2等。

3. 陶瓷刀具

与硬质合金相比，陶瓷材料具有更高的硬度、红硬性和耐磨性。因此，加工钢材时，陶瓷刀具的耐用度为硬质合金刀具的10～20倍，其红硬性比硬质合金高2～6倍，且化学稳定性、抗氧化能力等均优于硬质合金。陶瓷材料的缺点是脆性大、横向断裂强度低、承受冲击载荷能力差，这也是近几十年来人们不断对其进行改进的重点。

陶瓷刀具材料可分为三大类：①氧化铝基陶瓷。通常是在Al_2O_3基体材料中加入TiC、WC、ZiC、TaC、ZrO_2等成分，经热压制成复合陶瓷刀具，其硬度可为93～95 HRC，为提高韧性，常添加少量Co、Ni等金属。②氮化硅基陶瓷。常用的氮化硅基陶瓷为Si_3N_4 + TiC + Co复合陶瓷，其韧性高于氧化铝基陶瓷，硬度则与之相当。③氮化硅—氧化铝复合陶瓷。又称为赛阿龙（Sialon）陶瓷，其化学成分为77% Si_3N_4 +13% Al_2O_3，硬度可达1 800 HV，抗弯强度可达1. 20 GPa，最适合切削高温合金和铸铁。

4. 超硬刀具

人造金刚石、立方氮化硼（CBN）等具有高硬度的材料统称为超硬材料。超硬刀具主要是以金刚石和立方氮化硼为材料制作的刀具，其中以人造金刚石复合片（PCD）刀具及立方氮化硼复合片（PCBN）刀具占主导地位。许多切削加工概念，如绿色加工、以车代磨、以铣代磨、硬态加工、高速切削、干式切削等都是因超硬刀具的应用而兴起，故超硬刀具已成为切削加工中不可缺少的重要手段。

金刚石是世界上已知的最硬物质，并具有高导热性、高绝缘性、高化学稳定性、高温半导体特性等多种优良性能，可用于铝、铜等有色金属及其合金的精密加工，特别适合加工非金属硬脆材料。1955年，美国GE公司采用高温高压法成功合成了人造金刚石，1966年又研制出人造聚晶金刚石复合片（PCD），自此人造金刚石作为一类新型刀具材料得到迅速发展。但由于金刚石中的碳在高温下易与铁元素作用而迅速溶解，因此金刚石刀具不适合加工铁基合金，从而大大限制了金刚石在金属切削加工中的应用。

立方氮化硼是硬度仅次于金刚石的超硬材料。CBN的硬度低于金刚石，其氧化温度高达1 360℃，且与铁磁类材料一样具有较低的亲和性。因此，虽然目前CBN还是以烧结体形式进行制备，但仍是适合钢类材料切削、具有高耐磨性的优良刀具材料。由于CBN具有高硬度、高热稳定性、高化学稳定性等优异性能，因此特别适合加工高硬度、高韧性的难加工金属材料。如采用CBN可转位刀片干式精车淬硬齿轮，每个齿轮的加工成本可降低60%；采用配装球形CBN刀片的立铣刀精铣大型硬质磨具，磨削时间可比传统工艺减少80%。CBN材料的不足之处是韧性较差的问题尚待解决。

（二）按铣刀结构形式不同可分为以下几类

1）整体式：将刀具和刀柄制成一体。如：钻头、立铣刀等。

2）镶嵌式：可分为焊接式和机夹式。

3）减振式：当刀具的工作臂长与直径之比较大时，为了减少刀具的振动，提高加工精度，多采用此类刀具。

4）内冷式：切削液通过刀体内部由喷孔喷射到刀具的切削刃部。

5）特殊型式：如复合刀具、可逆攻螺纹刀具等。

（三）按用途分类

在实际加工过程中，往往是通过零件所加工的部位来选择不同的刀具。表 9 - 5 是数控铣床上常用的铣刀种类。

表 9 - 5　数控铣床常用刀具的选用

刀具名称	图例	适用场合
立铣刀		铣小平面或台阶面时一般采用立铣刀
球头刀		加工曲面类零件时，为了保证刀具切削刃与加工轮廓在切削点相切，而避免刀刃与工件轮廓发生干涉，一般采用球头刀
面铣刀		铣较大平面时，为了提高生产效率和提高加工表面粗糙度，一般采用刀片镶嵌式面铣刀
键槽铣刀		用于铣键槽，一般是用两刃，刃口过中心，可垂直下刀
麻花钻		用于钻孔
铰刀	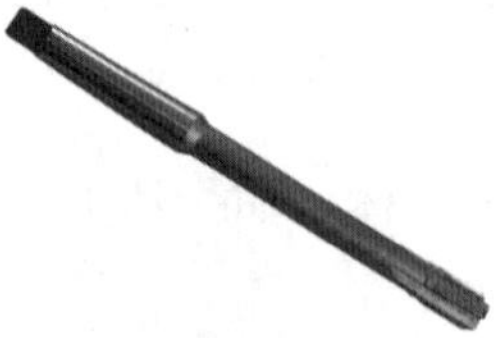	用于较小孔的铰削，提高孔的形状精度和降低表面粗糙度
镗刀		用于较大孔镗削，提高孔的形状精度和降低表面粗糙度

续表

刀具名称	图例	适用场合
丝锥		用于攻螺纹

四、刀具的装夹

（一）刀柄系统的认识

数控铣床使用的刀具需要先夹持到刀柄上，刀柄通过拉钉与主轴内的拉刀装置固定到主轴上，从而将主轴的转速和扭矩传递给刀具。刀柄的强度、刚性、耐磨性、制造精度以及夹紧力等对加工有直接的影响。刀柄外观结构见图9－8。

图9－8　刀柄结构

数控铣床/加工中心用刀柄种类繁多，但主要包括7:24锥柄系统和1:10锥柄HSK空心短圆锥高速模块工具系统。7:24锥柄系统占到所有数控铣床/加工中心刀柄的80%以上，通常有5种标准和规格，即NT（传统型）、DIN 69871（德国标准）、ISO 7388－1、ANSI/ASME（美国标准）以及MAS BT（日本标准）。目前，使用较多的7:24刀柄系统是BT刀柄。HSK工具系统采用的是国际化标准组织标准 ISO 12164，能够提高系统的刚性和稳定性以及在高速加工时的产品精度，并缩短刀具更换的时间，在高速加工中发挥着很重要的作用。具体分类时，刀柄种类繁多，以下仅介绍常用的 BT 刀柄。

1. 常见 BT 系列刀柄

BT 是日本标准 JIS B 6339（MAS 403 BT）的简称。BT 型刀柄的对称性结构使它的高速稳定性更好。刀柄常见的有 30、35、40、45、50 和 60 几种规格，数字表示在锥柄某处（具体位置在不同的标准中并不同）直径的大小。如 BT40，表示 BT 刀柄，40 指的是刀柄锥度某一截面直径为 40 mm。

刀柄的代号主要由主轴型号、刀柄类型、夹持直径以及刀柄长度组成。其中刀柄类型主要有 ER（筒夹刀柄）、FMB（面铣刀刀柄）、SLN（侧固式刀柄）以及强力刀柄等。刀柄代号各个厂家可能有些不同，在选购时要注意代号的区别（见表 9－6）。

例如：

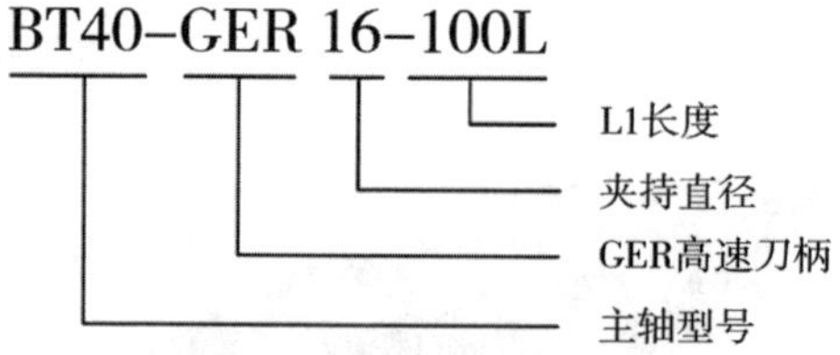

表 9－6　常用 BT 系列刀柄简介

类型	图例	结构特点
弹性刀柄		弹性刀柄需要使用弹簧夹头来紧固刀具柄部，主要用于钻头、铣刀、丝锥等直柄刀具和工具的装夹
强力铣削刀柄		强力铣削刀柄主要用于铣刀、铰刀等直柄刀具及工具的夹紧，夹紧力比较大，夹紧精度较好。更换不同的夹头可夹持不同柄径的铣刀、铰刀等。在加工过程中，强力刀柄前端直径比弹簧夹头类刀柄大，容易产生干涉
侧固式刀柄		侧固式刀柄适合装夹快速钻、铣刀、粗镗刀等刀具。这种刀柄夹持力度大、结构简单，相对装夹原理简单，但通用性不好

续表

类型	图例	结构特点
钻夹头刀柄		钻夹头刀柄，其夹紧机构与普通的三爪定心的原理一样，通过内部传动，使夹爪伸出闭合、缩进张开夹紧普通直柄刀具。其主要用于在其夹紧范围之内的钻头类刀具的夹紧，亦可用于直柄铣刀、铰刀丝锥等小切削力刀具的夹紧
攻丝刀柄		攻丝刀柄有两种，一是弹簧攻丝刀柄，类似ER，只不过有弹性。二是伸缩攻丝刀柄。伸缩攻丝刀柄通过ER弹簧夹头安装各种型号的丝锥。一般用于柔性攻丝（浮动攻丝）。其内部含有弹簧性质的装置，通过内部的保护机构可以前后收缩5 mm，在丝锥过载停转时起到保护作用

2. 拉钉

数控铣床/加工中心拉钉尺寸已标准化，ISO或GB规定了A型和B型两种形式的拉钉（见图9-9）。

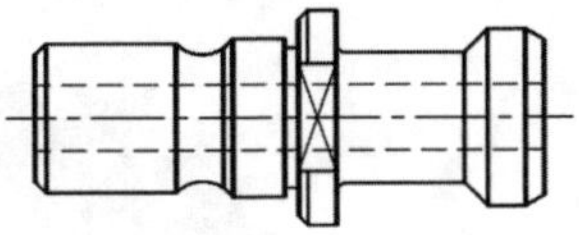

A型拉钉

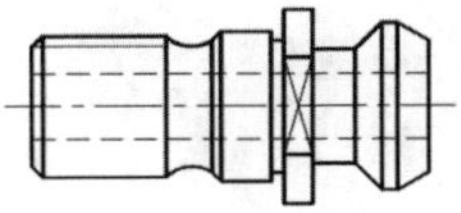

B型拉钉

图9-9　拉钉

A型拉钉用于不带钢球的拉紧装置，B型拉钉用于带钢球的拉紧装置。

3. 弹簧夹头（筒夹）

弹簧夹头又称筒夹，放置于刀柄内部，主要用于固定刀具位置。常用的弹簧夹头主要有用于夹持普通铣刀的ER筒夹，用于强力铣削的强力筒夹。普通ER筒夹常用的是ER32筒夹，夹持范围一般为1～20 mm直径的铣刀，通常一种规格的筒夹可以夹持相差2 mm范围内的铣刀。强力铣削时，与强力铣刀刀柄相配的是强力筒夹，它属于直筒型，夹持长度比ER筒夹要长、夹紧力更大，强力筒夹常用型号是 C32。见图 9－10。

（a）ER 弹簧夹头　　（b）强力型弹簧夹头

图 9－10　弹簧夹头

（二）刀具的安装

1. 将刀具装入刀柄

装夹刀具前先把各部分用棉布擦拭干净。根据刀具的尺寸先选择合适的弹簧夹头装入刀柄头部，然后旋入 2～3 扣，再装入刀具，此处注意刀具伸出的长短应合适。最后用力旋紧即可。如图 9－11 所示。

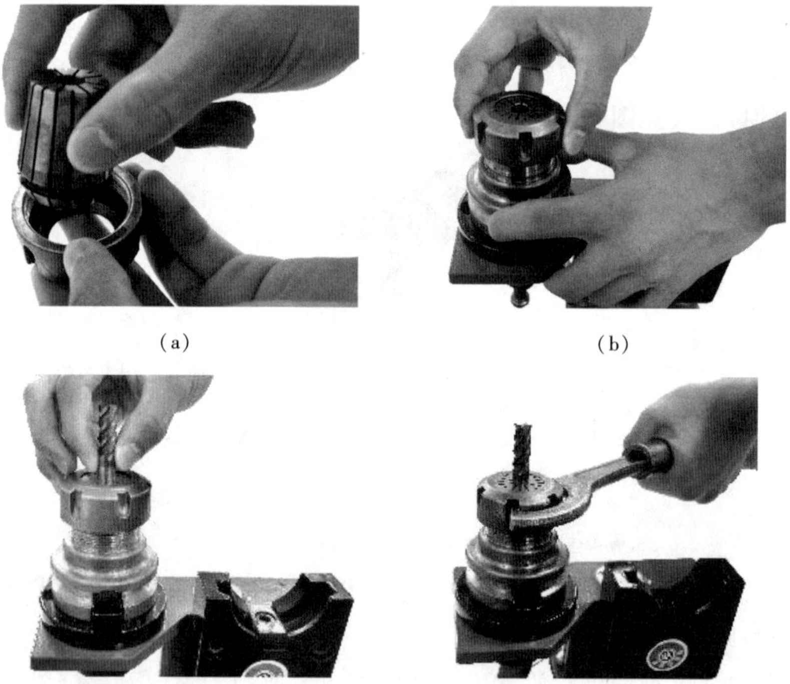

（a）　（b）　（c）　（d）

图 9－11　刀具的安装

2. 在机床主轴上安装刀柄

安装前需要将模式选择为“快速”或“寸动”。左手握住刀柄，将刀柄的键槽对准主轴端面键垂直伸入到主轴内，不可倾斜。右手按下装刀按钮直至压缩空气吹出再松开按钮，装刀完成。见图9－12。

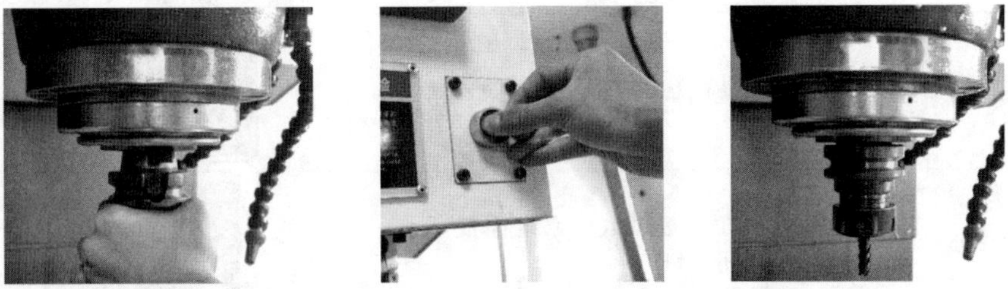

(a)　　(b)　　(c)

图9－12　刀柄的装夹

五、数控铣床/加工中心的基本操作

知识探究

由于机床生产厂家不同，开关按钮和操作面板等存在一些差别，此处以云南威佑机床厂生产的加工中心为例介绍其基本操作。

(一) 数控铣床的开、关机

1. 开机步骤

开机详细步骤见表9－7。

表9－7　加工中心开机步骤

步骤	描述	图例
第①步	打开机床总电源	
第②步	打开机床电源：将控制电柜开关旋至“ON”位置	
第③步	打开数控系统电源：按数控系统面板上的绿色开关按钮	
第④步	旋起急停旋钮，出现开解	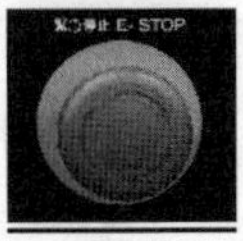

2. 关机步骤

关机详细步骤见表 9－8。

表 9－8　加工中心/铣床关机步骤

步骤	描述	图例
第①步	按下数控系统面板上的急停按钮	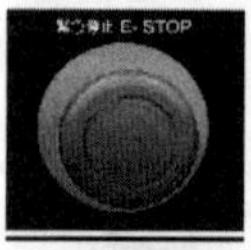
第②步	关闭系统电源：按下数控系统面板上的红色关闭按键	
第③步	关闭机床电源：将机床电气柜旋钮旋至“OFF”位置	
第④步	关闭总电源	

（二）数控铣床回零操作

通常，数控铣床开机后都要进行回零操作，即让机床返回到机床原点位置。机床坐标系是机床固有的坐标系，机床坐标系的原点称为机床原点或机床零点。在机床经过设计、制造和调整后，这个原点便被确定下来，它是固定的点。数控装置上电时并不知道机床零点，为了正确地在机床工作时建立机床坐标系，通常在每个坐标轴的移动范围内设置一个机床参考点（测量起点），机床启动时，通常要进行机动或手动回参考点，以建立机床坐标系。机床参考点可以与机床零点重合，也可以不重合，通过参数指定机床参考点到机床零点的距离。机床回到了参考点位置，也就知道了该坐标轴的零点位置，找到所有坐标轴的参考点，CNC 就建立起了机床坐标系。具体操作步骤见表 9－9。

表 9－9　手动方式数控铣床回零操作步骤

步骤	描述	图例
第①步	将机床操作面板上“模式选择”旋钮旋至“原点”位置	

续表

步骤	描述	图例
第②步	先回 Z 轴：点按机床操作面板上的“$+Z$”键	
第③步	待 Z 轴回零完成后，再按“$+X$”和“$+Y$”按键	
第④步	观察：三轴都回到零点后，各自按键的灯熄灭，同时机床操作面板上部回零指示灯亮，表示回零完成	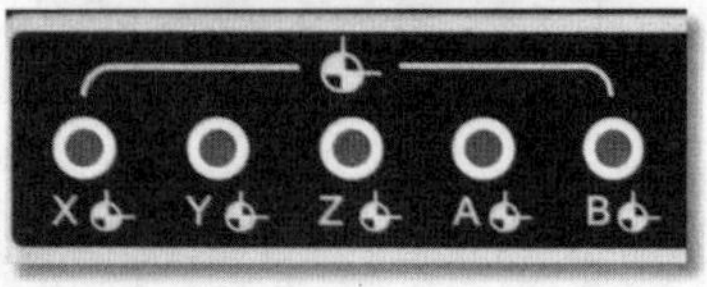

（三）程序的输入与编辑

数控系统程序输入和编辑包括内容非常多，此处仅介绍“新建程序”“修改程序”“查找程序”“删除程序”的操作步骤，其余操作在使用时可查阅对应数控系统型号的操作手册。

1. 新建程序

新建程序操作步骤见表9－10。

表9－10　新建程序操作步骤

步骤	描述	图例
第①步	将机床操作面板上“模式选择”旋钮旋至“编辑”位置	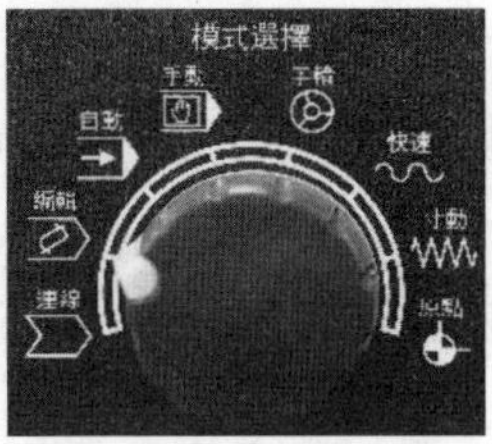

续表

步骤	描述	图例
第②步	按下程序功能键  ，进入程序编辑画面	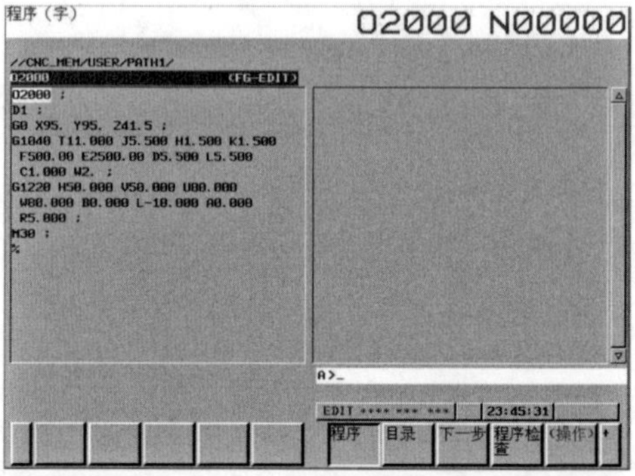
第③步	按下地址键 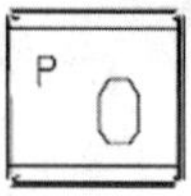 ，输入程序号。程序号一般为字母 O 后接 4 位数字，如 O1234	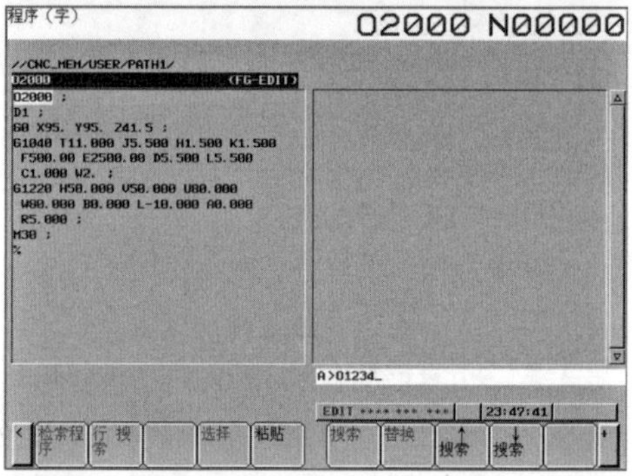
第④步	按下功能键  或  ，此时新建程序完成	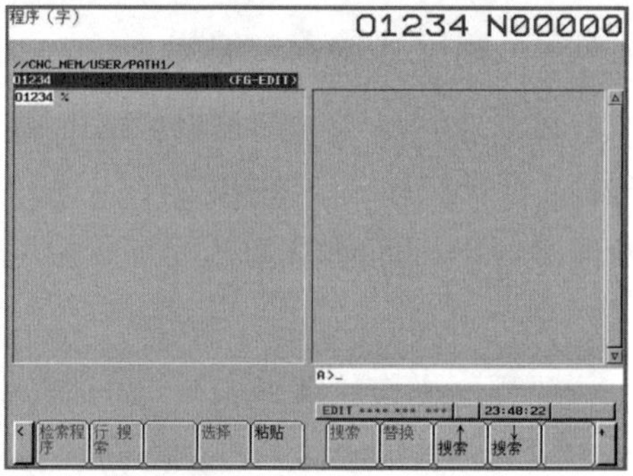

2. 程序的输入

根据所编写的程序，在键盘上找到对应的字母、数字或符号输入即可。有些按键上面有两个符号，若需要输入字号小的字符需要先按［上档（SHIFT）］键再进行输入。输完一行程序结尾处按［EOB］键结束，再点按［插入（INSERT）］或［输入（INPUT）］键换行。

3. 程序的修改

若要对程序进行修改，可以将光标移到需要修改的位置，使用［ALTER］键可将新字符替换原程序字符；使用［INSERT］键可插入若干字符；使用［DELETE］键可删除光标所在位置的字符。

4. 程序的查找

在系统里面若保存有多个程序，需要查找其中一个程序可以有4种方式进行。此处仅介绍其中一种的查找步骤，见表9－11。

表9－11　程序查找操作步骤

步骤	描述	图例
第①步	将机床操作面板上“模式选择”旋钮旋至“编辑”位置	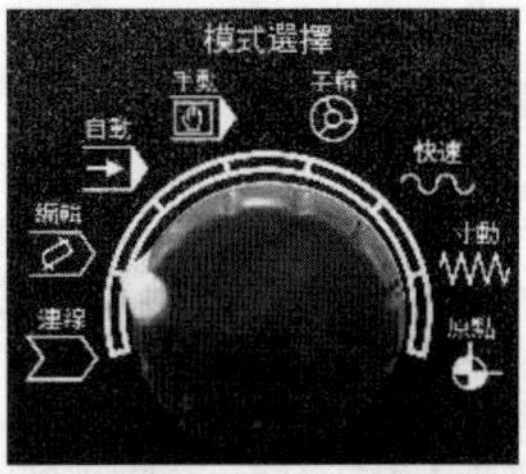
第②步	按下程序功能键 ，进入程序编辑画面	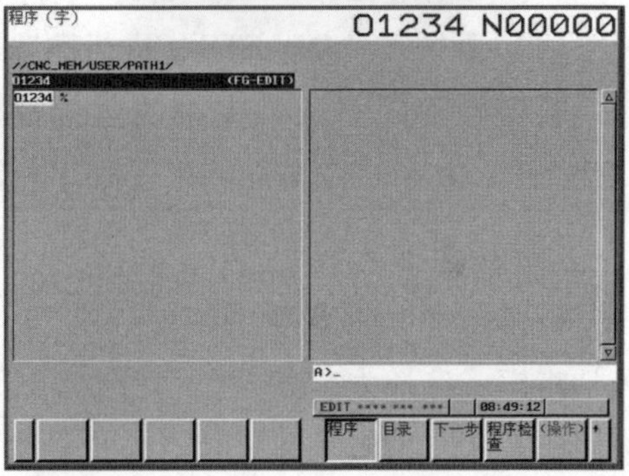
第③步	输入需要查找的程序号（程序名）。如需要查找O2000，则就输入O2000	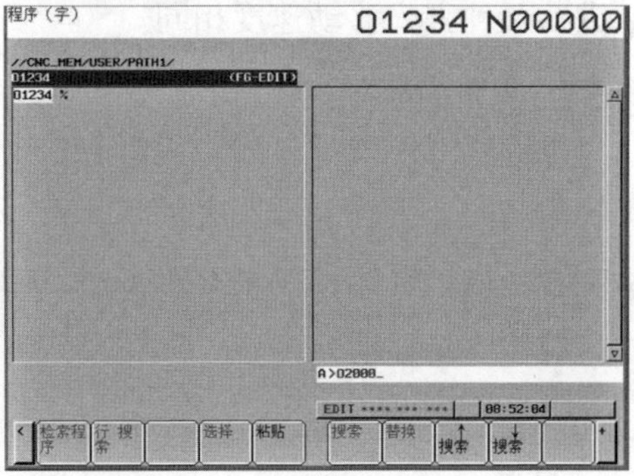

续表

步骤	描述	图例
第④步	按下软键“检索程序”  或功能键上、下光标键 	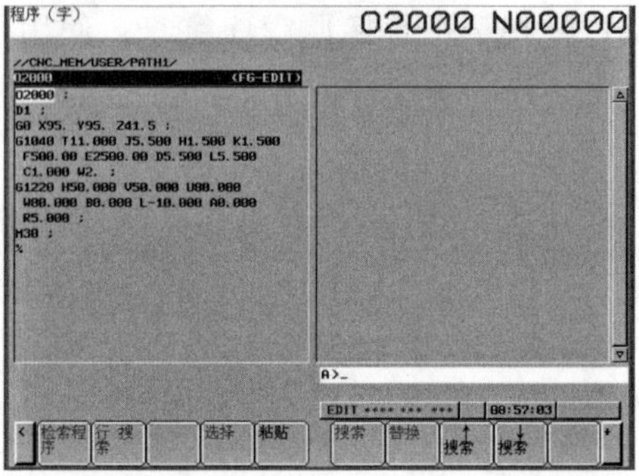

5. 程序的删除

删除一个程序的步骤：

（1）选择 EDIT（编辑）方式。

（2）点按“PROG（程序）”显示程序画面。

（3）输入程序号或程序名。

（4）再按下“DELETE”进行删除。

若要删除同一文件夹中的全部程序，其操作步骤只需要将第 3 步输入“O9999”，其余步骤与删除一个程序相同。

（四）手动运行机床

1. 手动进给和增量进给

将模式选择为“快速”，此时为 JOG 进给方式；选择为“寸动”，则为增量进给方式。再根据需要按对应坐标轴移动键（见图 9－13）。JOG 进给和增量进给两种方式移动速度相同。

2. 手轮进给

将模式选择为“手轮”。此时使用手轮进给，顺时针旋转为正向，逆时针旋转为负向。手轮上部左边的 X、Y、Z 对应的是坐标轴。右侧 ×1 表示手轮每旋转一格，机床移动 0.001 mm；×10 时，旋转一格移动 0.01 mm；×100 时，旋转一格移动 0.1 mm（见图 9－14）。

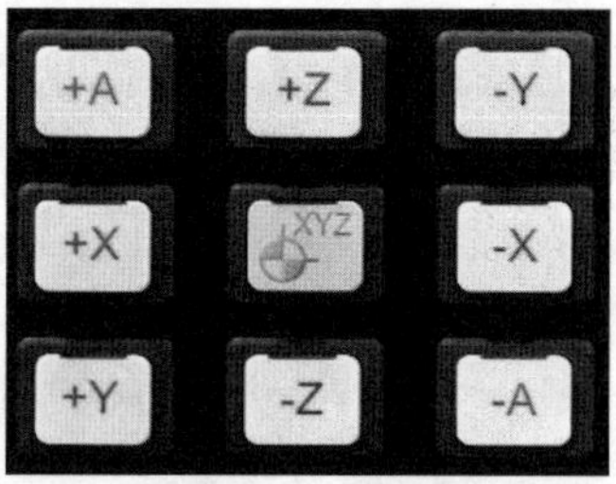

图9－13　坐标轴控制键

图9－14　数控铣床手轮

（五）自动运行

1. 开机后首次启动主轴

刚开机，系统内没有主轴转速的记录，手动方式下不能启动主轴，需要利用程序来启动主轴。通常情况下是在MDI（手动数据输入）方式下启动（见表9－12）。

表9－12　在MDI（手动数据输入）方式下启动主轴步骤

步骤	描述	图例
第①步	将模式选择为“手动”（“手动”这个名称仅针对少部分机床厂家，其实大部分机床厂家该模式为“MDI”）	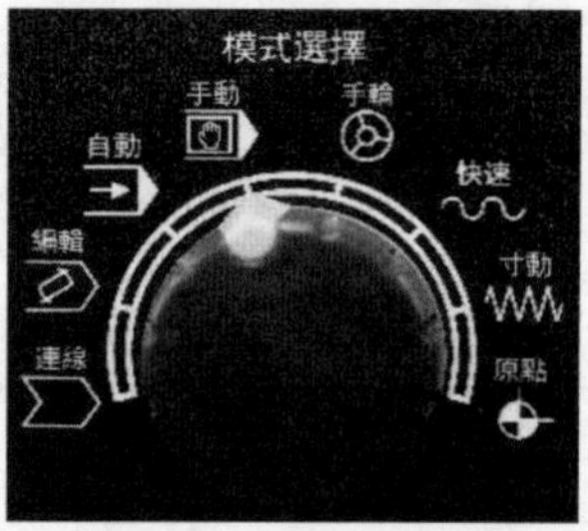
第②步	按下程序功能键 ，进入程序编辑画面	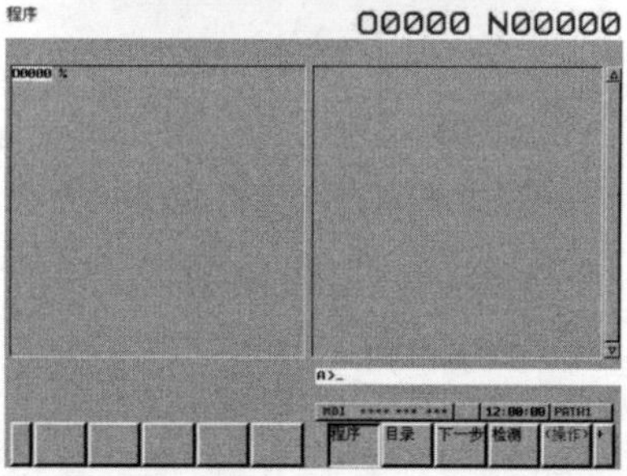

续表

步骤	描述	图例
第③步	输入命令“M3　S1000”，按下功能键或，此时程序段被输入到系统中	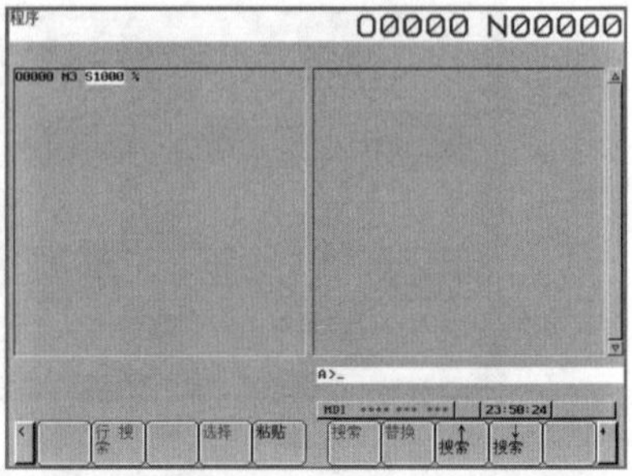
第④步	按下［循环启动］键，主轴将以1 000 r/min的转速进行正转（注意：该程序段执行后不会被保存到系统内）	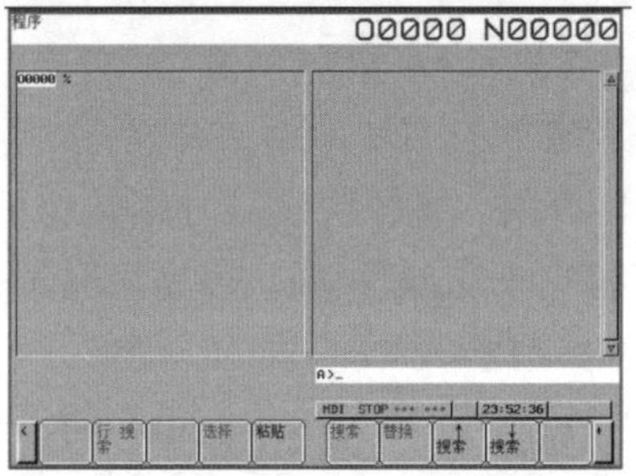

2. 绘图查看

将程序输入到系统，可以查看图形以检查程序运行轨迹是否正确。具体操作步骤见表9－13。

表9－13　绘图查看操作步骤

步骤	描述	图例
第①步	按下功能键，出现“描画参数（动态图）”画面	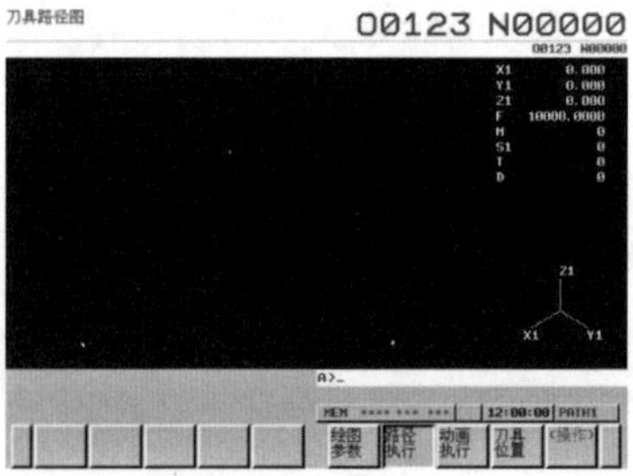

续表

步骤	描述	图例
第②步	按下软键［路径执行］时，显示为描绘刀具路径	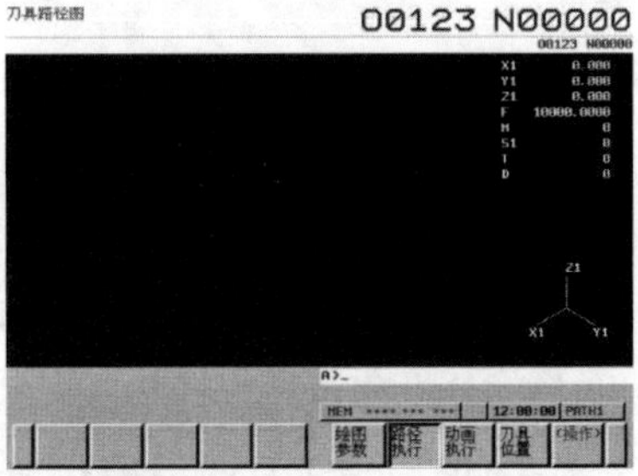
第③步	再按［操作］下面的软键，变为右图所示选项	
第④步	按下［开始］下面的软键，即可查看程序运行轨迹	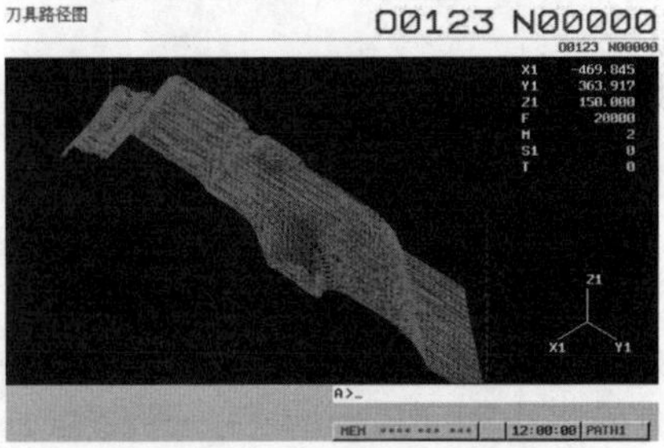

若程序语法有错，会出现报警，此时可回到程序界面对程序进行修改。绘图功能的其他操作参看系统操作手册。

3. 空运行，对程序校验

只是进行了绘图操作还不能保证程序一定正确，此时需要让机床进行空运行，以观察刀具运行轨迹是否正确，也可以验证对刀是否正确。具体操作步骤如下：

（1）点按“OFS/SET”进入工件坐标系画面。

（2）将光标移到“EXT”坐标系下面的 Z 轴处，输入 50，目的是将平面抬高 50 mm，保证安全。

（3）将模式选择为“自动”，按下［循环启动］按钮。

（4）按下机床控制面板上的［空运行］按键，机床执行空运行，进给速度按 G0 速度运行。

若正确即可进行下一步操作。

（六）紧急处理

如遇紧急情况（如撞刀）需要铣床紧急停止时，可通过下列操作方法之一来实现。

1. 按［急停］按钮

由于用户编程、操作以及产品故障原因，可能会出现一些意想不到的结果。此时必须使机床立即停止工作。这时及时按下急停按钮（见图9－15），机床进入急停状态，此时机床的移动立即停止，主轴的转动、冷却液等输出全部关闭，同时闪烁报警信号。解除的方法是旋转后解除，数控机床进入复位状态。

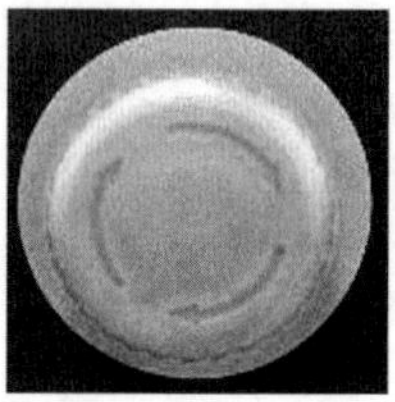

图9－15［急停］按钮

注意：解除急停报警前必须确认故障已排除。

2. 按［RESET（复位）］键

在自动和手动数据输入运行方式下按“RESET” 

键，则数控铣床的全部运行均停止（包括主轴功能全部停止）。

3. 按［程式停止］键

在自动和手动数据输入运行方式下，按［程式停止］键，可暂停正在执行的程序或程序段。

（七）报警处理

在操作或运行过程中，如果刀具进入了由参数规定的禁止区域（存储行程极限），则显示超程报警，刀具减速后停止。此时用手动，把刀具向安全方向移动，按复位按钮即可解除报警；若出现其他报警如程序报警，可通过修改程序中的错误后，再按复位按钮即可解除报警；对于设定数据方面的错误报警，只有修改指定的参数才可以解除。

学习任务10　垫块的编程与加工

学习目标

◎**知识目标**

1. 掌握铣削运动、铣削用量等铣削加工工艺基本知识。
2. 了解面铣刀的相关知识，掌握面铣刀的安装及使用方法。
3. 了解平口钳的结构及基本参数，掌握安装和找正平口钳的步骤。
4. 掌握平面的铣削方法。

◎**能力目标**

1. 能根据使用的刀具合理选用切削用量。
2. 能正确安装和找正平口钳。
3. 能正确安装面铣刀并对平面进行铣削加工。

◎**素养目标**

1. 培养学生认真、细致、精益求精的工匠精神。
2. 养成安全、文明的操作习惯。

学习任务

垫块主要起支撑零件的作用，因此对垫块的几何公差要求较高。要顺利完成零件的加工，需要从认识数控铣床结构开始，学习铣削的基本知识、编程基础知识、工艺的制定、零件的装夹以及机床的操作等一系列的知识和技能。图10-1为某一垫块加工过程。

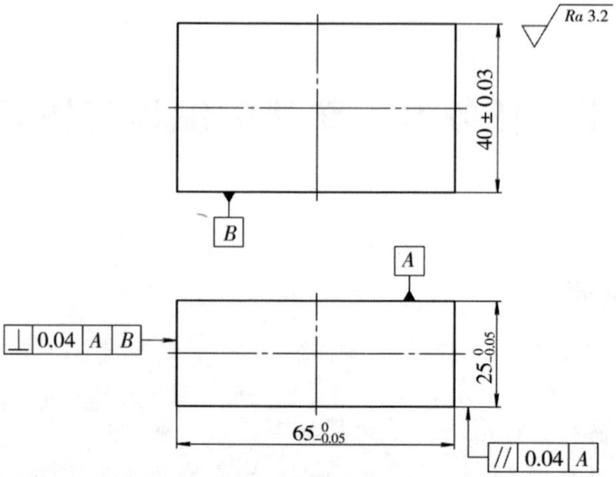

图 10－1　垫块的加工

学习流程

制订计划 → 加工准备 → 加工与检测

学习过程

一、制订计划

（一）分析零件图

零件图分析表见表 10－1。

表 10－1　零件图分析表

零件图	分析要素	基本情况	分析结果
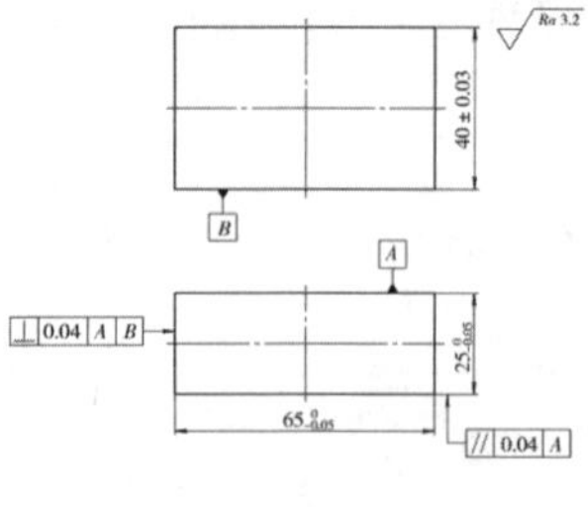	平面		刀具：面铣刀 量具：游标卡尺，千分尺（50～75）
	材料	45Cr	
	生产类型	单件	利用平口钳装夹，一道工序完成零件的加工
	毛坯尺寸	70 mm × 45 mm × 30 mm	
	几何精度	尺寸精度为 ±0.05 mm	机床精度能保证
	装夹	规则	平口钳装夹

知识探究

分析零件图的要素主要包括：零件的加工精度、技术要求、轮廓形状、尺寸、材料、毛坯尺寸与种类、生产类型以及图纸的完整性和正确性等要素。

（1）零件的加工精度和技术要求是决定加工设备以及加工工序的主要因素。零件的加工精度包括：尺寸精度、形状精度、位置精度和表面粗糙度。加工精度越高，对于加工设备选用和精度要求就越高，同时也影响加工工序的安排。

（2）零件的轮廓形状、尺寸决定所选刀、量具的规格和切削用量的大小。本任务适合只需要加工外轮廓，考虑到毛坯件尺寸只有 70 mm，采用 10 mm 的立铣刀已经足够。对于一些形状和尺寸特殊的就要选择特殊的刀具和量具。

（3）毛坯的尺寸与种类决定零件的装夹方式以及加工工序的安排。本任务外形比较规则，采用平口钳装夹即可。若外形是圆柱状，则需要采用三爪卡盘。若不规则的外形，则需要制作专门的夹具。

（4）生产类型决定加工工序的安排。常见的生产类型有单件、小批量和大批量，在实际生产中通常会以生产效率的高低来安排零件的加工工序，比如采用工序集中的原则还是工序分散的原则。

（5）零件的材料主要决定加工选用的刀具材料和切削用量。比如：钢件、铝合金和不锈钢的材料，它们所选用刀具的材料及切削用量都是有区别的。

（6）零件图的完整性和正确性决定能否正确编制加工程序。比如：零件图尺寸是否标注完整，有的轮廓点需要计算才能确定其坐标值，对于一些复杂的曲面轮廓，还需要利用绘图软件才能确定轮廓点的坐标值。

（二）制定加工工艺

根据分析内容填写数控加工工序卡（见表 10－2）。

表 10－2　数控加工工艺卡

<table>
<tr><td>单位名称</td><td></td><td>数控加工工序卡</td><td>产品名称或代号</td><td>零件名称</td><td>零件图号</td><td>工序名称</td><td>工序号</td></tr>
<tr><td colspan="3" rowspan="5">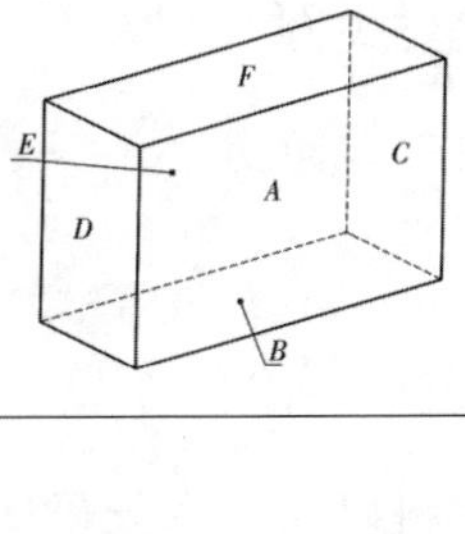
</td><td></td><td>垫铁</td><td></td><td>铣</td><td></td></tr>
<tr><td>毛坯尺寸</td><td>材料牌号</td><td>毛坯种类</td><td>每毛坯数</td><td>工作液</td></tr>
<tr><td>70 mm×45 mm×30 mm</td><td>45#</td><td>块料</td><td>若干</td><td>无</td></tr>
<tr><td>夹具名称</td><td>使用设备</td><td>车间</td><td>程序编号</td><td>准终（min）</td></tr>
<tr><td>机用虎钳</td><td>VID－8</td><td>综合实训室</td><td>1</td><td></td></tr>
</table>

续表

工步号	工步内容	走刀次数	切削用量			工时/min		刀、量、辅助工具			
			主轴转速(r/min)	进给速度(mm/min)	切削深度(mm)	加工	辅助	刀具号	刀具名称	量具名称	辅助工具
1	加工基准面 *A*	2	700	300	0.5				立铣刀	卡尺、千分尺	
2	加工基准面 *B*	2	700	300	0.5				立铣刀	卡尺、千分尺	
3	加工平行面 *E*	2	700	300	0.5				立铣刀	卡尺、千分尺	
4	加工平行面 *C*	2	700	300	0.5				立铣刀	卡尺、千分尺	
5	加工平行面 *F*	2	700	300	0.5				立铣刀	卡尺、千分尺	
6	加工平行面 *D*	2	700	300	0.5				立铣刀	卡尺、千分尺	
编制		审核			批准			年 月 日		共 页	第 页

知识探究

1. 铣削运动和铣削用量

1）铣削的基本运动

铣削时工件与铣刀的相对运动称为铣削运动，包括主运动和进给运动。

主运动是切除工件表面多余材料所需的基本运动。铣削运动中铣刀的旋转运动是主运动。

进给运动是使工件切削层材料相继投入切削，从而加工出完整表面所需的运动。铣削运动中，工件的移动、回转和铣刀的移动都是进给运动。

2）铣削用量

铣削用量的要素包括铣削速度 v_c、进给量 f、铣削深度 a_p 和铣削宽度 a_e，共四个。铣削用量的选择在加工过程中非常重要，合理选用铣削用量可以提高生产效率，降低生产成本。

A. 铣削速度 v_c

铣削时铣刀切削刃上选定点相对于工件的主运动的瞬时速度称铣削速度。可以简单理解为切削刃上离铣刀轴线距离最大的点的线速度，即最大点在 1 min 内所经过的路程。铣削速度的单位是 m/min。其公式为

$$v_c = \pi dn/1\,000$$

式中，v_c——铣削速度，单位为 m/min；

d——铣刀直径，单位为 mm；

n——主轴转速，单位为 r/min。

实际生产中，铣削速度是根据工件材料、刀具材料以及机床先确定下来

的。但在加工过程中是根据所选用的铣刀规格来确定主轴转速 n。其计算公式为

$$n=\frac{1\ 000v_c}{\pi d}$$

例：用一把直径为 10 mm 的高速钢立铣刀铣削工件，推荐的切削速度为 35 m/min，选择多少主轴转速比较合适？

解：已知铣刀直径 $d=10$ mm，切削速度 $v_c=35$ m/min，根据公式

$$n=\frac{1\ 000v_c}{\pi d}$$

$$n=\frac{1\ 000\times35}{3.14\times10}$$

$$n\approx1\ 114.6$$

主轴转速没有小数，对计算出来的主轴转速需要进行修整。在编写程序时，将主轴转速设定为 1 100 r/min 或者 1 200 r/min 都可以，在切削加工过程中根据加工状况还可以在机床上利用进给倍率旋钮进行调整。

B. 进给量 f

铣刀在进给方向上相对工件的单位位移量称为进给量。进给量有三种表述方法。

（1）每转进给量 f：铣刀每回转一周的同时在进给方向上的位移量，单位为 mm/r。

（2）每齿进给量 f_z：铣刀每转中每一刀齿在进给方向上的位移量，单位为 mm/z。

（3）进给速度（每分钟进给量）v_f：切削刃上选定点相对工件的进给方向的线速度。

三种进给量的关系为

$$v_f=f\times n=f_z\times z\times n$$

在数控铣削加工中，常用进给速度来进行编程。在加工时，先确定每齿进给量 f_z，再根据铣刀齿数和转速算出 v_f，最后进行修整。

C. 铣削深度 a_p

铣削深度指在平行于铣刀轴线方向上测得的切削层尺寸，即铣刀轴向切削深度，也叫背吃刀量。

D. 铣削宽度 a_e

铣削宽度是指在垂直于铣刀轴线方向、工件进给方向上测得的切削层尺寸，即铣刀侧面切削深度，也称侧吃刀量。

铣削用量示意图见图 10－2。

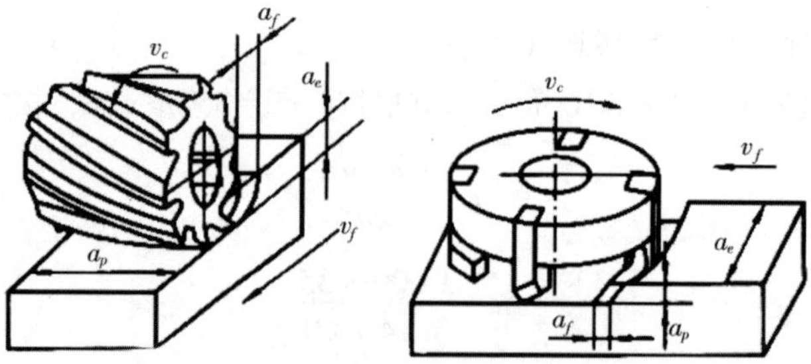

图 10－2　圆周铣与端铣时的切削用量

3）铣削用量选用原则

铣削用量选用原则是：在保证加工质量的前提下，充分发挥机床工作效能和刀具切削性能，在工艺系统刚性所允许的条件下，首先应尽可能选择大的切削深度和铣削宽度，其次选择大的进给速度，最后确定铣削速度。

需要特别说明的是，随着铣削技术的不断发展，在实际加工过程中越来越倾向于小的切削深度或切削宽度，大的进给速度和大切削速度，就是通常所说的“高转速、高进给、小吃深”。这种切削方式更有利于保护机床和提高工件加工质量。

2. 铣削方式

根据铣刀相对于工件的运动关系，铣削可分为周铣和端铣两种方法。

周铣是指利用分布在铣刀圆柱面上的切削刃来形成平面（或表面）的铣削方法。

端铣是指利用分布在铣刀端面上的端面切削刃来形成平面的铣削方法。

1）顺铣和逆铣

铣削加工有顺铣和逆铣两种铣削方式。

顺铣：铣刀对工件的作用力在进给方向上的分力（F_f）与工件进给方向（v_f）相同的铣削方式，如图 10－3（a）所示。

逆铣：铣刀对工件的作用力在进给方向上的分力（F_f）与工件进给方向（v_f）相反的铣削方式，如图 10－3（b）所示。

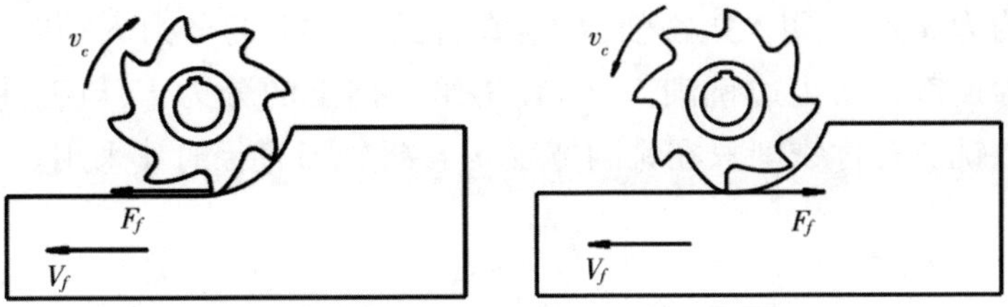

（a）顺铣　　　　（b）逆铣

图10－3　圆周铣时的顺铣与逆铣

立式铣床往往采用立铣刀进行加工，若要区分是顺铣还是逆铣，可以这样判断：铣削外轮廓时，刀具沿工件轮廓顺时针进给为顺铣，逆时针进给为逆铣；铣削内轮廓时，刀具沿工件轮廓顺时针进给为逆铣，逆时针进给为顺铣。如图10－4所示。

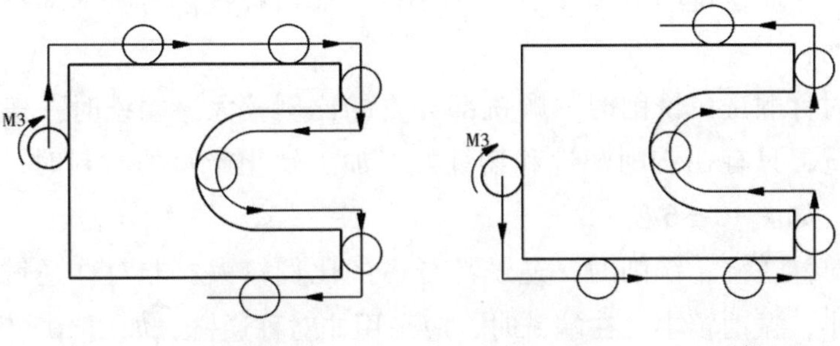

（a）顺铣　　　　（b）逆铣

图10－4　立铣时的顺铣与逆铣

顺铣时，铣刀每齿切削厚度从最大逐渐减小到零，而逆铣则是每齿切削厚度从零逐渐增大到最大。从切削的功耗来看，在同等条件下，顺铣功率消耗比逆铣低5%～15%。从刀具耐用度来看，由于顺铣产生的热量比逆铣产生的热量小很多，顺铣时刀具耐用度比逆铣时提高2～3倍。实践也证明，顺铣能明显降低工件表面粗糙度，因此，在数控加工过程中首先考虑顺铣，但遇到工件表面带硬皮的情况应采用逆铣。

2）端铣时的对称铣和非对称铣

端铣时，根据铣刀位于工件之间的相对位置不同，分为对称铣削与非对称铣削两种。端铣时也存在顺铣和逆铣现象。

（1）对称铣：铣削宽度对称于铣刀轴线的端铣称为对称铣削，如图10－5所示。在铣削宽度上以铣刀轴线为界，铣刀先切入工件的一边为切入边，铣刀切出工件的一边称为切出边。对称铣削时，切入边与切出边所占的铣削宽度相等，均为 $a_e/2$。切入边铣削力 F_{e2} 在进给方向上的分力 F_{r2} 与工件进给方向相反，为逆铣；切出边铣削力 F_{e1} 在进给方向上的分力 F_n 与工件进给方向相同，为顺铣。对称铣削只在铣削宽度 a_e 接近铣刀直径时才采用。

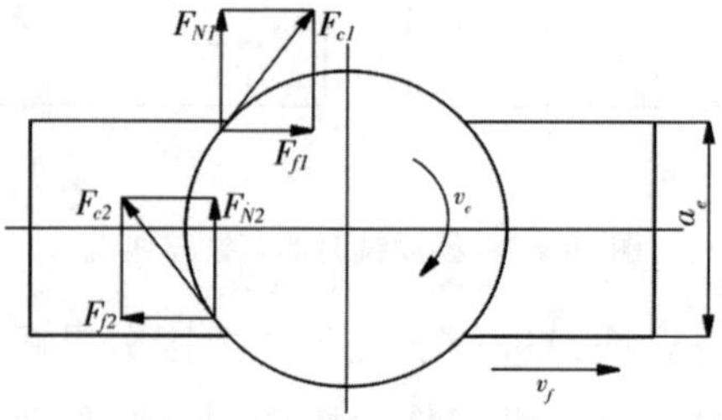

图 10－5　端铣时的对称铣

（2）非对称铣：铣削宽度 a_e 不对称铣刀轴线的端铣称为非对称铣。按切入边和切出边所占铣削宽度 a_e 比例的不同，非对称铣削分为非对称顺铣和非对称逆铣两种。

①非对称顺铣：铣削时，顺铣部分占的比例较大。端铣时一般都不采用非对称顺铣，只有在铣削塑性和韧性好、加工硬化严重的材料时，才采用非对称顺铣，如图 10－6 所示。

②非对称逆铣：铣削时，逆铣部分占的比例较大。非对称逆铣刀刃与工件冲击较小，振动较小。在端铣时，应采用非对称逆铣，如图 10－7 所示。

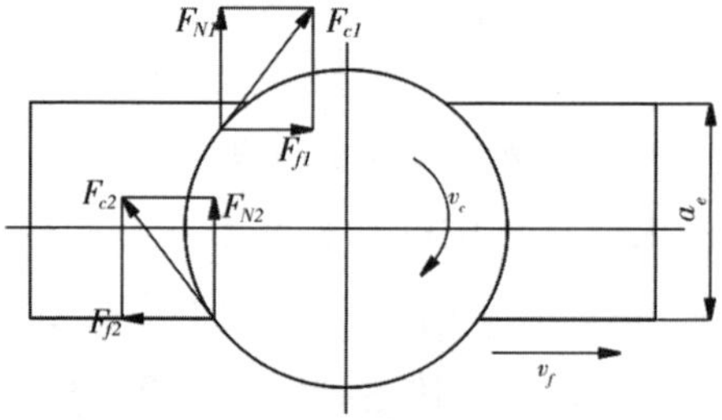

图 10－6　端铣时的非对称顺铣

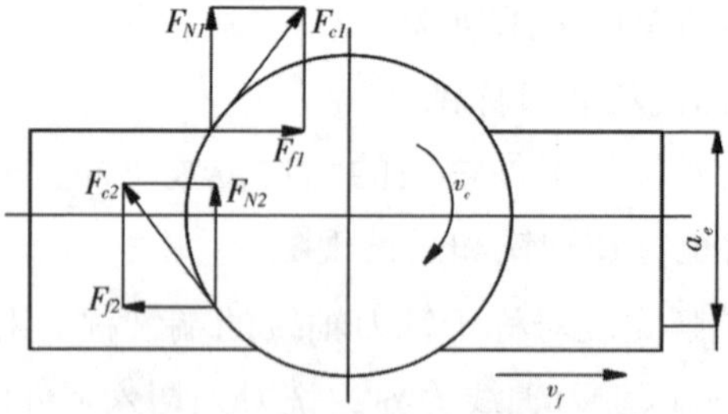

图 10－7　端铣时的非对称逆铣

二、加工准备

（一）编制数控加工程序

知识探究

1. 数控编程

1）数控编程的概念

在数控机床上进行加工零件，首先要进行程序编制，将零件的加工顺序、工件与刀具相对运动轨迹的尺寸数据、工艺参数（主运动和进给运动速度、切削深度等）以及辅助操作等加工信息，用规定的文字、数字、符号组成的代码，按一定的格式编写成加工程序单，并将程序单的信息通过控制介质输入到数控装置，由数控装置控制机床进行自动加工。从零件图纸到编制零件加工程序和制作控制介质的全部过程称为数控程序编制。

2）数控编程的方法

A. 手工编程

手工编程时，整个程序的编制过程由人工完成。这就要求编程人员不仅要熟悉数控代码及编程规则，而且还必须具备机械加工工艺知识和一定的数值计算能力。手工编程对简单零件通常是可以胜任的，但对于一些形状复杂的零件或空间曲面零件，编程工作量巨大，计算烦琐，花费时间长，而且非常容易出错。不过，根据目前生产实际情况，手工编程在相当长的时间内还会是一种行之有效的编程方法。手工编程具有很强的技巧性，并有其自身特点和一些应该注意的问题，将在后续内容中予以阐述。

B. 自动编程

目前，实际生产中应用较广泛的自动编程是指编程人员只需根据零件图样的要求，按照某个自动编程系统的规定，编写一个零件源程序，输入编程计算机，再由计算机自动进行程序编制，并打印程序清单和制备控制介质。自动编程既可以减轻劳动强度，缩短编程时间，又可减少差错，使编程工作简便。

编程系统有数控语言编程系统和图形编程系统。数控语言编程系统最主要的是美国的 APT（Automatically Programmed Tools——自动化编程工具），它是一种发展最早、容量最大、功能全面又成熟的数控编程语言，能用于点位、连续控制系统以及 2 ~ 5 坐标数控机床，可以加工极为复杂的空间曲面。数控图形编程系统是利用图形输入装置直接向计算机输入被加工零件的图形，无须再对图形信息进行转换，大大减少了人为错误，比语言编程系统具有更多的优越性和广泛的适应性，提高了编程的效率和质量。另外，由于 CAD（Computer Aided Design）的结果是图形，故可利用 CAD 系统的信息生成 NC（Numerical Control）程序单。所以，它能实现 CAD/CAM（Computer Aided Manufacturing）的集成化。正因为图形编程的这些优点，现在乃至将来一段时间内，它是自动编程的发展方向，必将在自动编程方面占主导地位。目前，在生产实际中应用较多的商品化的 CAD/CAM 系统主要有国外引进的 Unigraphics Ⅱ、Pro/Engineer、CATIA、Solidworks、Mastercam、SDRC/I - DEAS、DELCAM 等，技术较为成熟的国产 CAD/CAM 系统是数码大方的 CAXA。在机械制造方面，CAD/CAM 系统的内容一般包含：二维绘图，三维线架、曲面、实体建模，真实感显示，特征设计，有限元前后置处理，运动机构造型，几何特性计算，数控加工和测量编程，工艺过程设计，装配设计，钣金件展引和排样，加工尺寸精度控制，过程仿真和干涉检查，工程数据管理，等。其中，对产品模型进行计算机辅助分析，包括运动学及动力学分析与仿真、有限元分析与仿真、优化设计，又称为计算机辅助工程 CAE（Computer Aided Engineering）。

综上所述，对于几何形状不太复杂的零件和点位加工，所需的加工程序不多，计算也较简单，出错的机会较少，这时用手工编程是经济省时的，因此，至今仍广泛地应用手工编程方法来编制这类零件的加工程序。但是对于复杂曲面零件，其几何元素并不复杂，但程序量很大（如一个零件上有数千个孔），以及铣削轮廓时数控装置不具备刀具半径自动偏移功能，就只能按刀具中心轨迹来进行编程。由于计算相当烦琐，手工编程很难胜任，即使能够编出来，也耗时长、效率低、易出错。据国外统计，用手工编程时，一个零件的编程时间与在机床上实际加工时间之比，平均约为 30∶1。数控机床不能开动的原因中有 20% ~30% 是由于加工程序不能及时编制出来，因此，必须要求编程自动化。

3）数控编程的步骤

数控编程的一般步骤如图 10 - 8 所示。

图10－8　数控编程的步骤

A. 分析零件图、确定加工工艺过程

在确定加工工艺过程时，编程人员要根据图样对工件的形状、尺寸、技术要求进行分析，然后选择加工方案、确定加工顺序、加工路线、装卡方式、刀具及切削参数，同时还要考虑所用数控机床的指令功能，充分发挥机床的效能，加工路线要短，要正确选择对刀点、换刀点，减少换刀次数。

B. 数值计算

根据零件图的几何尺寸、确定的工艺路线及设定的坐标系，计算零件粗、精加工各运动轨迹，得到刀位数据。对于形状比较简单的零件（如直线和圆弧组成的零件）的轮廓加工，需要计算出几何元素的起点、终点、圆弧的圆心、两个几何元素的交点或切点的坐标值，有的还要计算刀具中心的运动轨迹坐标值。对于形状比较复杂的零件（如非圆曲线、曲面组成的零件），需要用直线段或圆弧段逼近，根据要求的精度计算出其节点坐标值，这种情况一般要用计算机来完成数值计算的工作。

C. 编写零件加工程序单

加工路线、工艺参数及刀位数据确定以后，编程人员可以根据数控系统规定的功能指令代码及程序段格式，逐段编写加工程序单。此外，还应填写有关的工艺文件，如数控加工工序卡、数控刀具卡、数控刀具明细表、工件安装和零点设定卡、数控加工程序单等。

D. 制备控制介质

制备控制介质就是把编制好的程序单上的内容记录在控制介质（穿孔带、磁带、磁盘等）上作为数控装置的输入信息。目前，随着计算机网络技术的发展，可直接由计算机通过网络与机床数控系统通信。

E. 程序校验与首件试切

程序单和制备好的控制介质必须经过校验和试切才能正式使用。校验的方法是直接将控制介质上的内容输入到数控装置中，让机床空运转，以检查机床的运动轨迹是否正确。还可以采用在数控机床的显示器上模拟刀具与工件切削过程的方法进行检验，但这些方法只能检验出运动是否正确，不能查出被加工零件的加工精度。因此有必要进行零件的首件试切。当发现有加工误差时，应分析误差产生的原因，找出问题所在，加以修正。

所以作为一名编程人员，不但要熟悉数控机床的结构、数控系统的功能及标准，而且还必须是一名好的工艺人员，要熟悉零件的加工工艺、装夹方法、刀具、切削用量的选择等方面的知识。

2. 数控铣床坐标系

规定数控机床坐标轴和运动方向，是为了准确地描述机床运动，简化程序的编制，并使所编程序具有互换性。国际标准化组织目前已经统一了标准坐标系，我国也颁布了相应的标准（JB 3051—82），对数控机床的坐标和运动方向做了明文规定。

1）数控铣床坐标系建立的原则

（1）刀具相对于静止的工件而运动的原则。

（2）标准坐标系是一个右手笛卡儿直角坐标系。在图 10－9 中，大拇指的方向为 X 轴的正方向，食指为 Y 轴的正方向，中指为 Z 轴的正方向。

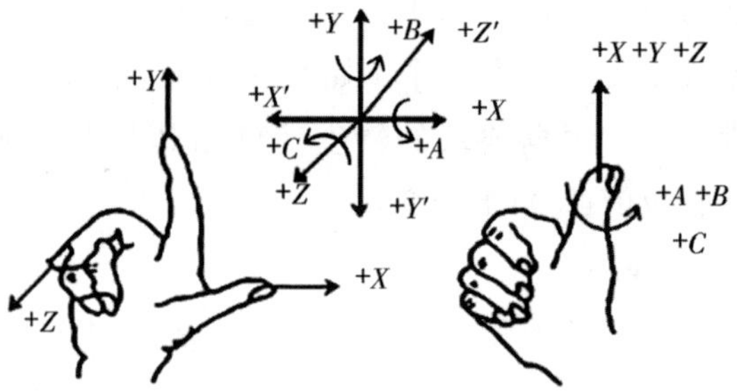

图 10－9　坐标轴的判定方法

2）数控铣床的坐标系

A. 机床坐标系和机床原点

机床坐标系是机床上固有的坐标系。机床坐标系的原点也称为机床原点或机床零点，在机床经过设计制造和调整后这个原点便被确定下来，它是固定的点。

在标准中，规定平行于机床主轴（传递切削力）的刀具运动坐标轴为 Z 轴，取刀具远离工件的方向为正方向。如果机床有多个主轴时，则选一个垂直于工件装夹面的主轴为 Z 轴。X 轴为水平方向，且垂直于 Z 轴并平行于工件的装夹面。对于刀具做旋转运动的机床（如铣床、镗床），当 Z 轴为水平时，沿刀具主轴后端向工件方向看，向右的方向为 X 的正方向；如 Z 轴是垂直的，则从主轴向立柱看时，对于单立柱机床，X 轴的正方向指向右边。上述正方向都是刀具相对工件运动而言。在确定了 X 轴、Z 轴的正方向后，可按右手直角笛卡儿坐标系确定 Y 轴的正方向，即在 $Z-X$ 平面内，从 $+Z$ 转到 $+X$ 时，右螺旋应沿 $+Y$ 方向前进。

B. 工件坐标系

工件坐标系是编程人员在编程时使用的，编程人员选择工件上的某一已知点为原点，这一点称为编程原点或工件原点。工件坐标系一旦建立便一直有效，直到被新的工件坐标系所取代。

工件坐标系的原点选择要尽量满足编程简单、尺寸换算少、引起的加工误差小等条件。一般情况下，以坐标式尺寸标注的零件，编程原点应选在尺寸标注的基准点；对称零件或以同心圆为主的零件，编程原点应选在对称中心线或圆心上；Z 轴的程序原点通常选在工件的上表面。

3. 数控编程格式

国际上已形成了两个通用标准：国际标准化组织（ISO）标准和美国电子工业学会（EIA）标准。我国根据 ISO 标准制定了 JB 3051—82《数字控制机床坐标系和运动方向的命名》等国标。由于生产厂家使用标准不完全统一，使用代码、指令含义也不完全相同，因此需参照机床编程手册。

1）数控程序的结构

一个完整的数控程序是由程序号、程序内容和程序结束三部分组成。

例如：

```
    O0029; ········································· 程序号
N10 G15 G17 G21 G40 G49 G80;   ⎫
N20 G91 G28 Z0;                ⎪
N30 T1 M6;                     ⎪
N40 G90 G54 S500 M03;          ⎬ 程 序
……                             ⎪
……                             ⎪
……                             ⎪
……                             ⎭
内容
    N100 M30; ································ 程序结束
```

A. 程序号

程序号是一个程序必需的标识符。它是由地址符后带若干位数字组成。地址符常见的有“%”“O”“P”等，FANUC 系统程序号用字母“O”开头，后面所带的数字一般为 4 ~8 位，如 O2000。

B. 程序内容

程序内容表示数控加工要完成的全部动作，是整个程序的核心。它由许多程序段组成，每个程序段由一个或多个指令构成，程序段以“;”为结束符。

C. 程序结束

程序结束是以程序结束指令 M02 或 M30 来结束整个程序的运行。

2）程序段格式

零件的加工程序是由程序段组成。程序段格式是指在一个程序段中，字、字符、数据的书写规则，通常有字—地址程序段格式、使用分隔符的程序段格式和固定程序段格式，最常用的为字—地址程序段格式。

一个程序段由若干个“字”组成；“字”则由地址字（字母）和数值字（数字及符号）组成。地址字有 N、G、X、Y、Z、I、J、K、P、Q、R、A、B、C、F、S、T、M、L 等，后面跟相应的数值字。

表示地址的英文字母的含义见表 10 -3。

表 10 -3　地址字符含义

地址	功能	含义	地址	功能	含义
A	坐标字	绕 *X* 轴旋转	N	顺序号	程序段顺序号
B	坐标字	绕 *Y* 轴旋转	O	程序号	程序号、子程序的指定
C	坐标字	绕 *Z* 轴旋转	P		暂停时间或程序中某功能的开始使用的顺序号
D	刀具半径补偿号	刀具半径补偿指令	Q		固定循环终止段号或固定循环中的定距
E		第二进给功能	R	坐标字	固定循环定距离或圆弧半径的指定
F	进给速度	进给速度指令	S	主轴功能	主轴转速的指令
G	准备功能	动作方式指令	T	刀具功能	刀具编号的指令
H	刀具长度补偿号	刀具长度补偿指令	U	坐标字	与 *X* 轴平行的附加轴增量坐标值
I	坐标字	圆弧中心相对于起点的 *X* 轴向坐标	V	坐标字	与 *Y* 轴平行的附加轴增量坐标值

续表

地址	功能	含义	地址	功能	含义
J	坐标字	圆弧中心相对于起点的 Y 轴向坐标	W	坐标字	与 Z 轴平行的附加轴增量坐标值
K	坐标字	圆弧中心相对于起点的 Z 轴向坐标	X	坐标字	X 轴的绝对坐标值或暂停时间
L	重复次数	固定循环及子程序重复次数	Y	坐标字	Y 轴的绝对坐标值
M	辅助功能	机床开/关指令	Z	坐标字	Z 轴的绝对坐标值

4. 常用指令简介

数控程序中常用指令代码大体可分为三类，分别是：

准备功能代码——G 代码。

辅助功能代码——M 代码。

其他功能代码——F、S、T 代码。

1）准备功能（G 功能）

数控机床的运动是由程序控制的，而准备功能是程序段的基本组成部分。目前国际上广泛应用的是 ISO 标准，我国根据 ISO 标准制定了 JB 3208—83《数控机床的准备功能 G 和辅助功能的代码》。数控铣削及加工中心编程常用准备功能指令如表 10－4 所示。

表 10－4　JB 3208—83 准备功能 G 代码

代码	功　能	模态	组别	代码	功　能	模态	组别
G00	快速点定位	*	01	G41	刀具半径左补偿	*	07
G01	直线插补	*	01	G42	刀具半径右补偿	*	07
G02	顺时针圆弧插补	*	01	G43	刀具长度正补偿	*	07
G03	逆时针圆弧插补	*	01	G44	刀具长度负补偿	*	07
G04	进给暂停		00	G49	刀具长度补偿取消	*	07
G09	准确停止			G50	比例缩放取消		
G15	极坐标指令取消	*		G51	比例缩放		
G16	极坐标指令	*		G52	局部坐标系		
G17	XY 平面选择	*	02	G53	机床坐标系		
G18	ZX 平面选择	*	02	G54 ~ G59	工件坐标系		
G19	YZ 平面选择	*	02	G68	坐标系旋转		
G20	英制输入	*		G69	坐标系旋转取消		
G21	公制输入	*		G73、G74、G76	固定循环指令		
G28	自动返回原点		00	G80	固定循环取消		

续表

代码	功 能	模态	组别	代码	功 能	模态	组别
G29	从参考点返回		00	G81 ~ G89	固定循环指令		
G33	螺纹切削	*		G90	绝对指令编程		
G40	刀具半径补偿取消	*	07	G91	增量指令编程		
G92	工件坐标系变更			G97	取消恒线速度指令		
G94	每分钟进给			G98	返回初始平面		
G95	主轴每转进给			G99	返回安全平面		
G96	恒线速度指令						

注：G 功能按组别可分为两大类。属于 00 组别的为非续效指令（非模态指令），即该指令的功能只在该程序段执行时有效。非 00 组别为续效指令（模态指令），即该指令不仅在该程序段有效，在后续程序段依然有效，直到被同一组别的指令取代为止。不同组别的 G 功能可以在同一程序段中使用，但若同一组别在同一程序段中出现两个或两个以上时，则最后面的 G 功能有效。

（1）非模态 G 功能：只在所规定的程序段中有效，程序段结束时被注销。

例：N10 G04 P10. 0；（延时 10 s）。

N11 G91 G00 X－10. 0 F200；（*X* 负向移动 10 mm）。

注解：N10 程序段中 G04 是非模态 G 代码，不影响 N11 程序段的移动。

（2）模态 G 功能：一组可相互注销的 G 功能，这些功能一旦被执行，则一直有效，直到被同一组的 G 功能注销为止。

例：N15 G91 G01 X－10. 0 F200。

N16 Y10. 0；（G91，G01 仍然有效）。

N17 G03 X20 Y20 R20；（G03 有效，G01 无效）。

2）辅助功能 M 代码

控制机床及其辅助装置通断的指令。用地址 M 和二位数字表示，从 M00 ~ M99 共有 100 种，数控铣削及加工中心编程常用辅助功能指令如表 10－5 所示。

表 10－5 JB 3208—83 辅助功能 M 代码

代 码	功 能	代 码	功 能
M00	程序停止	M06	更换刀具
M01	程序有条件停止	M08	冷却液开
M02	程序结束	M09	冷却液关
M03	主轴顺时针方向	M30	程序结束并返回起点
M04	主轴逆时针方向	M98	子程序调用
M05	主轴停止	M99	子程序返回

3）F、S、T功能

A. 进给功能F

F指令用于控制刀具的进给速度，用“F+数字”组成。F的单位取决于G94（每分钟进给量mm/min）或G95（每转进给量mm/r）。

F指令是模态指令。当工作在G01、G02或G03方式下时，F将一直有效直到被新的F值所取代。借助操作面板上的倍率开关，F可在一定范围内进行倍率调节。

B. 主轴功能S

主轴功能S控制主轴转速，用“S+数字”组成，单位为r/min。S是模态指令，S功能只有在主轴速度可调节时有效。

a. 恒线速度控制（G96）

当数控机床的主轴为伺服主轴时，可以通过指令G96来设定恒线速度控制。系统执行G96指令后，便认为用S指定的数值表示切削速度。例如G96 S200，表示切削速度为200 m/min。

b. 主轴转速控制（G97）

G97是取消恒线速度控制指令。编程G97后，S指定的数值表示主轴每分钟的转速。例如G97 S1200，表示主轴转速为1 200 r/min。

C. 刀具功能T

T代码用于选择刀具，其后的数值表示选择的刀具号。T代码与刀具的关系是由机床制造厂规定的。在加工中心上执行T指令时，刀库首先转动，选择所需的刀具，然后等待直到M06指令作用时自动完成换刀。T指令同时调入刀补寄存器中的刀补值（刀具半径补长和刀具长度补偿）。T指令为非模态指令，但被调用的刀补值一直有效直到再次换刀调入新的刀补值。

5. 平面铣削加工编程

1）平面铣削常用编程指令

A. 快速定位指令G00

代码格式：G00　X _Y _Z _

功能：控制刀具以点定位方式从刀具当前所在点定位到指定点（目标点）。

例：刀具当前位置在 A 点，要快速移动到 B 点，如图 10－10 所示。

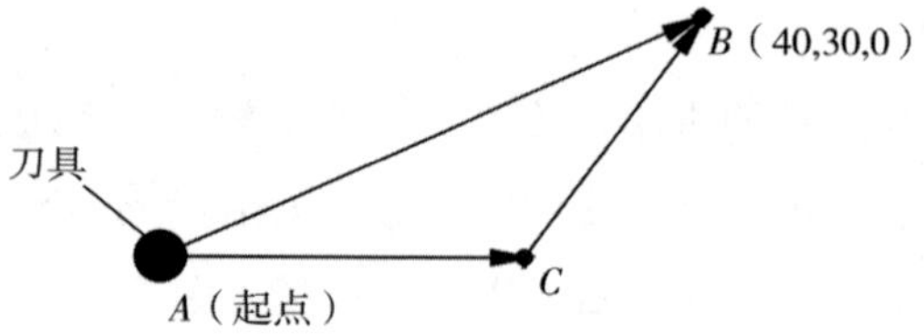

图 10－10　G00 编程练习

程序为：G00 X40 Y30 Z0；

使用注意事项：

（1）使用 G00 定位时，刀具移动轨迹可以是直线插补定位，也可以是非直线插补定位。如图 10－10 所示，刀具从起点 A 到达 B 点，所经过的路径可以是一条距离最短的直线（起点 A 直线运动到 B 点），此时采用的是直线插补定位；若经过的路径是从起点 A 先到达 C 点，再从 C 点到达 B 点，此时就是采用的非直线插补定位。所以，在使用 G00 时一定要注意铣刀移动轨迹，防止撞刀。

（2）G00 移动速度由系统参数设定，F 值对 G00 无效。

（3）X、Y、Z 可以是绝对坐标值，也可以是增量坐标值。其为绝对坐标指令时，为终点坐标；其为增量坐标值时，为刀具移动距离。

（4）G00 与 G0 是等效格式。

B. 直线插补指令 G01

代码格式：G01　X＿Y＿Z＿F＿

功能：刀具以参数 F 指定的进给速度（mm/min）沿直线移动到指定的位置。

例：刀具当前位置在 A 点，要直线插补到 B 点，再到 C 点，如图 10－11 所示。

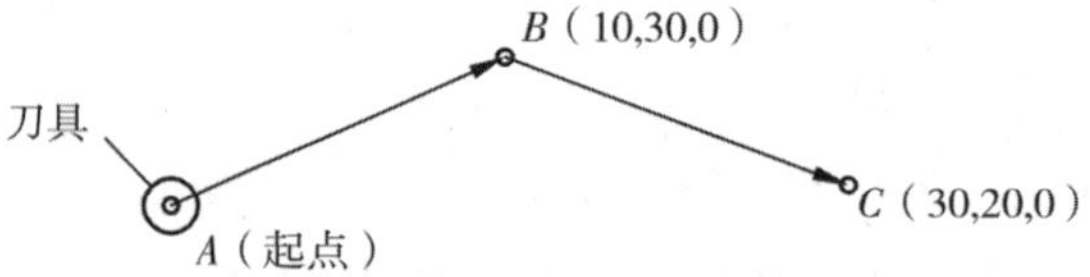

图 10－11　G01 编程练习

程序为：G1 X10 Y30 Z0 F200；（直线插补 A 点至 B 点）

G1 X30 Y20 Z0 F200；（直线插补 B 点至 C 点）

使用注意事项：

（1）*X*、*Y*、*Z* 采用绝对坐标指令时为终点坐标；采用增量坐标值指令时为刀具移动距离。

（2）F 指定的进给速度，直到新的 F 值被指定之前一直有效。用 F 代码指令的进给速度是沿着直线轨迹插补计算出来的。如果在程序中 F 代码不指定，进给速度采用系统上电时默认的 F 值进给。

（3）G01 与 G1 是等效格式。

C. 绝对坐标编程 G90 与增量坐标编程 G91

绝对坐标编程：刀具运动位置的坐标值都是相对于编程原点给出的，即刀具运动的坐标值是由与某一固定的编程原点之间的距离给出的。绝对坐标编程用指令 G90 指定。

增量坐标编程：刀具运动位置的坐标值是相对于刀具前一位置给出的，即以刀具当前位置为原点来计算下一点的坐标值。简单说就是刀具在哪个位置，那个位置就是原点，以此来计算下一点的坐标。增量坐标编程用指令 G91 指定。

例：如图 10－12 所示，要求刀具按 *A*→*B*→*C*→*D*→*A* 路线运动，分别用绝对坐标方式和增量坐标方式编写程序。

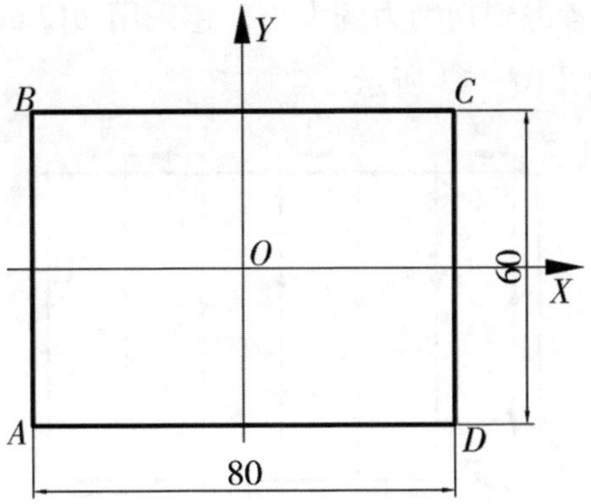

图 10－12　绝对坐标与增量坐标

用绝对坐标方式编程		用增量坐标方式编程	
G90 G1 X－40 Y30 F300	（直线 *A*→*B*）	G91 G1 X0 Y60 F300	（直线 *A*→*B*）
X40 Y30	（直线 *B*→*C*）	X80 Y0	（直线 *B*→*C*）
X40 Y－30	（直线 *C*→*D*）	X0 Y－60	（直线 *C*→*D*）
X－40 Y－30	（直线 *D*→*A*）	X－80 Y0	（直线 *D*→*A*）

D. 常用 M 指令

a. M00 程序暂停

当 CNC 执行到 M00 指令时，将暂停执行当前程序，以方便操作者进行刀具和工件的尺寸测量、手动变速等操作。暂停时，机床的进给停止，而全部现存的模态信息保持不变，若要继续执行后续程序，需按机床控制面板上［循环启动］键方可进行。

b. M02、M30 程序结束

M02 与 M30 指令都是指程序结束，具有程序结束、主轴停转、冷却液关闭功能。区别是执行 M02 时，光标停留在程序的结束处；而执行 M30 时，光标会从程序结束处返回到程序的开始处。

2）平面加工程序的编写

A. 编写 A 平面粗加工程序

a. 进给路线的确定

根据零件的形状，加工内容是六个平面，为了保证零件的尺寸精度及表面粗糙度，每个平面均分粗加工和精加工两道工序完成。零件尺寸总体不大，余量也不大，同时也考虑到切削力的大小，遂采用 ϕ12 mm 的立铣刀完成零件的加工。进给路线如图 10－13 所示。

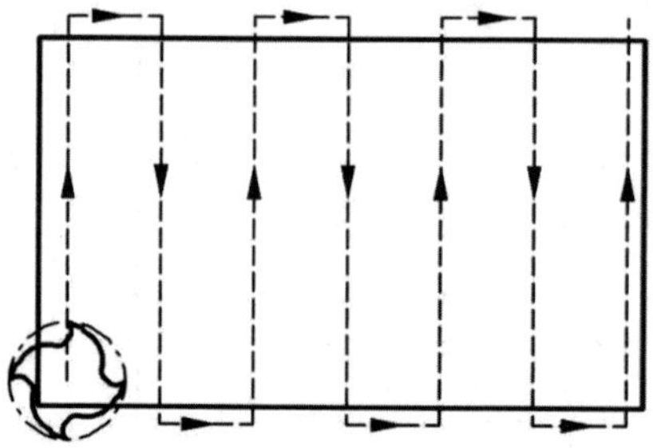

图 10－13　平面铣削进给路线

b. 数值计算

确定了进刀路线，使用手工编程需要计算基点坐标。根据零件形状，设工件左下角为原点，编程时，考虑 X 方向移动 10 mm（重叠量为 2 mm），Y 方向移动 45 mm（单边超出工件边缘 2.5 mm），如图 10－14 所示。

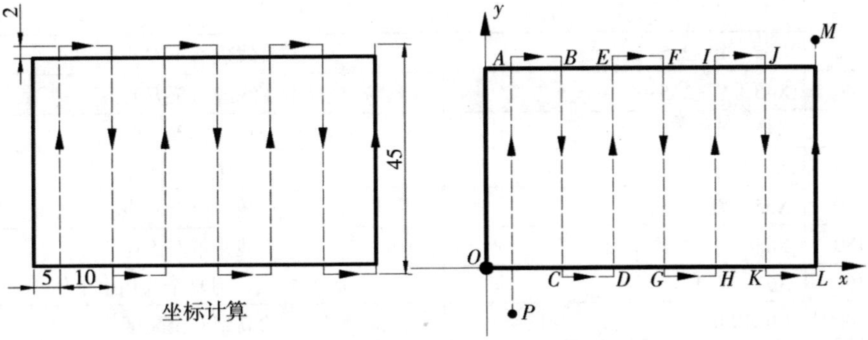

图10－14　平面A粗加工基点坐标

基点坐标计算见表10－6。

表10－6　铣削平面时的基点计算

点位	*X*坐标	*Y*坐标	点位	*X*坐标	*Y*坐标	点位	*X*坐标	*Y*坐标
P	5	－15	*E*	25	42.5	*J*	55	42.5
A	5	42.5	*F*	35	42.5	*K*	55	－2.5
B	15	42.5	*G*	35	－2.5	*L*	65	－2.5
C	15	－2.5	*H*	45	－2.5	*M*	65	53
D	25	－2.5	*I*	45	42.5			

c. 编写加工程序单（见表10－7）

表10－7　参考程序

N10	G54　G90　G17　G40　G49　G80 G0 Z50；	建立工件坐标系，绝对编程
N20	M03 S800；	主轴正转，转速800 r/min
N30	G00 X5 Y－15；	刀具定位
N40	Z10；	接近工件
N50	G1 Z－2 F 200；	*Z*向下刀深度2 mm
N60	G1 Y0 F300；	*Y*向进到0点
N70	Y42.5；	采用增量坐标，*Y*正向超出工件2.5 mm，避免残留
N80	X15　Y42.5；	刀具为12 mm，*X*正向移动10 mm，保证重叠量为2 mm，避免残留
N90	X15　Y－2.5；	直线进给至*C*点，*Y*负向超出2.5 mm，避免残留
N100	X25　Y－2.5；	直线进给至*D*点
N110	X25　Y42.5；	直线进给至*E*点
N120	X35　Y42.5；	直线进给至*F*点

续表

N130	X35　Y－2.5；	直线进给至 *G* 点
N140	X45　Y－2.5；	直线进给至 *H* 点
N150	X45　Y42.5；	直线进给至 *I* 点
N160	X55　Y42.5；	直线进给至 *J* 点
N170	X55　Y－2.5；	直线进给至 *K* 点
N180	X65　Y－2.5；	直线进给至 *L* 点
N190	X65　Y53；	到达 *M* 点，刀具全部超出工件
N200	G0 Z100；	抬高到安全高度
N210	Y100；	工件靠近操作者
N220	M30；	子程序结束，返回主程序

B. 编写 A 平面精加工程序

精铣平面程序时，为保证平面的精度以及粗糙度，加工时采用顺铣更为妥当，即加工时采用单向进给，加工路线如图 10－15 所示。

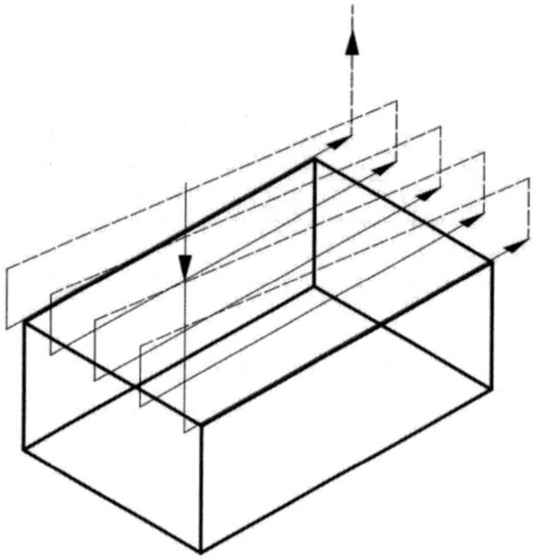

图 10－15　精加工走刀路线

基点坐标计算及程序编写步骤参照粗加工流程。

C. 其余平面程序的编写

其余平面程序的编写同平面 A 的编写方法一致。

（二）刀、量、夹具的准备

根据任务要求，填写工、量、夹具清单（见表 10－8）。

表 10-8　刀、量、夹具清单

产品名称或代号		零件名称	规格	精度	单位	数量
种类	序号					
刀具	1	端铣刀	φ80（5 齿）mm		柄	1
	2	立铣刀	φ10 mm		支	1
量具	3	游标卡尺	0~150	0.02 mm	把	1
	4	千分尺	50~75	0.01 mm	把	1
夹具	5	机用虎钳	200		台	1
	6	辅具			若干	

知识探究

1. 工件的装夹

1）用平口虎钳装夹工件

A. 平口虎钳

平口虎钳是铣床上常用装夹工件的夹具。铣削一般长方体工件的平面、阶台面等外形是规则的矩形块时，都可以用平口虎钳装夹。

a. 平口虎钳的结构

常用的平口虎钳有回转式和非回转式两种。图 10-16 所示为回转式平口虎钳，主要由固定钳口、活动钳口、底座等组成。钳体能在底座上扳转任意角度。非回转式平口虎钳结构与回转式平口虎钳基本相同，只是底座没有转盘，钳体不能扳转。

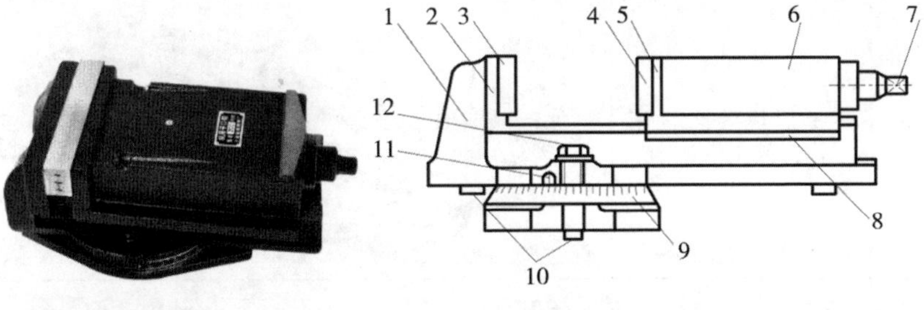

1-钳体　2-固定钳口　3-固定钳口铁　4-活动钳口铁　5-活动钳口　6-活动钳身

7-丝杠方头　8-压板　9-底座　10-定位键　11-钳体零线　12-螺栓

图 10-16　回转式平口虎钳

b. 平口虎钳的规格

平口虎钳按钳口宽度有 80、100、125、160、200、250 等几种规格，主要参数见表 10-9。

表 10-9 铣床用平口钳规格尺寸

产品名称	型号	技术规格（mm）					外形尺寸（长×宽×高）（mm）
		钳口宽度	钳口最大张开度	钳口高度	定位键宽度	紧固螺栓直径	
铣床用平口虎钳	Q1280	80	65	35	—	—	259×130×105
	Q12100	100	80	40	14	M12	310×160×120
	Q12125	125	100	45			343×180×125
	Q12160	160	125	50	18		404×230×155
	Q12200	200	160	63		M16	468×270×175
	Q12250	250	200	56	22		640×340×250

B. 平口虎钳的安装与找正

a. 平口钳的安装

一般情况下，平口虎钳在工作台面上的位置，应处在工作台长度方向的中心偏左、宽度方向的中心，以方便操作。平口虎钳的安装步骤见表 10-10。

表 10-10 平口虎钳的安装步骤

步骤	安装操作内容	图例
第①步	将钳座底面和铣床工作台面擦拭干净，然后将平口钳装在机床工作台面上，钳口方向与 X 轴方向大约一致	
第②步	将T形块装入机床工作台的T形槽中	
第③步	拧入螺杆	

续表

步骤	安装操作内容	图例
第④步	加上垫圈	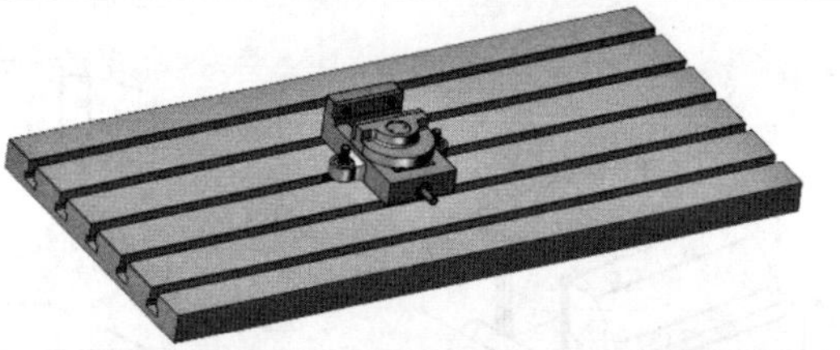
第⑤步	拧紧螺母	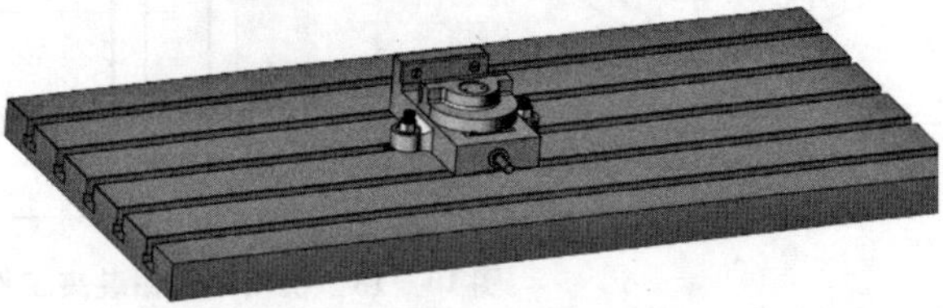

b. 平口虎钳的找正

平口虎钳安装在工作台上，要求钳口要与数控铣床的 X、Y、Z 三轴平行，否则装夹的工件会存在歪斜导致不能保证零件的加工精度。校正固定钳口与铣床主轴轴线垂直度时，将磁力表座吸附在主轴上，安装百分表，让百分表的测量杆与固定钳口铁平面垂直，测量触头触到固定钳口铁平面，测量杆压缩0.3~0.5 mm，横向移动工作台观察百分表的变化，以校正主轴轴线与钳口的平行度；上下移动主轴，以校正主轴轴线与钳口的垂直度（见图10-17）。

图10-17 用百分表找正钳口

c. 在平口虎钳上装夹工件

在平口钳上装夹工件时，应擦净钳口铁平面、钳体导轨面及工件表面。工件在平口钳装夹时，应放置在钳口中间位置，夹紧后钳口的受力应均匀。工件在装夹时还要考虑待铣去的余量层应高出钳口上平面，高出的高度以铣削时铣刀不接触钳口上平面为宜。用平行垫铁在平口钳上装夹工件时，所选用垫铁的平面度、平行度、相邻表面的垂直度应符合要求。垫铁表面应具有一定的硬度（见图 10 - 18）。

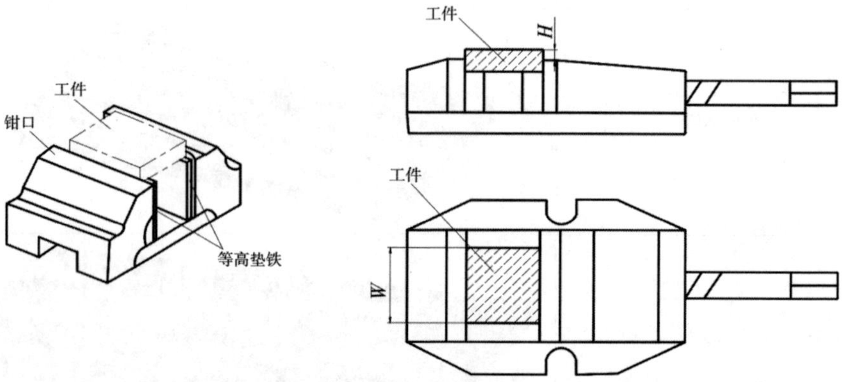

图 10 - 18　机用平口钳装夹工件示意图

2）用压板装夹工件

形状、尺寸较大或不便于用平口虎钳装夹的工件，常用压板在铣床工作台上进行加工（见图 10 - 19）。

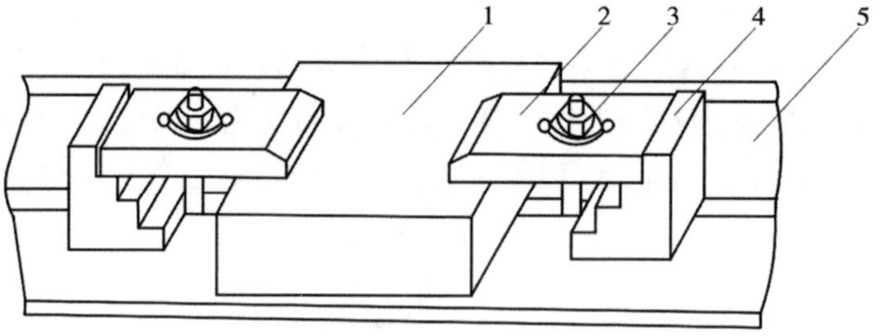

1 - 工件　2 - 压板　3 - 螺栓　4 - 垫铁　5 - 工作台面

图 10 - 19　用压板装夹工件

使用压板夹紧工件时，应选择两块以上的压板，压板的一端搭在工件上，另一端搭在垫铁上，垫铁的高度应等于或略高于工件被压紧部位的高度，中间螺栓刀工件间的距离应略小于螺栓刀垫铁间的距离。螺母和压板之间应垫有垫圈。

搭压板装夹工件的注意事项：

（1）在铣床工作台台面上，不允许拖拉表面粗糙的铸件、锻件毛坯，夹紧工件时应在毛坯件与工作台台面间垫铜皮，以免损伤台面。

（2）用压板在工件已加工表面夹紧时，应在压板与工件表面间垫铜皮，以免压伤工件已加工表面。

(3) 压板的位置要放置正确、适当，压板应压在工件刚性好的部位，压紧力的大小也应适当，以防工件变形。如果工件夹紧部位有悬空现象，应将工件垫实。

(4) 螺栓要拧紧，保证铣削时不致因压力不够而使工件移动，从而损坏工件、刀具和铣床。

2. 铣平面常用刀具

1) 立铣刀

立铣刀是立式铣床上最常用的切削刀具。立铣刀的圆柱表面（周齿）和端面（底齿）上都有切削刃，它们可同时参与铣削，也可以只使用周齿或底齿进行切削。主要用于平面、凹槽、台阶面和成型面的铣削。

A. 立铣刀各部分名称

立铣刀各部分名称见图10-20。

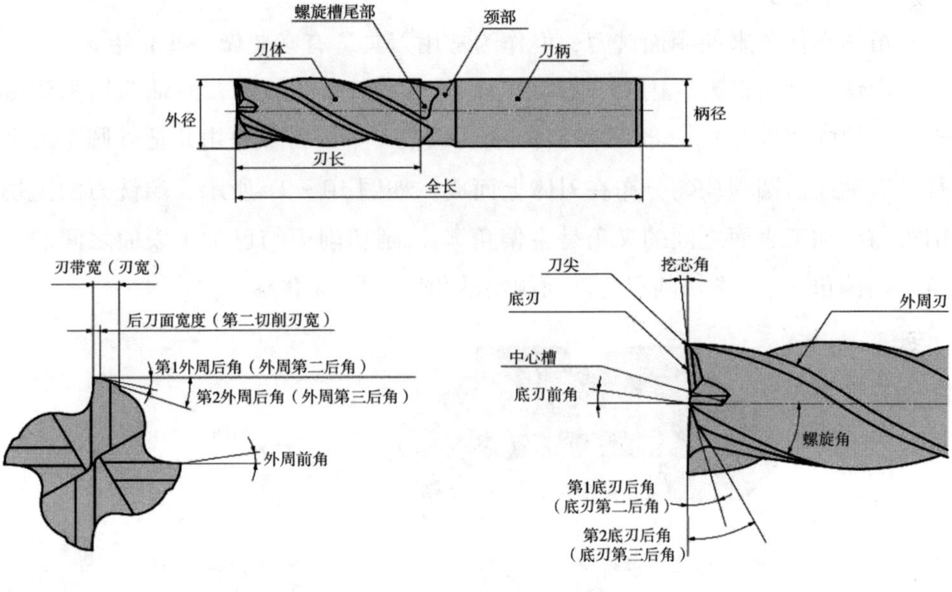

图10-20　立铣刀的结构

B. 立铣刀的分类

立铣刀的形状各异，种类繁多，除标准的铣刀外，还可以定制生产铣刀。表10-11列出了常见的立铣刀。

表 10－11　常用立铣刀的分类

种类	功能	图例
平头铣刀	用于精铣或粗铣，铣凹槽，去除大量毛坯，用于小面积水平平面或者轮廓精铣	
球头铣刀	用于曲面半精铣和精铣；小刀可以精铣陡峭面/直壁的小倒角	
圆鼻铣刀	用于曲面变化较小、狭小凹陷区域较少、相对平坦区域较多的粗铣	
倒角铣刀	可用于倒角	
T 形刀	可铣削 T 形槽	

2）面铣刀

虽然本任务未使用面铣刀，但作为常用刀具，有必要做一些介绍。

面铣刀又叫盘刀，因其直径大，常用于大平面的铣削，但轴向切削深度较小，切削钢件时 a_p 一般不大于 1 mm。面铣刀可以看成是由几把外圆车刀平行铣刀轴线沿圆周均匀分布在刀体上而成，如图 10－21 所示。端铣刀的主切削刃与已加工表面之间的夹角是主偏角 K_r，副切削刃与已加工表面之间的夹角是副偏角 K'_r，主切削刃与基面倾斜的角度是刃倾角 λs。

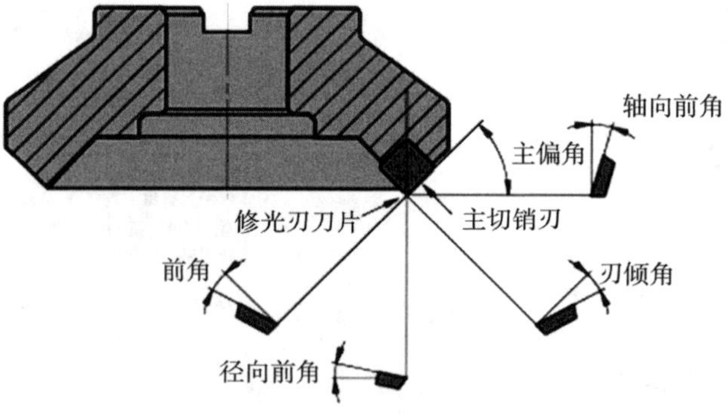

图 10－21　面铣刀

3. 常用量具

机械加工中选择量具时，通常要根据具体加工的零件形状、尺寸以及加工精度来决定，常用量具的规格和尺寸精度参照数控车削篇中的表 2－8 所示。

三、加工与检测

工件的测量就是加工时不取下工件，用合适的量具测量在平口钳的工件，以保持零件的位置不变，此时若有误差可通过调整程序和刀补来保证零件的尺寸。零件精度检测评分表见表 10－12。

表 10－12　零件精度检测评分表

姓名				班级		日期		
任务名称		垫块的编程与加工		零件图号		机床编号		
检测项目		考核内容	配分	评分标准	学生自测	小组检测	教师检测	备注
基本检测	程序	切削加工工艺制定正确	5	独立完成				
		切削用量选用合理	5	独立完成				
		程序正确、简单、规范	10	独立完成				
	操作	刀具的刃磨与安装和对刀	5	独立完成				
		设备的正确操作与维护保养	5	视情况而定				
		安全、文明生产	10	视情况而定				
尺寸检测	外形	$65^{0}_{-0.05}$	10	超差不得分				
		$25^{0}_{-0.05}$	10	超差不得分				
		40 ±0.03	10	超差不得分				
	形位公差	垂直度 0.04	10	超差不得分				
		平行度 0.04	10	超差不得分				
	表面	粗糙度 *Ra*3.2	10	每降一处扣 2 分				
成绩评定		根据学生自测和组长检测综合考核	100	综合评价				
指导教师			小组长		总分			

知识探究

1. 零件加工的操作步骤

零件的加工主要包括以下步骤：零件装夹→对刀操作→程序的输入及绘图查看→空运行→自动加工。

1）零件装夹

利用平口钳进行装夹。装夹前移动工作台，把平口钳移动到适合装夹的位置。

用毛刷或棉布清理平口钳上的铁削和油污。把大小合适的垫铁用棉布擦拭干净放在平口钳两侧。把工件放在垫铁上，用扳手稍微夹紧，然后用木榧轻敲工件，使工件完全接触垫铁，然后用扳手用力夹紧工件。

2）对刀操作

对刀的目的是在机床内设定工件坐标系，所以要根据编程时的工件坐标系来考虑对刀，本任务中编程时将工件坐标系设定在工件的正中间，因此采用分中对刀。对刀在具体操作时可以使用试切对刀，也可采用对刀仪对刀。此处介绍试切对刀的步骤（见表 10－13）。

表 10－13　对刀操作（分中）步骤

步骤	操作内容	图例
第①步	将模式选择为“手轮”，并启动主轴	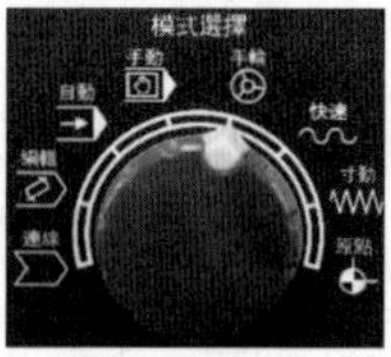
第②步	利用手轮将旋转的刀具移动到工件的左侧，让刀具轻微接触工件的左侧面	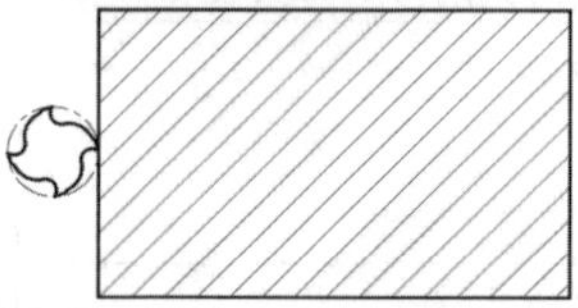
第③步	点按系统面板上的［位置（POS）］键，进入位置画面。再按［相对］选项下软键。屏幕显示刀具的相对坐标位置	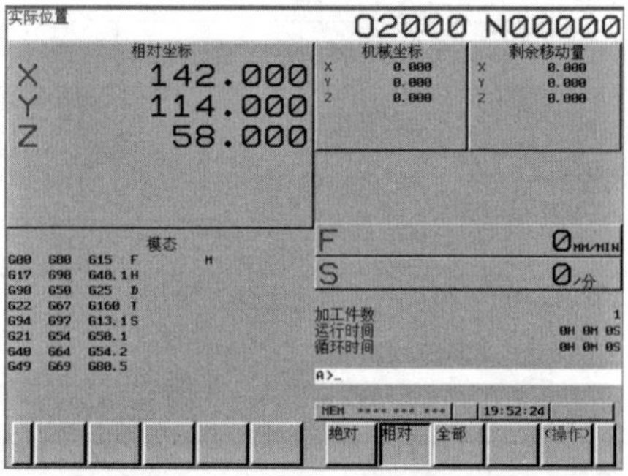
第④步	输入字符“X0”，按［预置］下面的软键，将 X 的相对坐标值清零。或者直接输入“X”，然后按［起源］，再按［执行］	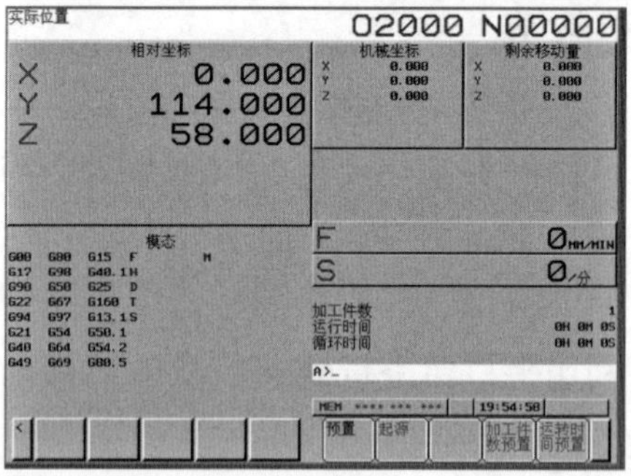

续表

步骤	操作内容	图例
第⑤步	移动刀具到工件的右侧，再轻微接触侧面。观察此时 X 坐标值。例图示：X116. 270	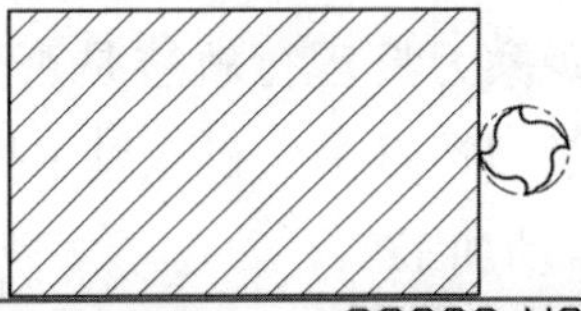 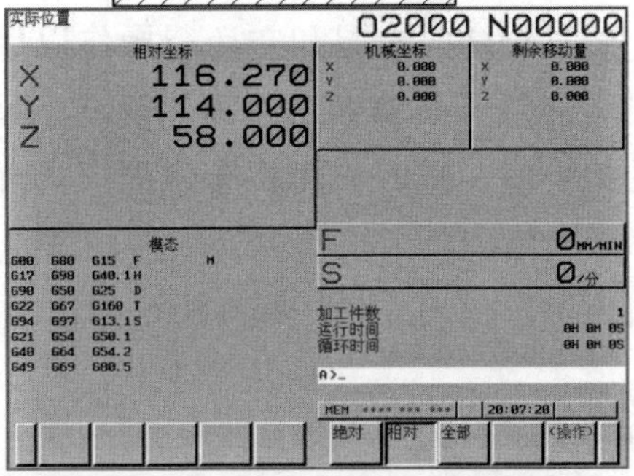
第⑥步	记录下此坐标值除以 2 所得的商。然后移动 *X* 轴，将刀具移动到商所示的位置。例：116. 27/2 = 58. 135	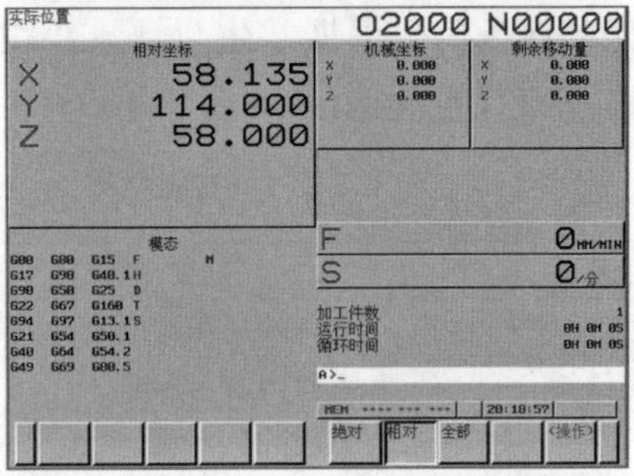
第⑦步	保持刀具位置不变，然后点按“OFS/SET”键 ，进入工件坐标系画面。再将光标移动到“G54”，输入“X0”，点按“测量”下面的软键。此时 *X* 轴的对刀完成	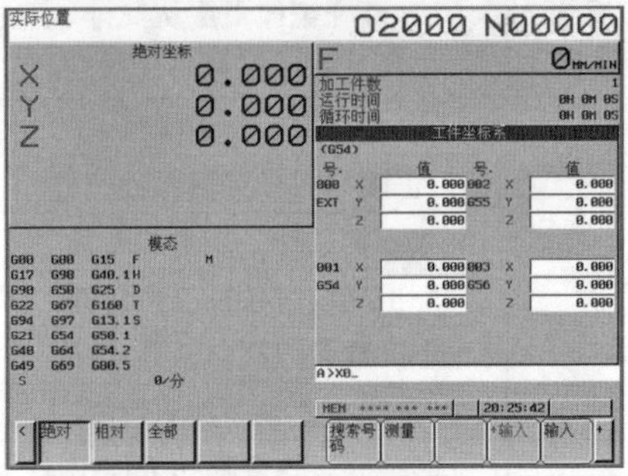

Y 轴对刀步骤与 *X* 轴对刀相同。*Z* 轴对刀只需要将刀具在工件表面轻微切削，然后进入工件坐标系输入“Z0”，再按“测量”即可。

3）程序的输入及绘图查看

此步骤已在前文做了介绍，请参考学习情景一中相关内容。

4）程序空运行

只是进行了绘图操作还不能保证程序一定正确，此时需要让机床进行空运行，以观察刀具运行轨迹是否正确，也可以验证对刀是否正确。具体操作步骤参见学习情景一：机床基本操作。

5）自动加工

经过程序的绘图和空运行操作以后，基本能保证程序正确，此时可以进行自动加工。在加工之前需要确认坐标系偏置（EXT）值为零，并且输入正确的刀补值，然后关闭机床防护门，再按下循环启动开关。在工件的加工过程中，机床操作人员需认真观察机床的运行状态，可适当调节机床主轴倍率和机床进给倍率。机床操作人员不得在机床运行状态下离开机床。

任务评价

完成任务后，根据学生自评、小组互评和教师评价，填写学生学习过程综合评价表（见表10－14）。

表10－14　学习过程综合评价表

姓名		班级		小组号		日期	
任务名称	垫块的编程与加工			小组长		指导教师	
检测任务	考核内容与标准	配分	学生自测	小组检测	教师检测	备注	
纪律观念	出勤、穿着、佩戴规范	5					
	遵守纪律、服从安排	5					
	具有责任心和团队意识	5					
学习情况	认真、积极学习	5					
	正确完成相关习题和任务	5					
工艺制定	正确选择工、量、夹具	5					
	正确填写各种工艺文件	5					
加工准备	正确准备刀具、量具和夹具	10					
	能独立编写加工程序	10					
零件加工	能独立、熟练操作数控车床	5					
	零件得分×0.4	40					
安全文明生产	规范、安全刃磨刀具与操作加工	5					
卫生6S	能及时清理场地、设备	5					
成绩评定	根据学生自测、小组检测和观察综合评定	100			总分：		
等级评定	60分以下不合格，60（含）~75分合格，75（含）~90分良好，90（含）分以上优秀			等级			

任务拓展

加工图 10－22 所示零件的六个平面，达到如图所示技术要求。

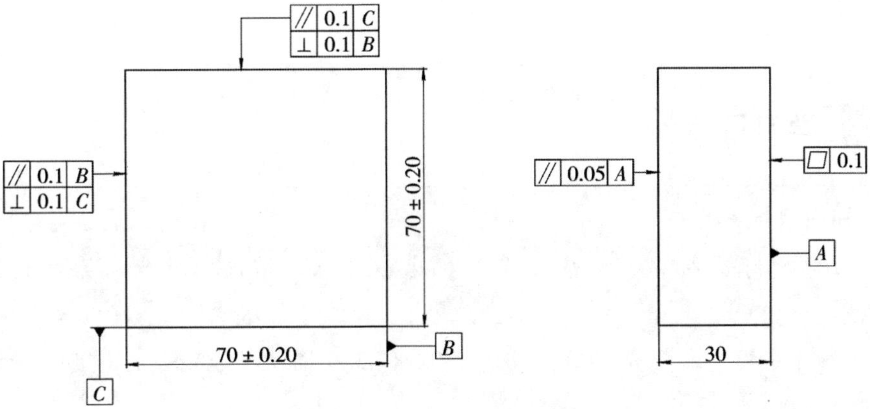

图 10－22　加工零件的六面

学习任务 11　凸台的编程与加工

学习目标

◎知识目标

1. 了解机床坐标系、机床原点及机床参考点，掌握工件坐标系的建立原则。

2. 熟练掌握基本指令 G00、G01、G02/G03 及辅助功能指令的作用、使用方法与注意事项。

3. 掌握程序编写的流程。

4. 掌握对刀和控制尺寸精度的方法以及原理。

◎能力目标

1. 能正确建立工件坐标系，利用编程指令 G00、G01、G02/G03 及辅助指令编写零件的加工程序。

2. 能根据零件图选择合适的刀具、量具以及切削用量。

3. 能熟练操作数控铣床，根据图纸要求完成零件的加工。

4. 根据零件的形状及要求正确使用量具检测零件的尺寸。

◎素养目标

1. 培养学生认真、细致、精益求精的工匠精神。

2. 养成安全、文明的操作习惯。

学习任务

凸台是铣削加工中常见的零件类型，本学习情境以一个简单的凸台零件作为载体，讲解加工工艺、编程以及加工方面的知识（见图 11 -1）。通过知识的学习以及技能的训练，让读者掌握该类型零件的加工方法以及对机床的操作技能。

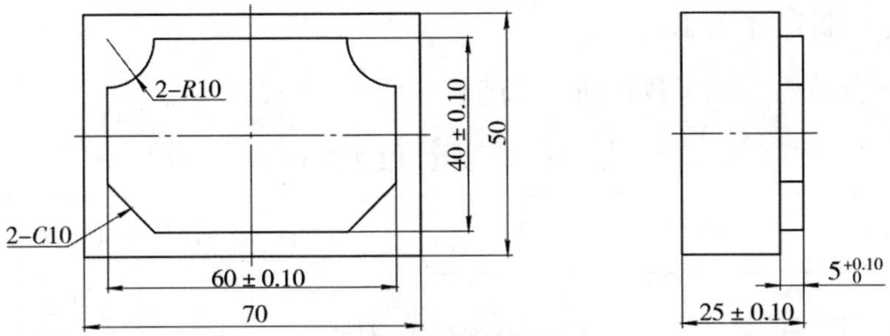

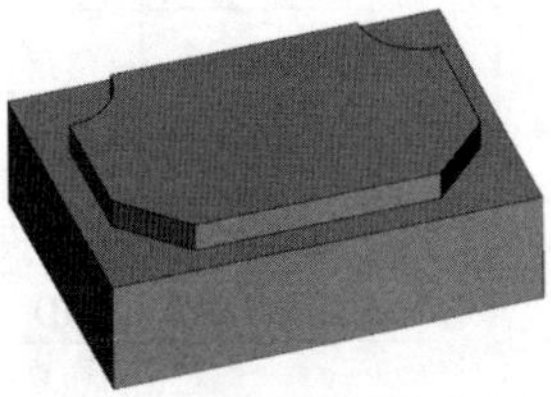

图 11 -1　凸台零件的加工

学习流程

制订计划 → 加工准备 → 加工与检测

学习过程

一、制订计划

（一）分析零件图

零件图分析表见表 11 -1。

表 11 -1　零件图分析表

零件图	分析要素	基本情况	分析结果
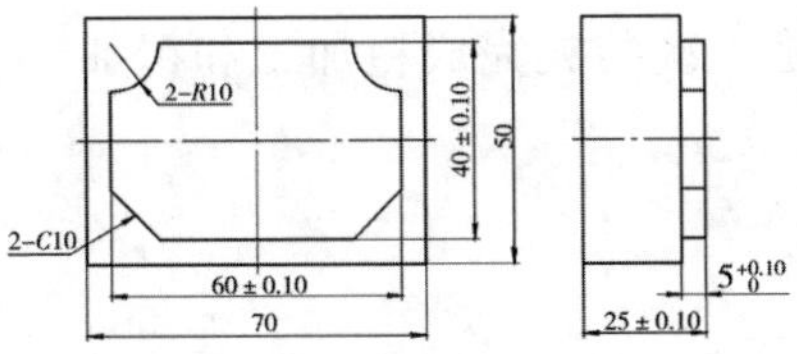	轮廓	直线与圆弧组成	刀具：立铣刀（直径 10 mm）；量具：游标卡尺，千分尺（50 ~ 75）
	材料	45#	
	生产类型	单件	利用平口钳装夹，一道工序完成零件的加工
	毛坯尺寸	70 mm × 70 mm × 30 mm	
	几何精度	尺寸精度为 ±0. 05	机床精度能保证
	装夹	规则	平口钳装夹

（二）制定加工工艺

根据分析内容填写数控加工工序卡，见表 11－2。

表 11－2 数控加工工序卡

<table>
<tr><td>单位名称</td><td></td><td>数控加工工序卡</td><td>产品名称或代号</td><td>零件名称</td><td>零件图号</td><td>工序名称</td><td>工序号</td></tr>
<tr><td colspan="3" rowspan="5">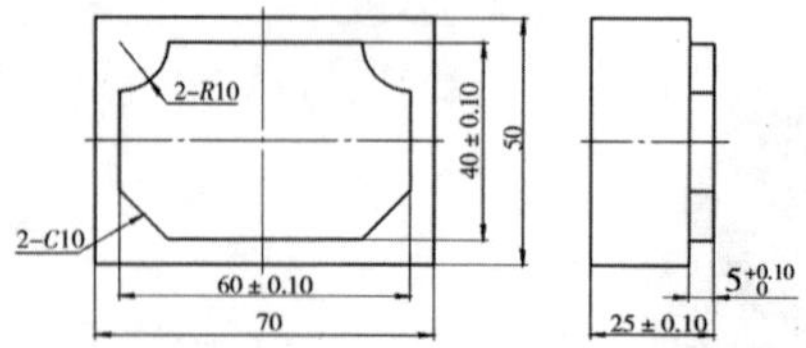
</td><td></td><td>凸台</td><td></td><td>铣</td><td>1</td></tr>
<tr><td>毛坯尺寸</td><td>材料牌号</td><td>毛坯种类</td><td>每毛坯数</td><td>工作液</td></tr>
<tr><td>70 mm × 70 mm × 30 mm</td><td>45#</td><td>块料</td><td>若干</td><td>无</td></tr>
<tr><td>夹具名称</td><td>使用设备</td><td>车间</td><td>程序编号</td><td>准终(min)</td></tr>
<tr><td>机用虎钳</td><td>VID－8</td><td>综合实训室</td><td>1</td><td></td></tr>
</table>

工步号	工步内容	走刀次数	切削用量 主轴转速（r/min）	切削用量 进给速度（mm/min）	切削用量 切削深度（mm）	工时（min） 加工	工时（min） 辅助	刀、量、辅助工具 刀具号	刀、量、辅助工具 刀具名称	刀、量、辅助工具 量具名称	刀、量、辅助工具 辅助工具
1	手动加工工件上表面	1	700	300	0.5				平面铣刀	游标尺	
2	粗铣外轮廓	1	800	200	5				10 立铣刀	千分尺	
3	精铣外轮廓	1	1 200	150	5				10 立铣刀	千分尺	
编制		审核			批准			年 月 日		共 页	第 页

知识探究

零件加工阶段的划分。

按零件加工性质和作用的不同，工艺过程一般可划分为三个阶段：

（1）粗加工阶段。主要是切除各加工表面上的大部分余量。

（2）半精加工阶段。为各主要表面的精加工做好准备（达到一定精度要求并留有精加工余量），并完成一些次要表面的加工。

（3）精加工阶段。使各主要表面达到规定的质量要求。

此外，某些精密零件加工时还要精整和光整加工。当然，有些情况也可以不划分加工阶段，如本学习情境中，由于是一次装夹完成粗加工和精加工，也就没有划分加工阶段的必要。

二、加工准备

（一）编制数控加工程序

1. 进给路线的确定

在数控加工中，刀具刀位点相对于工件运动的轨迹称为加工路线。为了保证表面质量，进给路线采用顺铣和圆弧进退刀方式，采用子程序对零件进行粗、精加工，该零件进给路线如图 11－2 所示。

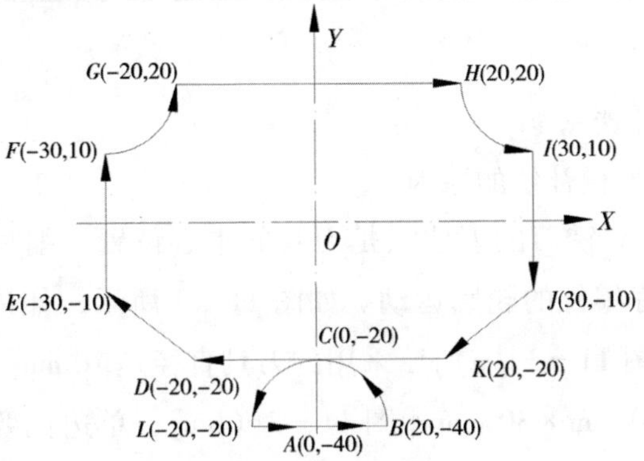

图 11－2　加工路线及基点坐标计算

2. 数值计算

使用手工编程需要计算基点坐标，如图 11－2 所示。

3. 编写加工程序单

编写加工程序单见表 11－3。

表 11－3　参考程序

N10	G54 G90 G17 G40 G49 G80 G0 Z50；	建立工件坐标系，绝对编程
N20	M03 S800；	主轴正转，转速 800 r/min
N30	G00 X0 Y－40；	刀具定位
N40	Z10；	接近工件
N50	G01 Z－5 F 200；	*Z* 向下刀深度 5 mm
N60	G41 G01 X20 D01（D02）；	建立刀具半径补偿，*A*→*B*
N70	G03 X0 Y－20 R20；	圆弧切向切入 *B*→*C*
N80	G01 X－20 Y－20；	走直线 *C*→*D*
N90	X－30 Y－10；	走直线 *D*→*E*
N100	Y10；	走直线 *E*→*F*
N110	G03 X－20 Y20 R10；	逆圆插补 *F*→*G*

续表

N120	G01 X20；	走直线 $G \to H$
N130	G03 X30 Y10 R10；	逆圆插补 $H \to I$
N140	G01 Y-10；	走直线 $I \to J$
N150	X20 Y-20；	走直线 $J \to K$
N160	X0；	走直线 $K \to C$
N170	G03 X-20 Y-40 R20；	圆弧切向切出 $C \to L$
N180	G40 G00 X0；	取消刀具半径补偿，$L \to A$
N190	M99；	子程序结束，返回主程序

知识探究

1. 刀具半径补偿指令

1）建立刀具半径补偿的原因

通常情况下，立铣刀的刀位点是刀具的中心位置，编写加工程序时也是让刀具的中心沿着零件的轮廓运动。如图 11-3 所示，如果零件尺寸要求是 60 mm×40 mm［图 11-3（a）］，采用的刀具直径是 10 mm，则加工出来的零件真实尺寸只有 50 mm×30 mm［图 11-3（b）］，单边比要求的尺寸小了一个刀具半径。

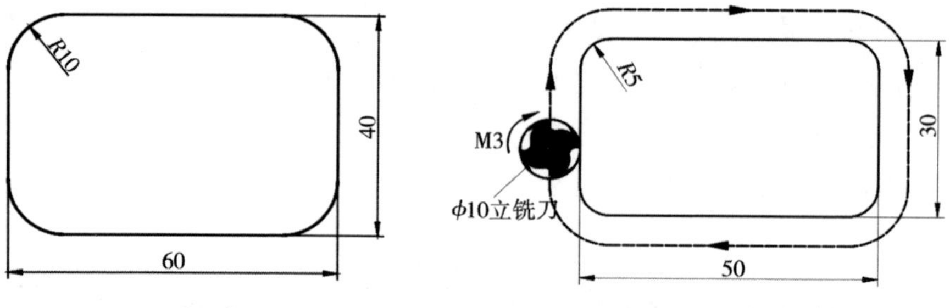

（a）零件图样　　（b）未加刀补加工后零件

图 11-3　建立刀具补偿

要解决这个问题，首先想到的可能是将轮廓扩大一个刀具半径再编写程序，以保证图样所需尺寸，但在实际操作中是非常困难的，一是零件轮廓不可能这么简单，遇到复杂零件不仅计算困难，也容易出错；二是一旦刀具直径发生变化，就必须重新编程，工作量巨大。现有数控系统基本都配有半径补偿功能，编程人员只需要根据图样真实尺寸编写程序，在加工过程中刀具自动偏移一个半径的距离，从而保证零件尺寸。

2）刀具半径补偿的概念

在编制零件轮廓的铣削加工程序时，直接按照零件图形轮廓编程，同时在程序中给出刀具半径补偿指令，数控系统会自动计算出刀具中心轨迹，控制刀具偏移零件轮廓一定距离后走刀，从而加工出所需要的零件轮廓。数控系统的这种编程功能称为刀具半径补偿功能，简称刀补，如图11－4所示。

刀具半径补偿功能不仅使得编程更简单，也可以在刀具磨损后调整刀补值来保证零件尺寸，让操作更方便。

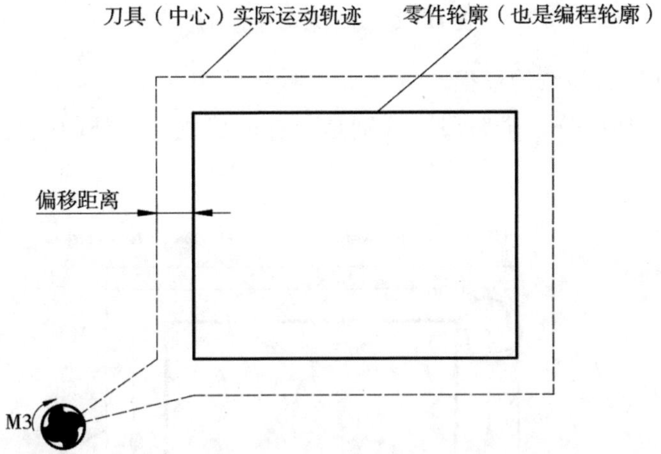

图11－4　刀具半径补偿

3）刀具半径补偿的指令G41、G42、G40

刀具半径补偿功能指令有三个，分别是刀具半径左补偿G41，刀具半径右补偿G42，取消刀具半径补偿G40。

指令格式：G00（G01）G41（G42）　X __Y __D __。

X、*Y*：快速定位（直线插补）终点坐标值。

D：刀具半径补偿号。

4）判别左、右刀补的方法

正确判断刀补方向非常重要，一旦判断错误，加工的零件可能成为废品。正确的判断方式是沿着刀具的前进方向看刀具与工件的位置关系，如果刀具在工件的左侧，为左刀补，使用指令G41，反之，用指令G42，如图11－5所示。

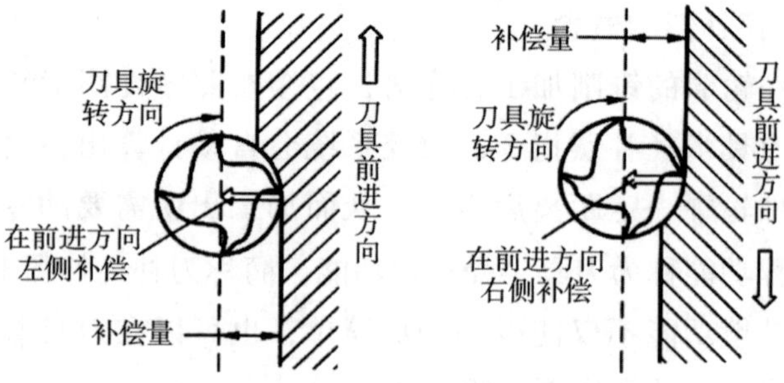

（a）左刀补　　（b）右刀补

图 11－5　左、右刀补的判别

5）刀具半径补偿的过程

刀具半径补偿分三个阶段，分别是刀补的建立、刀补的执行和刀补的取消（见图 11－6）。

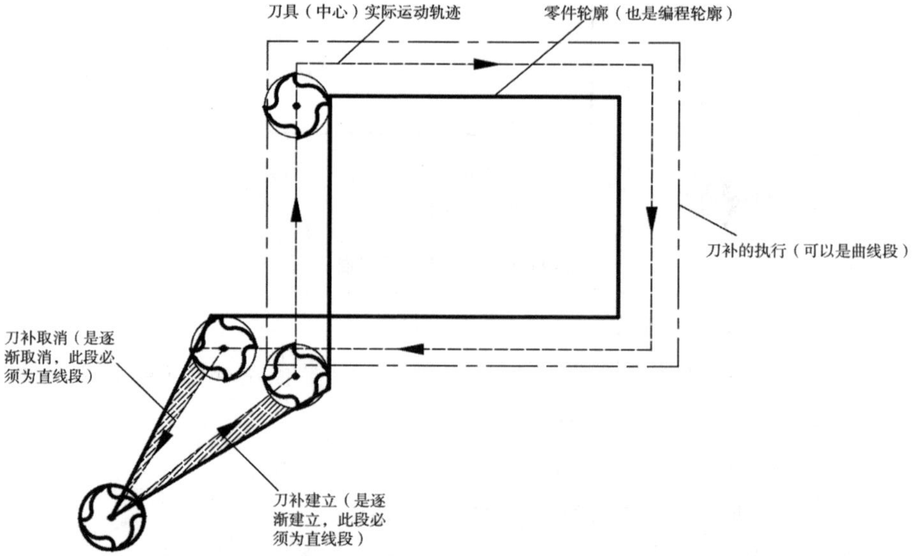

图 11－6　刀具半径补偿的过程

A. 刀补的建立

刀补的建立指刀具从起点接近工件时，刀具中心从与编程轨迹重合过渡到与编程轨迹偏离一个刀具半径补偿值的过程。刀补的建立段必须是直线段，此段只能出现 G00 或 G01，而不能出现 G02/G03。刀补一旦建立，只能沿着单一方向加工，即顺时针或逆时针方向加工工件。

B. 刀补的执行

在G41、G42程序段执行后，刀具中心始终与编程轨迹相距一个刀具半径补偿值，直到刀补取消。

C. 刀补的取消

刀补的取消即刀具离开工件，刀具中心轨迹过渡到与编程轨迹重合的过程。该阶段是逐步取消的，需要在直线段完成此动作。

2. 圆弧插补指令G02/G03

1）圆弧插补方向的判别

刀具在各坐标平面以一定的进给速度 F 进行圆弧插补运动，从当前位置（圆弧的起点）沿圆弧移动到指令给出的目标位置，切削出圆弧轮廓。G02为顺时针圆弧插补指令，G03为逆时针插补指令。刀具在进行圆弧插补时必须规定所在平面（即G17～G19），再确定回转方向，如图11－7所示，沿圆弧所在平面（如 X、Y 平面）的另一坐标轴的负方向（$-Z$）看去，顺时针方向为G02指令，逆时针方向为G03指令。

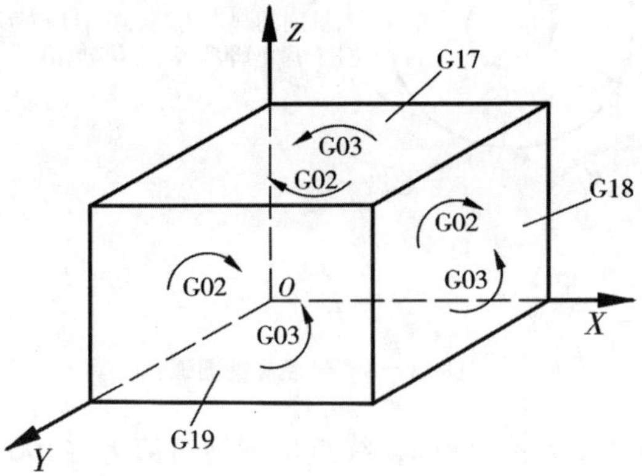

图11－7　圆弧插补方向

2）圆弧插补指令格式

（1）$X-Y$ 平面上的圆弧（缺省平面）。

G17 $\begin{Bmatrix} G02 \\ G03 \end{Bmatrix}$ X__Y__ $\begin{Bmatrix} R\_ \\ I\_J\_ \end{Bmatrix}$ F__

（2）$Z-X$ 平面上的圆弧。

G18 $\begin{Bmatrix} G02 \\ G03 \end{Bmatrix}$ Z__X__ $\begin{Bmatrix} R\_ \\ K\_I\_ \end{Bmatrix}$ F__

（3）$Y-Z$ 平面上的圆弧。

G19 $\begin{Bmatrix} G02 \\ G03 \end{Bmatrix}$ Y__Z__ $\begin{Bmatrix} R\_ \\ J\_K\_ \end{Bmatrix}$ F__

各指令地址的意义：

X、*Y*、*Z*：终点坐标位置，可用绝对值（*G*90）或增量值（*G*91）表示。

R：圆弧半径，以半径值表示。(以 *R* 表示者又称为半径法)

I、*J*、*K*：从圆弧起点到圆心位置，在 *X*、*Y*、*Z* 轴上的分向量。

X 轴的分向量用地址 *I* 表示；*Y* 轴的分向量用地址 *J* 表示；*Z* 轴的分向量用地址 *K* 表示。

F：切削进给速率，单位为 mm/min。

3）圆弧插补指令表示方法

圆弧的表示有圆心法及半径法两种，现分述如下：

(1) 半径法。以 *R* 表示圆弧半径，以半径值表示。此法以起点及终点和圆弧半径来表示一圆弧，在圆上会有二段弧出现，如图 11 -8 所示。圆心角 <180°的弧 *R* 为正值；圆心角 >180°的弧 *R* 为负值。

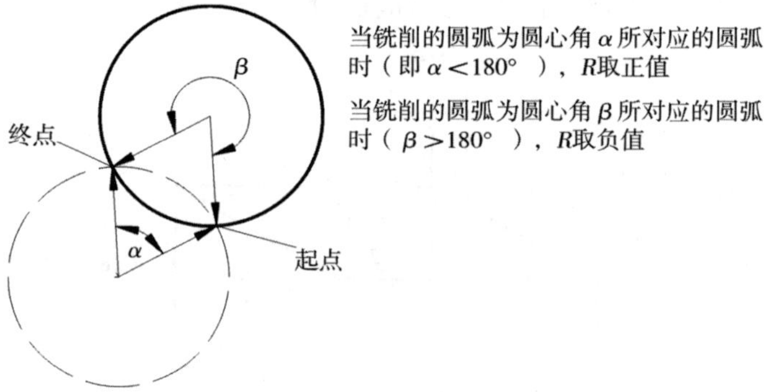

图 11 -8　半径法铣圆弧

假设图 11 -8 中，*R* =50 mm，终点坐标绝对值为（100，80），则

①圆心角 >180°之圆弧：

G90 G03 X100. Y80. R -50. F80。

②圆心角 <180°之圆弧：

G90 G03 X100. Y80. R50. F80。

(2) 圆心法。*I*、*J*、*K* 后面的数值是定义为从圆弧起点到圆心位置，在 *X*、*Y*、*Z* 轴上之分向量值（见图 11 -9）。

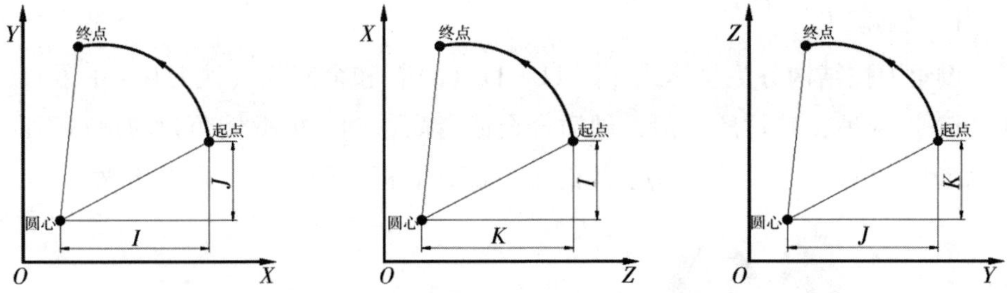

图11-9　圆心法铣圆弧

数控铣床上使用半径法表示圆弧，若要铣削整圆，只能用圆心法表示，半径法无法执行。若用半径法以两个半圆相接，其真圆度误差会增大。

3. 切入、切出

在制定走刀路线时，刀具定位的点总是离所要加工的轮廓要有一定距离，否则可能导致撞刀情况的发生。从定位点向零件轮廓进刀的这个过程称为切入。当轮廓切削完成后，刀具远离工件轮廓，离开工件的过程称为切出。

通常情况，切入切出有两种方式：直线切入切出和圆弧切入切出。刀具在切削开始和结束时按直线进入或退出为直线切入切出［图11-10（a）］，若按圆弧进入或退出就是圆弧切入切出［如图11-10（b）］。由于铣刀是圆柱形，圆弧切入切出是沿着轮廓的切线方向进给的，在进退刀的地方不容易产生接刀痕。因此在实际生产中尽可能采用圆弧切入切出。

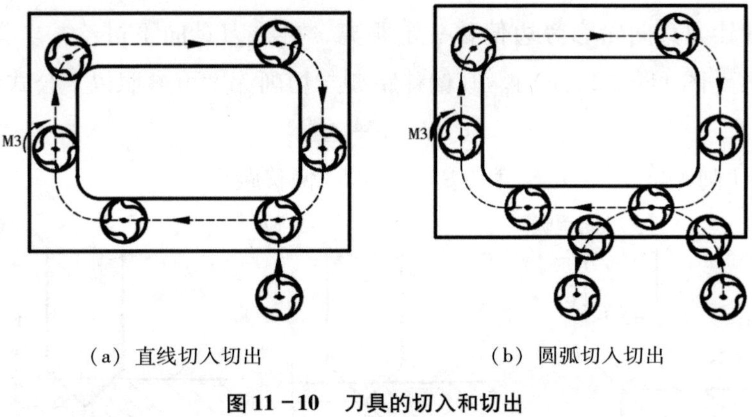

（a）直线切入切出　　　　（b）圆弧切入切出

图11-10　刀具的切入和切出

4. 轮廓的倒角

出于工艺或者使用要求，有些零件在图纸上就标注要进行倒角处理，即使图纸上没有标注倒角的情况下也要对零件锐边进行倒角处理，避免锐边伤人，也可以提高零件的外形质量。

1）倒角刀

倒角刀按结构分为整体式［图 11 - 11（a)］和舍弃式（镶刀片）［图 11 - 11（b)］两种，其材质一般是硬质合金或者高速钢。根据倒角刀的顶角不同，有 60°和 90°倒角刀，其他角度的倒角刀都是非标准的倒刀，需要定做。

（a）整体式倒角刀　　（b）舍弃式倒角刀

图 11 - 11　倒角刀

2）零件轮廓倒角

为了方便说明倒角过程，此处以常用的 90°倒角刀为例进行讲解。若要对轮廓进行 45°倒角，只需要将 90°倒角刀的中心与零件轮廓重合［如图 11 - 12（a)］，需要的倒角距离为多少，编程时的 Z 值向下进给多少即可。即 Z 值深度 h 等于倒角距离 c，图 11 - 12（b）所示。

但是，由于倒角刀中心存在横刃，让倒角刀中心刚好与工件轮廓重合进行倒角加工往往效果不是很好，刀具也容易在刀尖处崩刃。在实际加工过程中，往往让刀具向轮廓旁边偏移一定距离，再将刀具向下进给一个深度后沿轮廓切削［图 11 - 12（c)］。其偏移距离与切削深度可参照以下公式计算：

$$h = c + \triangle$$

h：切削深度　　c：倒角距离　　△：偏移距离

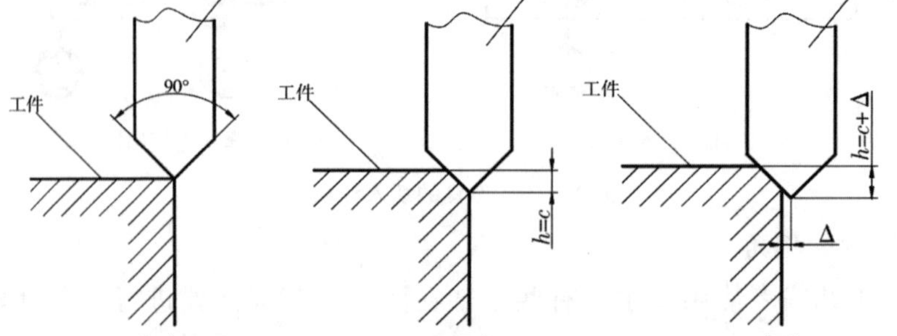

（a）　（b）　（c）

图 11 - 12　倒角原理

（二）刀、量、夹具的准备

根据任务要求，填写工、量、夹具清单（见表11－4）。

表11－4　刀、量、夹具清单

产品名称或代号			零件名称		零件图号	
种类	序号	名称	规格（mm）	精度（mm）	单位	数量
刀具	1	端铣刀	ϕ90（5齿）		柄	1
	2	立铣刀	ϕ10		支	2
量具	3	游标卡尺	0～150	0.02	把	1
	4	千分尺	50～75	0.01	把	1
夹具	5	机用虎钳	200		副	1
	6	辅具			若干	

知识探究

立铣刀的正确使用。

1. 立铣刀的装夹要牢固

立铣刀的装夹大多采用弹簧夹头（筒夹）进行装夹，在进行强力铣削时，容易出现“掉刀”情况的发生，导致零件的报废。因此这种装夹方式适合直径相对较小的立铣刀，若铣刀直径较大，要使用强力刀柄或侧固式刀柄进行装夹。同时，装夹时要注意将立铣刀柄部和刀夹内孔清理干净，不要留存有油污。

2. 粗、精铣刀的正确选用

相同直径的立铣刀，它分粗、精加工。粗加工时吃刀量大，要求立铣刀刚性好、排屑顺畅。精加工时主要是保证零件精度和提高工件表面质量，此时的立铣刀要求锋利、耐磨。目前，刀具生产厂家都对粗铣刀和精铣刀进行了分类，在使用时要根据使用场合正确选择。

3. 切削参数的选用

切削速度的选择主要取决于被加工工件的材质；进给速度的选择主要取决于被加工工件的材质及立铣刀的直径。国外一些刀具生产厂家的刀具样本附有刀具切削参数选用表，可供参考。但是，切削参数的选用同时又受机床、刀具系统、被加工工件形状以及装夹方式等多方面因素的影响，应根据实际情况适当调整切削速度和进给速度。当以刀具寿命为优先考虑因素时，可适当降低切削速度和进给速度；当切屑的离刃状况不好时，则可适当增大切削速度。

三、加工与检测

1. 零件加工流程

装夹工件→对刀操作→输入程序→输入刀补值→程序校验→自动加工。

流程中所述内容在前面学习情境中有详细讲解，如有不理解的部分可以查阅相应内容。

2. 零件的测量

工件的测量分为中间测量和最后测量。中间测量就是不从机床上取下工件，用合适的量具测量在平口钳的工件，以保持零件的位置不变，此时若有误差，可通过调整程序和刀补来保证零件的尺寸。零件精度检测评分表见表11－5。

表11－5　零件精度检测评分表

<table>
<tr><td colspan="2">姓名</td><td colspan="2"></td><td>班级</td><td></td><td colspan="2">日期</td><td></td></tr>
<tr><td colspan="2">任务名称</td><td colspan="2">凸台的编程与加工</td><td>零件图号</td><td></td><td colspan="2">机床编号</td><td></td></tr>
<tr><td colspan="2">检测项目</td><td>考核内容</td><td>配分</td><td>评分标准</td><td>学生自测</td><td>小组检测</td><td>教师检测</td><td>备注</td></tr>
<tr><td rowspan="6">基本检测</td><td rowspan="3">程序</td><td>切削加工工艺制定正确</td><td>5</td><td>独立完成</td><td></td><td></td><td></td><td></td></tr>
<tr><td>切削用量选用合理</td><td>5</td><td>独立完成</td><td></td><td></td><td></td><td></td></tr>
<tr><td>程序正确、简单、规范</td><td>10</td><td>独立完成</td><td></td><td></td><td></td><td></td></tr>
<tr><td rowspan="3">操作</td><td>刀具的刃磨与安装和对刀</td><td>5</td><td>独立完成</td><td></td><td></td><td></td><td></td></tr>
<tr><td>设备的正确操作与维护保养</td><td>5</td><td>视情况而定</td><td></td><td></td><td></td><td></td></tr>
<tr><td>安全、文明生产</td><td>10</td><td>视情况而定</td><td></td><td></td><td></td><td></td></tr>
<tr><td rowspan="6">尺寸检测</td><td rowspan="4">外形</td><td>60±0．1</td><td>10</td><td>超差不得分</td><td></td><td></td><td></td><td></td></tr>
<tr><td>40±0．1</td><td>10</td><td>超差不得分</td><td></td><td></td><td></td><td></td></tr>
<tr><td>25±0．1</td><td>10</td><td>超差不得分</td><td></td><td></td><td></td><td></td></tr>
<tr><td>$5^{+0.1}_{0}$</td><td>10</td><td>超差不得分</td><td></td><td></td><td></td><td></td></tr>
<tr><td rowspan="2">形位公差</td><td>$R10$（两处）</td><td>2×5</td><td>超差不得分</td><td></td><td></td><td></td><td></td></tr>
<tr><td>$C10$（两处）</td><td>2×5</td><td>超差不得分</td><td></td><td></td><td></td><td></td></tr>
<tr><td colspan="2">成绩评定</td><td>根据学生自测和
组长检测综合考核</td><td>100</td><td>综合评价</td><td></td><td></td><td></td><td></td></tr>
<tr><td colspan="2">指导教师</td><td></td><td>小组长</td><td></td><td>总分</td><td colspan="3"></td></tr>
</table>

知识探究

刀具半径补偿指令格式中的D是指定的补偿号，每个补偿号对应一个补偿值，刀具补偿号为D00－D99，D00表示取消刀补，与G40作用相同。补偿值通常是在调用程序进行加工前，通过刀具补偿存储器页面输入。例如 D01，表示 1 号刀补，具体的刀补值是需要操作人员根据使用的刀具半径手动或通过程序输入到刀具补偿存储器中。手动输入刀补值的步骤见表 11－6。

表 11－6　手动输入刀具半径补偿值的步骤

步骤	操作内容	图例
第①步	按设置（OFS/SET）键 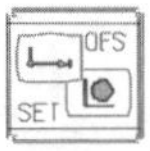 ，进入“刀偏”页面。若进入的不是“刀偏”页面，需按刀偏下面的软键进入相应页面	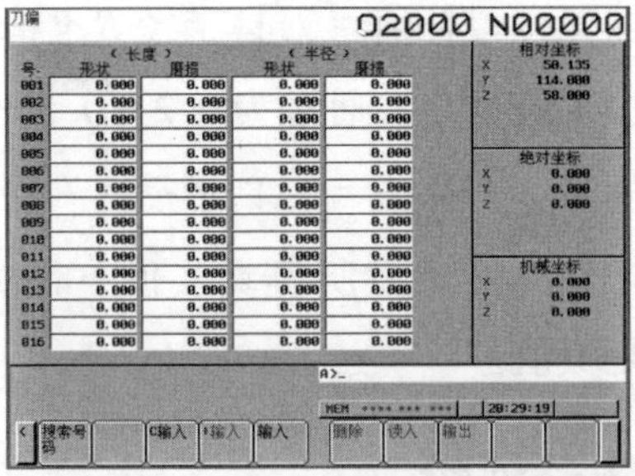
第②步	找到对应补偿号。例如，程序中刀补使用的是 D01，则找到 001 号，将光标移到“半径　形状”内	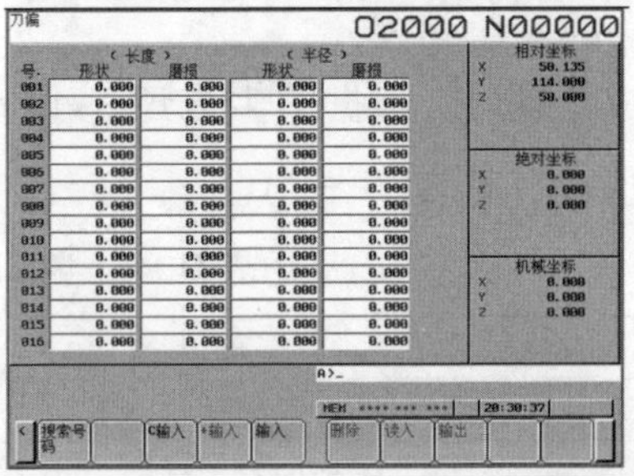
第③步	输入补偿值。例如，输入 5.2，再按下输入键  ，将刀补值输入到对应的刀补存储器	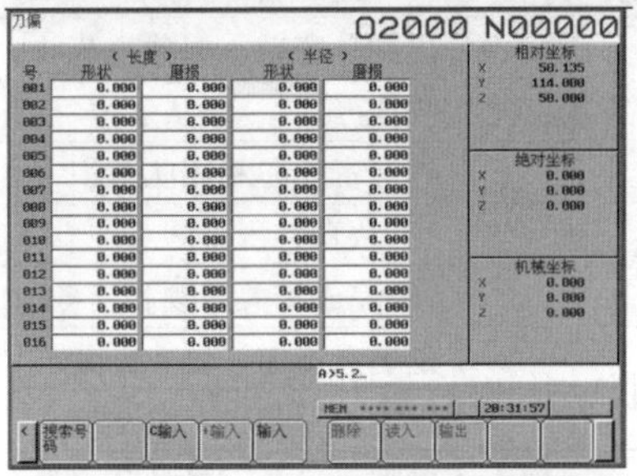 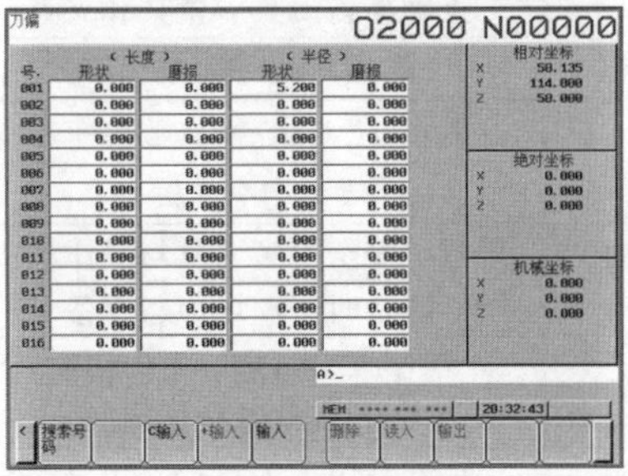

需要注意的是，补偿号与刀具号没有必然的关联，即 T01 刀具的半径补偿值不一定为 D01 存储器中的数值，但为了操作者使用刀具思路清晰，往往将刀具号与刀补号一一对应起来，避免出错。

刀具半径补偿功能可以用同一直径的刀具在同一程序中完成零件的粗、精加工，具体刀补值可参照下面公式输入：

粗加工：刀补值 = 刀具半径 R + 精加工余量 Δ。

精加工余量 Δ：通常为 0.2 ~0.5 mm。

精加工：刀补值 = 刀具半径 R + 修正量。

修正量 =（测量所得真实值 - 图样要求的尺寸值）/2，它可以是正值，也可以是负值。

任务评价

完成任务后，根据学生自评、小组互评和教师评价，填写学生学习过程综合评价表（见表 11 -7）。

表 11 -7　学习过程综合评价表

<table>
<tr><td>姓名</td><td></td><td>班级</td><td></td><td>小组号</td><td></td><td>日期</td><td></td></tr>
<tr><td>任务名称</td><td colspan="3">凸台的编程与加工</td><td>小组长</td><td></td><td>指导教师</td><td></td></tr>
<tr><td>检测任务</td><td>考核内容与标准</td><td>配分</td><td>学生自测</td><td>小组检测</td><td>教师检测</td><td colspan="2">备注</td></tr>
<tr><td rowspan="3">纪律观念</td><td>出勤、穿着、佩戴规范</td><td>5</td><td></td><td></td><td></td><td colspan="2"></td></tr>
<tr><td>遵守纪律、服从安排</td><td>5</td><td></td><td></td><td></td><td colspan="2"></td></tr>
<tr><td>具有责任心和团队意识</td><td>5</td><td></td><td></td><td></td><td colspan="2"></td></tr>
<tr><td rowspan="2">学习情况</td><td>认真、积极学习</td><td>5</td><td></td><td></td><td></td><td colspan="2"></td></tr>
<tr><td>正确完成相关习题和任务</td><td>5</td><td></td><td></td><td></td><td colspan="2"></td></tr>
<tr><td rowspan="2">工艺制定</td><td>正确选择工、量、夹具</td><td>5</td><td></td><td></td><td></td><td colspan="2"></td></tr>
<tr><td>正确填写各种工艺文件</td><td>5</td><td></td><td></td><td></td><td colspan="2"></td></tr>
<tr><td rowspan="2">加工准备</td><td>正确准备刀具、量具和夹具</td><td>10</td><td></td><td></td><td></td><td colspan="2"></td></tr>
<tr><td>能独立编写加工程序</td><td>10</td><td></td><td></td><td></td><td colspan="2"></td></tr>
<tr><td rowspan="2">零件加工</td><td>能独立、熟练操作数控车床</td><td>5</td><td></td><td></td><td></td><td colspan="2"></td></tr>
<tr><td>零件得分 ×0.4</td><td>40</td><td></td><td></td><td></td><td colspan="2"></td></tr>
<tr><td>安全文明生产</td><td>规范、安全刃磨刀具与操作加工</td><td>5</td><td></td><td></td><td></td><td colspan="2"></td></tr>
<tr><td>卫生 6S</td><td>能及时清理场地、设备</td><td>5</td><td></td><td></td><td></td><td colspan="2"></td></tr>
<tr><td>成绩评定</td><td>根据学生自测、小组检测和观察综合评定</td><td>100</td><td colspan="2"></td><td colspan="3">总分：</td></tr>
<tr><td>等级评定</td><td colspan="2">60 分以下不合格，60（含）~75 分合格，75（含）~90 分良好，90（含）分以上优秀</td><td>等级</td><td colspan="4"></td></tr>
</table>

任务拓展

图11－13所示零件为凸台外轮廓，材料为45#钢，根据图纸要求完成零件的加工。

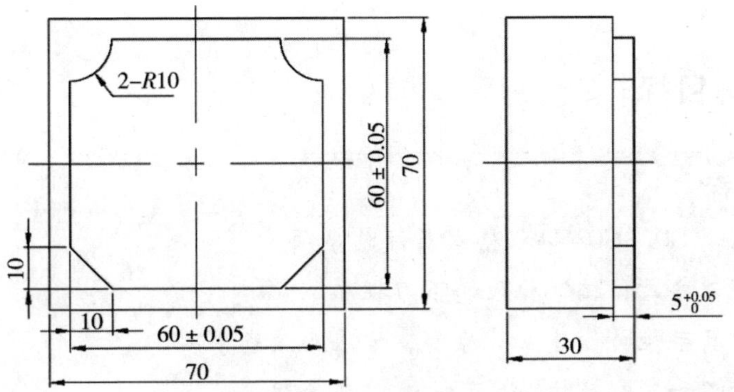

图11－13　外轮廓的加工

学习任务 12　型腔的编程与加工

学习目标

◎**知识目标**

1. 掌握指令 G02/G03 编程格式及注意事项。
2. 理解下刀方式，编写相应的下刀程序。
3. 掌握刀具半径补偿建立的原因、方法及注意事项。
4. 掌握对刀和控制尺寸精度的方法以及原理。

◎**能力目标**

1. 能正确使用指令 G02、G03，编写零件加工程序。
2. 掌握下刀方式的运动轨迹，根据零件情况合理选用下刀方式。
3. 熟练使用刀具半径补偿指令编写零件的加工程序，并在操作过程中修改刀补保证零件的加工精度。
4. 能熟练操作数控铣床，正确控制、检测零件的尺寸精度。

◎**素养目标**

1. 培养学生认真、细致、精益求精的工匠精神。
2. 养成安全、文明的操作习惯。

学习任务

图 12－1 所示凹模零件图，材料为退火 45#钢，对一毛坯尺寸为90 mm×90 mm×30 mm 的零件进行内轮廓铣削加工。

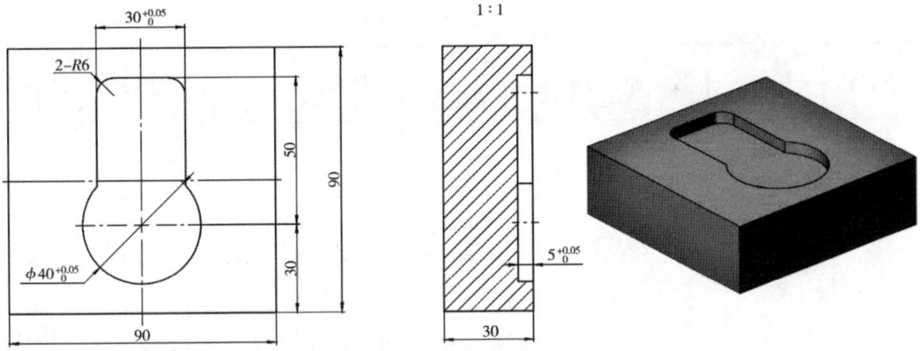

图 12－1　型腔的加工

学习流程

制订计划 → 加工准备 → 加工与检测

学习过程

一、制订计划

（一）分析零件图

零件图分析表见表 12－1。

表 12－1　零件图分析表

零件图	分析要素	基本情况	分析结果
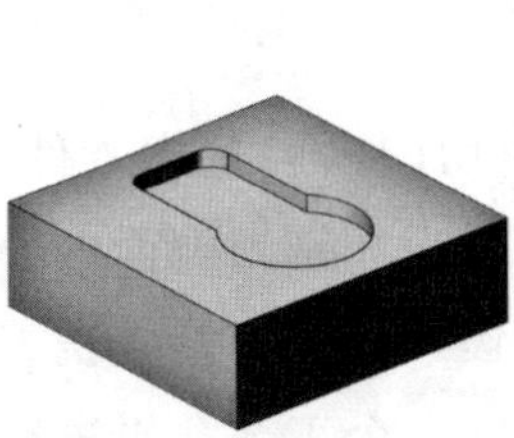	轮廓	直线与圆弧组成	刀具：立铣刀（直径 10 mm）； 量具：游标卡尺，千分尺（50～75）
	材料	45#	
	生产类型	单件	利用平口钳装夹，一道工序完成零件的加工
	毛坯尺寸	90 mm×90 mm ×30 mm	
	几何精度	尺寸精度为 ±0.05 mm	机床精度能保证
	装夹	规则	平口钳装夹

知识探究

（二）制定加工工艺

根据分析内容填写数控加工工序卡（见表 12－2）。

表 12－2　数控加工工序卡

<table>
<tr><td>单位名称</td><td></td><td>数控加工工序卡</td><td>产品名称或代号</td><td>零件名称</td><td>零件图号</td><td>工序名称</td><td>工序号</td></tr>
<tr><td colspan="3" rowspan="6">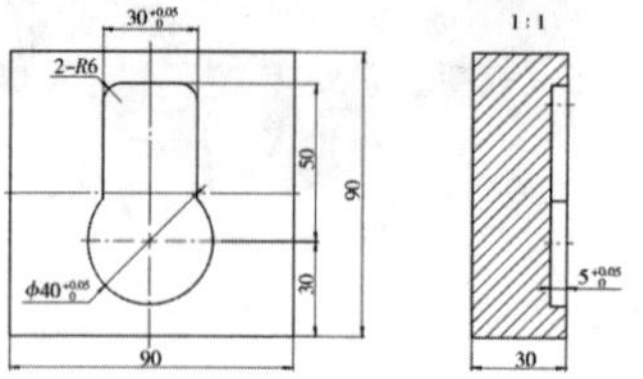
</td><td></td><td>型腔</td><td></td><td>铣</td><td>1</td></tr>
<tr><td>毛坯尺寸</td><td>材料牌号</td><td>毛坯种类</td><td>每毛坯数</td><td>工作液</td></tr>
<tr><td>90 mm×
90 mm×
30 mm</td><td>45#</td><td>块料</td><td>若干</td><td>无</td></tr>
<tr><td>夹具名称</td><td>使用设备</td><td>车间</td><td>程序编号</td><td>准终（min）</td></tr>
<tr><td>机用虎钳</td><td>VID－8</td><td>综合实训室</td><td>1</td><td></td></tr>
</table>

<table>
<tr><td rowspan="2">工步号</td><td rowspan="2">工步内容</td><td rowspan="2">走刀次数</td><td colspan="3">切削用量</td><td colspan="2">工时/min</td><td colspan="4">刀、量、辅助工具</td></tr>
<tr><td>主轴转速（r/min）</td><td>进给速度（mm/min）</td><td>切削深度（mm）</td><td>加工</td><td>辅助</td><td>刀具号</td><td>刀具名称</td><td>量具名称</td><td>辅助工具</td></tr>
<tr><td>1</td><td>手动加工工件上表面</td><td>1</td><td>1 200</td><td>300</td><td>0.5</td><td></td><td></td><td></td><td>平面铣刀</td><td>游标尺</td><td></td></tr>
<tr><td>2</td><td>粗铣型腔</td><td>1</td><td>800</td><td>200</td><td>5</td><td></td><td></td><td></td><td>12 立铣刀</td><td>千分尺</td><td></td></tr>
<tr><td>3</td><td>精铣型腔</td><td>1</td><td>1 200</td><td>150</td><td>5</td><td></td><td></td><td></td><td>12 立铣刀</td><td></td><td></td></tr>
<tr><td>编制</td><td></td><td>审核</td><td colspan="2"></td><td>批准</td><td colspan="2"></td><td colspan="2">年 月 日</td><td>共 页</td><td>第 页</td></tr>
</table>

知识探究

在平面轮廓零件的数控加工中，尽量使用工件外面下刀的方法，但是在型腔类内轮廓零件的加工时就必须考虑刀具的下刀方式。常用的下刀方式主要有三种。

1. 垂直下刀

垂直下刀即将刀具垂直于工件材料表面进给，从而切削内腔轮廓零件。当采用垂直下刀切削内轮廓时要看使用的刀具是否适合，当立铣刀端面中心有刃口时，可以直接采用垂直下刀切削，但进给速度要慢一些。有些立铣刀端面中心无刃口，则不能进行垂直进给，此时可以先预钻一个工艺孔再进行垂直下刀。

2. 螺旋下刀

在两个切削层之间，刀具从上一层的高度沿螺旋线渐进切入工件毛坯直到下一层的高度，然后开始正式切削。螺旋下刀切削平稳、下刀安全，是实际生产中最常用的下刀方式（见图 12－2）。

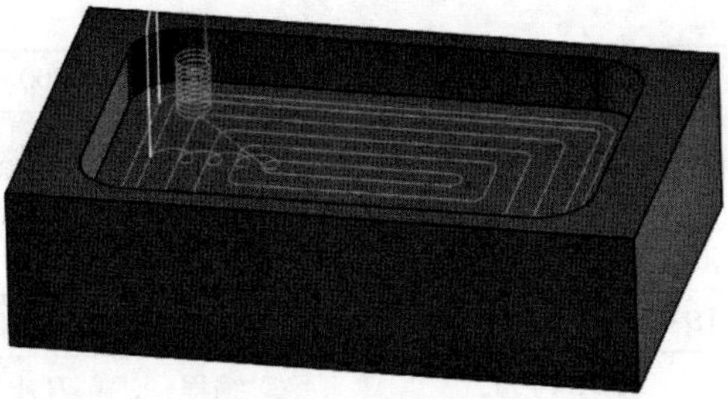

图 12-2 螺旋下刀

3. 斜线下刀（左右下刀）

用立铣刀直接铣削没有钻削工艺孔的内轮廓零件时可采用斜线下刀（见图 12-3）。所谓斜线下刀即在两个切削层之间，刀具从上一层的高度沿斜线渐进切入工件毛坯直到下一层的高度，然后开始正式切削。斜线下刀更多时候是作为螺旋下刀的一种补充，因为螺旋下刀也有其固有的弱点，比如切削路线较长、当遇到比较狭窄的长槽加工时往往因为切削范围过小而无法实现螺旋下刀或者有些低端的数控系统是不支持螺旋下刀功能的，而这个时候斜线下刀就成首选。

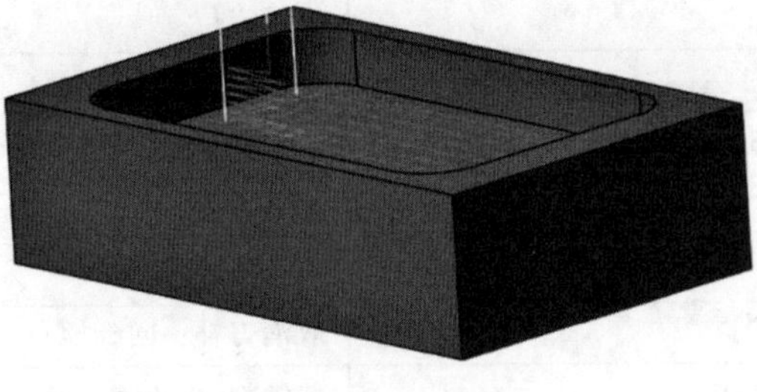

图 12-3 斜线下刀

二、加工准备

（一）编制数控加工程序

编写本任务加工程序，参考程序见表 12-3。

表 12-3 参考程序

O2005（铣削内轮廓）		
段号	程序内容	说明
N10	G54 G90 G17 G40 G49 G80 G0 Z50；	建立工件坐标系，绝对编程

续表

N20	M03 S800;	主轴正转，转速 800 r/min
N30	G00 X0 Y0;	刀具定位
N40	Z10;	接近工件
N50	G01 Z0 F 150;	Z 向下刀至 0 点
N60	M98 P2006 L9;	调用子程序粗加工 ϕ40 mm 凹槽
N70	G90 G42 G1 X－15D1 F150;	绝对编程，建立刀补 $D1=6.3$ mm
N100	Y44;	对宽 30 槽进行粗加工
N110	G2 X－9 Y50 R6;	对宽 30 槽进行粗加工
N120	G1 X9;	对宽 30 槽进行粗加工
N130	G2 X15 Y44 R6;	对宽 30 槽进行粗加工
N140	G1 Y0;	对宽 30 槽进行粗加工
N150	G40 X0;	加工结束，取消刀补回到原点
N160	Z2;	抬高到安全高度
N170	G0 Z100;	快速抬刀
N180	M00;	程序暂停，换刀 T02 进行精加工
N190	G54 G90 G00 Y0;	建立工件坐标系
N200	M03 S1000;	主轴启动，转速 1 000 r/min
N210	G0 X0 Y0;	刀具定位
N220	Z5;	下刀到安全高度
N230	G1 Z－4.5 F100;	Z 向下刀至 －4.5 点
N240	G42 X－20. Z－5. D2;	建立右刀补，$D2=6$ mm
N250	G2 I20;	精铣凹圆槽
N260	G40 G1 X0;	取消刀补，回到原点
N270	G42 X－15D2;	精铣削 30 凹槽，建立刀补 $D2=6$ mm
N280	Y44;	精铣削 30 凹槽
N290	G2 X－9 Y50 R6;	精铣削 30 凹槽
N300	G1 X9;	精铣削 30 凹槽
N310	G2 X15 Y44 R6;	精铣削 30 凹槽
N320	G1 Y0;	精铣削 30 凹槽
N330	G40 X0;	精铣凹槽结束，取消刀补，返回原点
N340	Z2;	抬刀至安全高度
N350	G0 Z100;	快速抬高到安全高度
N360	X100 Y100;	移动工件至（100，100）便于测量工件
N370	M05;	主轴停止

续表

N380	M30;	程序结束
	子程序	
	O2006	程序号
N10	G91 G42 G1X -20 F100 D1;	增量编程 建立右刀补
N20	G02 I20 Z -0.5;	螺旋下刀至 -0.5 mm
N30	G90 G40 G1 X0;	绝对编程，回到原点（0，0）
N40	M99;	子程序结束返回主程序

知识探究

子程序指令 M98 和 M99。

在编制加工程序中，有时会遇到一组程序段在一个程序中多次出现，或者在几个程序中都要使用它。这个典型的加工程序可以做成固定程序，并单独加以命名，这组程序段就称为子程序。使用子程序可以减少不必要的编程重复，从而达到简化编程的目的。主程序可以调用子程序，一个子程序也可以调用下一级的子程序。子程序必须在主程序结束指令后建立，其作用相当于一个固定循环。子程序的调用在主程序中，调用子程序的指令是一个程序段，其格式随具体的数控系统而定，以下以 FANUC 0I MF 为例讲解。

1. 子程序调用 M98 格式

M98 P ____ L ____

式中，M98：子程序调用字。

P：子程序号。

L：子程序重复调用次数。

2. 子程序的返回 M99

子程序返回主程序用指令 M99，在子程序的结尾处使用。它表示子程序运行结束，请返回到主程序。

3. 子程序的嵌套

子程序调用下一级子程序称为嵌套。上一级子程序与下一级子程序的关系与主程序与第一层子程序的关系相同，子程序可以嵌套多少层由具体的数控系统决定。

（二）刀、量、夹具的准备

根据任务要求，填写工、量、夹具清单，见表 12 -4。

表 12－4　刀、量、夹具清单

产品名称或代号			零件名称		零件图号	
种类	序号	名称	规格（mm）	精度（mm）	单位	数量
刀具	1	键槽刀	$\phi10$		支	1
	2	立铣刀	$\phi10$		支	1
量具	3	游标卡尺	0～150	0.02	把	1
	4	外径千分尺	75～100	0.01	把	1
	5	内径千分尺	25～50	0.01	把	1
	6	深度千分尺	0～25	0.01	把	1
夹具	7	机用虎钳	200		副	1

知识探究

特别注意的是，加工内轮廓时，由于铣刀是圆柱状，铣刀半径必须小于内轮廓的拐角半径，否则会出现“过切”现象。通常情况下，刀具半径取：

$R=(0.8\sim0.9)R_{min}$

R：刀具半径。

R_{min}：凹圆弧的最小曲率半径。

本学习情境中，内轮廓有两处 $R6$ 的拐角半径，在选择刀具的时候，立铣刀的直径以不超过 10 mm 为宜。

三、加工与检测

零件精度检测评分表见表 12－5。

表 12－5　零件精度检测评分表

姓名					班级		日期		
项目名称		型腔的编程与加工			零件图号	01	机床编号		
检测项目		序号	考核内容及要求	配分	评分标准	学生自测	小组检测	教师检测	备注
基本检测	程序	1	切削加工工艺制定正确	5	独立完成				
		2	切削用量选用合理	5	独立完成				
		3	程序正确、简单、规范	10	独立完成				
	操作	4	刀具的刃磨与安装	5	独立完成				
		5	设备的正确操作与维护保养	5					
		6	安全、文明生产	10	发生不安全情况全扣				

续表

尺寸检测	轮廓尺寸	7	$\phi 40^{+0.05}_{0}$	10	超差不得分				
		8	$30^{+0.05}_{0}$	10	超差不得分				
		9	$5^{+0.05}_{0}$	10	超差不得分				
		10	2 - $R6$	6	超差不得分				
		11	30（两处）	14	超差不得分				
	其他	12	表面粗糙度	10	每处降一级扣 1 分				
成绩评定			根据学生自测和组长检测综合考核	100	综合评价				
指导教师				互评员			总分		

知识探究

1. 几何精度的检测

内轮廓几何精度检测包括直径、长度、宽度及深度的检测。检测时，可先用游标卡尺先测量，再用千分尺进行测量，避免直接用千分尺测量读错。

工件没从工作台卸下来时，可用百分表借助数控铣床来检测深度尺寸，测量时，被测零件表面要平行于 XY 平面。用手动方式移动机床主轴箱，使百分表接近零件的上表面，然后用手摇脉冲发生器（电子手轮）慢慢地使百分表接近零件并垂直于接触上表面，使表针指示到零位。这时停止移动机床主轴，记录下数控系统显示的 Z 轴坐标数值：如果所用数控系统的相对坐标数值可以清零的话，则把相对坐标显示中的 Z 轴数值清零。记录下 Z 轴数值后就可以移动机床主轴，把百分表移动到零件下表面附近，然后慢慢地接近零件并垂直接触其下表面，使百分表的指针指示到零位，此时再记录数控系统显示的 Z 轴坐标数值。用上表面的 Z 轴数值减去下表面的 Z 轴数值就是零件的精确高度。如果先前数控系统相对坐标显示的 Z 轴坐标数值已经清零，那么此时数控系统显示的 Z 轴坐标数值就是零件的实际高度。

2. 表面质量的检测

工件表面质量检测通常采用表面粗糙度比较样块（简称样块，见图 12 - 4），根据视觉和触觉与被测表面比较，判断被测表面粗糙度相当于哪一个数值，或测量其反射光强变化来评定表面粗糙度。

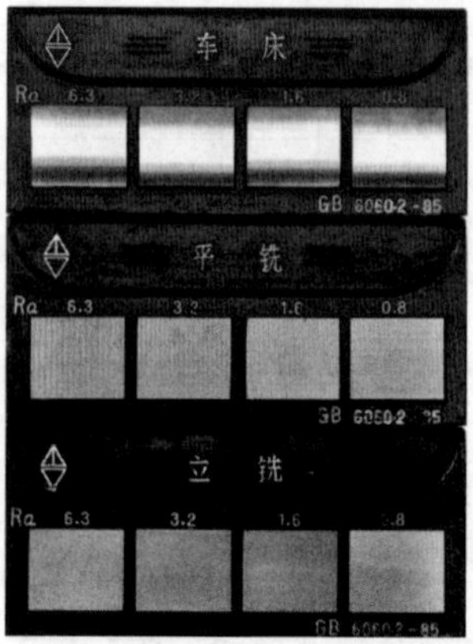

图 12－4　表面粗糙度比较样块

任务评价

完成任务后，根据学生自评、小组互评和教师评价，填写学生学习过程综合评价表（见表 12－6）。

表 12－6　学习过程综合评价表

姓名		班级	小组号		日期	
任务名称	型腔的编程与加工		小组长		指导教师	
检测任务	考核内容与标准	配分	学生自测	小组检测	教师检测	备注
纪律观念	出勤、穿着、佩戴规范	5				
	遵守纪律、服从安排	5				
	具有责任心和团队意识	5				
学习情况	认真、积极学习	5				
	正确完成相关习题和任务	5				
工艺制定	正确选择工、量、夹具	5				
	正确填写各种工艺文件	5				
加工准备	正确准备刀具、量具和夹具	10				
	能独立编写加工程序	10				
零件加工	能独立、熟练操作数控车床	5				
	零件得分 ×0.4	40				
安全文明生产	规范、安全刃磨刀具与操作加工	5				
卫生 6S	能及时清理场地、设备	5				
成绩评定	根据学生自测、小组检测和观察综合评定	100			总分：	
等级评定	60 分以下不合格，60（含）~75 分合格，75（含）~90 分良好，90（含）分以上优秀			等级		

任务拓展

分析图12－5所示零件，制定加工工艺，编写零件的加工程序并进行加工。

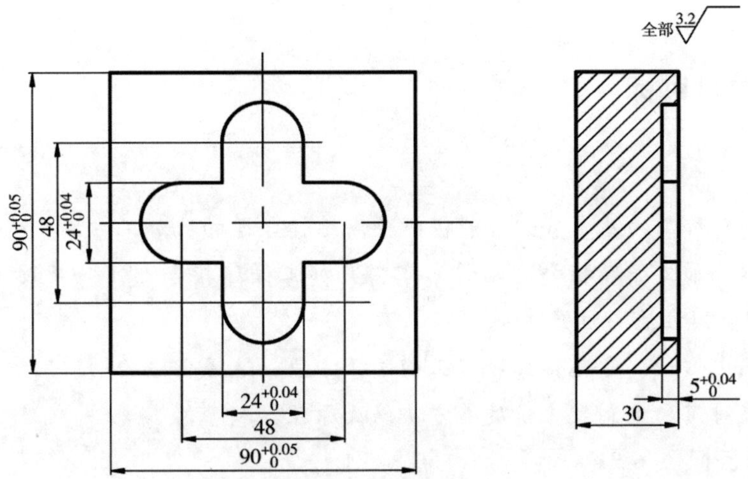

图12－5　十字槽加工

学习任务13　底板的编程与加工

学习目标

◎知识目标

1. 掌握孔加工的基本知识，能根据要求选择合适的孔加工方法。
2. 了解孔加工循环指令的动作，掌握孔加工循环指令G81、G83、G85的作用、使用方法与注意事项。
3. 掌握中心钻、麻花钻、铰刀正确选择方法，选择合适的切削用量。
4. 掌握对刀和控制尺寸精度的方法以及原理。

◎能力目标

1. 能根据零件图选择合适的刀具、量具以及切削用量，制定孔加工的加工工艺。
2. 能正确建立工件坐标系，正确运用孔加工循环指令及辅助指令编写钻孔、铰孔加工程序。
3. 根据孔的要求正确选择刀具，熟练操作数控铣床，根据图纸要求完成零件的加工。
4. 根据零件的形状及要求正确使用量具检测零件的尺寸。

◎素养目标

1. 培养学生认真、细致、精益求精的工匠精神。
2. 养成安全、文明的操作习惯。

学习任务

图13－1所示底板零件图，材料为退火$45^{\#}$钢，毛坯尺寸为70 mm×70 mm×10 mm。根据零件图完成零件的加工。

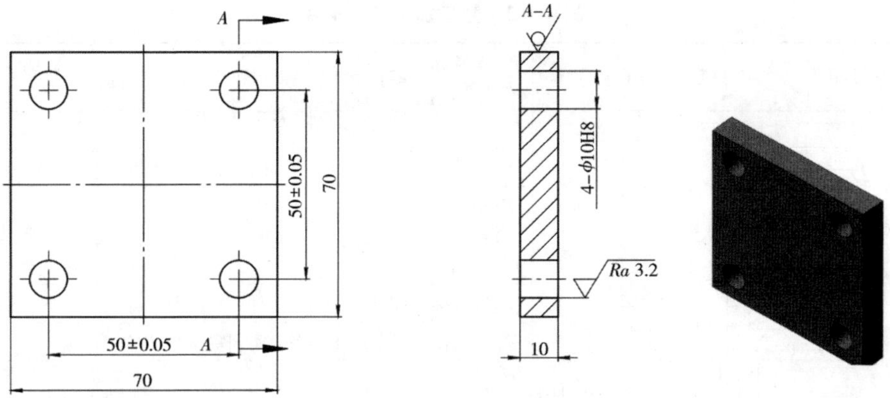

图 13 - 1　底板零件图

学习流程

制订计划 → 加工准备 → 加工与检测

学习过程

一、制订计划

（一）分析零件图

零件图分析表见表 13 - 1。

表 13 - 1　零件图分析表

零件图	分析要素	基本情况	分析结果
	孔尺寸	孔精度等级为 H8	刀具：麻花钻，铰刀 量具：塞规
	材料	45#	
	生产类型	单件	利用平口钳装夹，一道工序完成零件的加工
	毛坯尺寸	90 mm × 90 mm × 30 mm	
	几何精度	孔距精度 ±0. 03 mm	机床精度能保证
	装夹	规则	平口钳装夹

（二）制定加工工艺

根据分析内容填写数控加工工序卡，见表 13 - 2。

表 13－2　数控加工工序卡片

<table>
<tr><td>单位名称</td><td></td><td>数控加工工序卡</td><td>产品名称或代号</td><td>零件名称</td><td>零件图号</td><td>工序名称</td><td>工序号</td></tr>
<tr><td colspan="3" rowspan="5">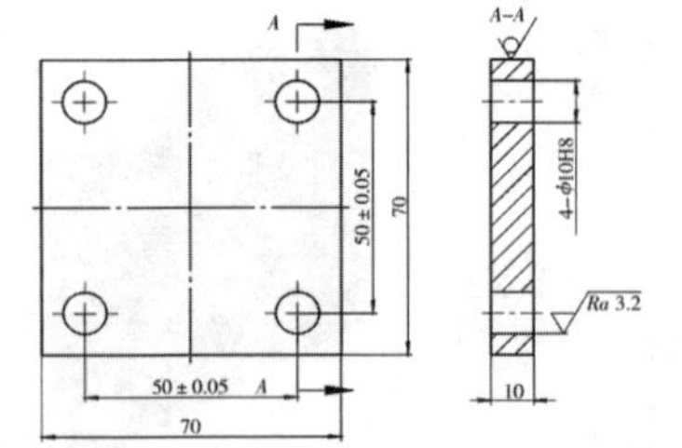
</td><td></td><td>底板</td><td></td><td>铣</td><td>1</td></tr>
<tr><td>毛坯尺寸</td><td>材料牌号</td><td>毛坯种类</td><td>每毛坯数</td><td>工作液</td></tr>
<tr><td>70 mm × 70 mm × 10 mm</td><td>45#</td><td>块料</td><td>若干</td><td>无</td></tr>
<tr><td>夹具名称</td><td>使用设备</td><td>车间</td><td>程序编号</td><td>准终(min)</td></tr>
<tr><td>机用虎钳</td><td>VID－8</td><td>综合实训室</td><td>1</td><td></td></tr>
</table>

<table>
<tr><td rowspan="2">工步号</td><td rowspan="2">工步内容</td><td rowspan="2">走刀次数</td><td colspan="3">切削用量</td><td colspan="2">工时/min</td><td colspan="4">刀、量、辅助工具</td></tr>
<tr><td>主轴转速(r/min)</td><td>进给速度(mm/min)</td><td>切削深度(mm)</td><td>加工</td><td>辅助</td><td>刀具号</td><td>刀具名称</td><td>量具名称</td><td>辅助工具</td></tr>
<tr><td>1</td><td>钻孔</td><td>1</td><td>1 000</td><td>80</td><td>4.8</td><td></td><td></td><td></td><td>麻花钻</td><td>游标尺</td><td></td></tr>
<tr><td>2</td><td>铰孔</td><td>1</td><td>300</td><td>30</td><td>0.2</td><td></td><td></td><td></td><td>铰刀</td><td>塞规</td><td></td></tr>
<tr><td>编制</td><td></td><td>审核</td><td colspan="2"></td><td>批准</td><td colspan="2"></td><td colspan="2">年 月 日</td><td>共 页</td><td>第 页</td></tr>
</table>

知识探究

1. 孔加工方法

孔加工在金属切削中占有很大的比重，应用广泛。孔加工的常用方法有钻孔、扩孔、铰孔、锪孔、镗孔等，数控铣床/加工中心还可以进行铣孔，加工中心可以实现孔的所有加工手段（见表 13－3）。在生产实践中，对孔的要求在不同场合有很大区别，例如有些孔只作为过孔，这个时候钻削就能达到要求；有些场合又需要精密的配合，就需要采用铰削、镗削等手段进一步提高孔的精度和表面质量。下表列出了一般情况孔的加工方法所能达到的质量要求。

表 13－3　孔加工方法

序号	加工方案	精度等级	表面粗糙度 *Ra*（μm）	适用范围
1	钻	11～13	50～12.5	加工未淬火钢及铸铁的实心毛坯，也可以加工有色金属
2	钻→铰	9	3.2～1.6	
3	钻→粗铰→精铰	7～8	1.6～0.8	
4	钻→扩	11	6.3～3.2	
5	钻→扩→铰	8～9	0.6～0.8	
6	钻→扩→粗铰→精铰	7	0.8～0.4	
7	粗镗	11～13	6.3～3.2	除淬火钢外各种材料，毛坯有铸出孔或锻出孔
8	粗镗→半精镗	8～9	3.2～1.6	
9	粗镗→半精镗→精镗	6～7	1.6～0.8	
10	铣孔	8～11	1.6～6.3	

2. 钻孔步骤

1）用中心钻点孔

由于麻花钻的横刃具有一定的长度，引钻时不易定心，加工时钻头旋转轴线不稳定，这时利用中心钻在平面上先预钻一个凹坑，便于钻头钻入时定心。中心钻有三种形式，如图13－2所示。中心钻直径 d 非常小，加工时主轴转速不应低于1 000 r/min

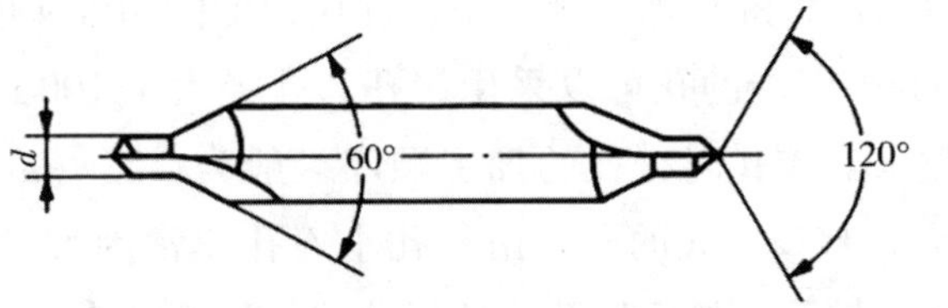

（a）不带护锥中心钻（A型）

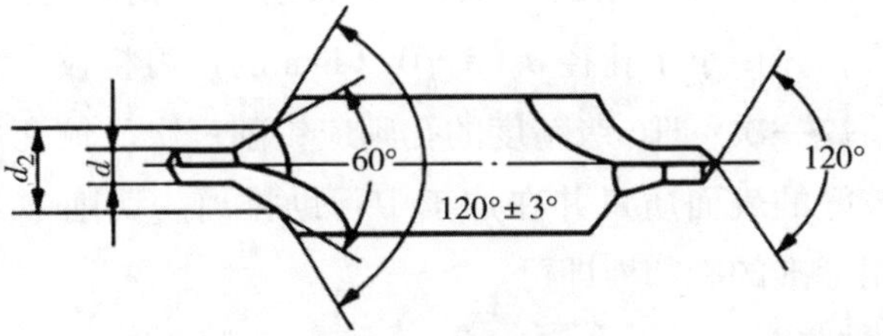

（b）带护锥中心钻（B型）

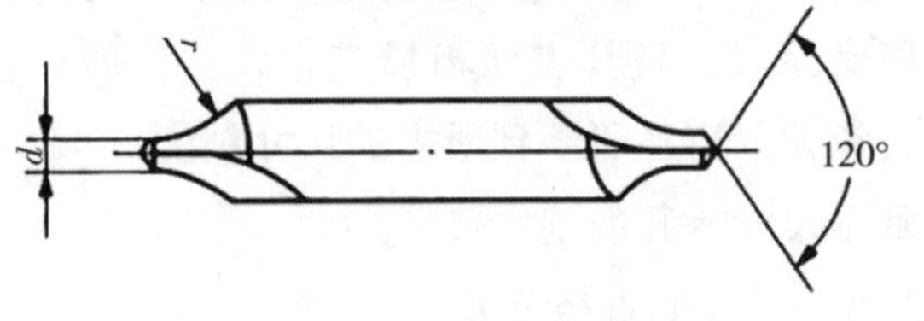

（c）弧形中心钻（R型）

图13－2　三种形式的中心钻

2）用麻花钻钻孔

用中心钻点孔后，再利用麻花钻在实体材料上钻出孔。中心钻钻孔精度一般为IT10～11级，表面粗糙度 Ra 为50～12.5 μm，广泛用于孔的粗加工，也可作为不重要孔的最终加工。钻孔直径范围为0.1～100 mm。在钻直径较大的孔时，一般不一次钻成，而是采用扩孔工艺分几次完成孔的钻削。同时，当使用大麻花钻时，需要手工将横刃磨短，让定心更好。

3. 铰孔

1）铰孔加工概述

铰孔时，铰刀从工件孔壁上切除微量金属层，以提高其尺寸精度和减小其表面粗糙度值，铰孔是孔的精加工方法之一，常用作直径不是很大、硬度不太高的工件孔的精加工。机铰生产率高，劳动强度小，适宜于大批大量生产。铰孔加工精度为 IT9 ~ IT7 级，表面粗糙度 Ra 为 1.6 ~ 0.8 μm。这是由于铰孔所用的铰刀结构特殊，加工余量小，并用很低的切削速度工作的缘故。

直径在 100 mm 以内的孔可以采用铰孔；孔径大于 100 mm 时，多用精镗代替铰孔。在镗床上铰孔时，孔的加工顺序一般为：钻（或扩）孔—镗孔—铰孔。对于直径小于 12 mm 的孔，由于孔小镗孔非常困难，一般先用中心钻定位，然后钻孔、扩孔，最后铰孔，这样才能保证孔的直线度和同轴度。

一般来说，对于 IT8 级精度的孔，只要铰削一次就能达到要求；IT7 级精度的孔应铰两次，先用小于孔径 0.05 ~ 0.2 mm 的铰刀粗铰一次，再用符合孔径公差的铰刀精铰一次；IT6 级精度的孔则应铰削三次。铰孔操作需要使用冷却液，以得到较好的表面质量并在加工中帮助排屑。切削中并不会产生大量的热，所以选用标准的冷却液即可。

2）铰刀的选择

铰孔的精度主要决定于铰刀的尺寸精度。由于采用的是新的标准圆柱铰刀，直径上留有研磨余量，且其表面粗糙度也较差，所以在铰削 IT8 级精度以上孔时，应先将铰刀的直径研磨到所需的尺寸精度。

铰刀直径的基本尺寸 = 孔的基本尺寸。

上偏差 = 2/3 被加工孔的直径公差。

下偏差 = 1/3 被加工孔的直径公差。

例如铰削 ϕ20H7 的孔，则选用的铰刀直径：

铰刀基本尺寸 = ϕ20 mm。

上偏差 = 2/3 × 0.021 mm = 0.014 1 mm。

下偏差 = 1/3 × 0.021 mm = 0.007 mm。

3）铰孔切削用量

A. 铰削余量

铰削余量是留作铰削加工的切深的大小。铰孔余量比扩孔或镗孔的余量要小，铰削余量太大会增大切削压力而损坏铰刀，导致加工表面粗糙度很差。余量过大时可采取粗铰和精铰分开，以保证技术要求。铰孔余量参考表13－4。

表13－4　铰孔余量（直径值）　　单位：mm

孔的直径	$<\phi8$	$\phi8\sim20$	$\phi21\sim32$	$\phi33\sim50$	$\phi51\sim70$
铰孔余量	0.1～0.2	0.15～0.25	0.2～0.3	0.25～0.35	0.25～0.35

B. 铰孔的进给率

铰孔的进给率比钻孔要大，通常为它的2～3倍。标准高速钢铰刀加工钢件，要得到表面粗糙度 *Ra*0.63 μm，则进给量不能超过0.5 mm/r，对于铸铁件，可增加至0.85 mm/r。

C. 铰孔的主轴转速

通常铰孔的主轴转速可选为同材料上钻孔主轴转速的2/3。例如，如果钻孔主轴转速为500 r/min，那么铰孔主轴转速定为它的2/3，则为300 r/min左右比较合适。

二、加工准备

（一）编制数控加工程序

编制数控加工程序时可参考如下程序（见表13－5）。

表13－5　本任务参考程序

O5001（钻孔程序）（刀具为 $\phi9.8$ 麻花钻）		
段号	程序内容	说明
N10	G54 G90 G17 G40 G49 G80 G0 Z50;	建立工件坐标系，绝对编程
N20	M03 S600;	主轴正转，转速600 r/min
N30	G99G81 X25 Y25 Z－13.5 R2 F80;	钻右上角孔，深度13.5 mm，确保通孔
N40	X－25;	钻左上角孔
N50	Y－25;	钻左下角孔
N60	X25;	钻右下角孔
N70	G80;	取消固定循环
N80	M05;	主轴停止
N100	M30;	程序结束

续表

O5002（钻孔程序）（刀具为 ϕ10H8 铰刀）		
N10	G54 G90 G17 G40 G49 G80 G0 Z50；	建立工件坐标系，绝对编程
N20	M03 S400；	主轴正转，转速 600 r/min
N30	G99G85 X25 Y25 Z－12 R2 F150；	铰右上角孔，深度 12 mm 确保通孔
N40	X－25；	铰左上角孔
N50	Y－25；	铰左下角孔
N60	X25；	铰右下角孔
N70	G80；	取消固定循环
N190	M05；	主轴停止
N200	M30；	程序结束

知识探究

1. 孔加工固定循环指令

FUNAC 0I 系统孔加工固定循环功能一览表见表 13－6。

表 13－6 FUNAC 0I 系统孔加工固定循环功能一览表

G 代码	加工动作	孔底动作	返回方式	用途
G73	间歇进给	—	快速进给	高速深孔加工
G74	切削进给	暂停、主轴正转	切削进给	攻左旋螺纹孔
G76	切削进给	主轴准停、刀具位移	快速进给	精镗孔
G80	—	—	—	取消固定循环
G81	切削进给	—	快速进给	钻孔、钻中心孔
G82	切削进给	暂停	快速进给	钻、锪、镗阶梯孔
G83	间歇进给	—	快速进给	排屑深孔加工
G84	切削进给	暂停、主轴反转	切削进给	攻右旋螺纹孔
G85	切削进给	—	切削进给	精镗孔、铰孔
G86	切削进给	主轴停	快速进给	镗孔
G87	切削进给	刀具位移、主轴正转	快速进给	反镗孔
G88	切削进给	暂停、主轴停	手动进给	镗孔
G89	切削进给	暂停	切削进给	精镗阶梯孔

2. 孔加工的六个动作

孔加工的六个动作如图 13－3 所示。

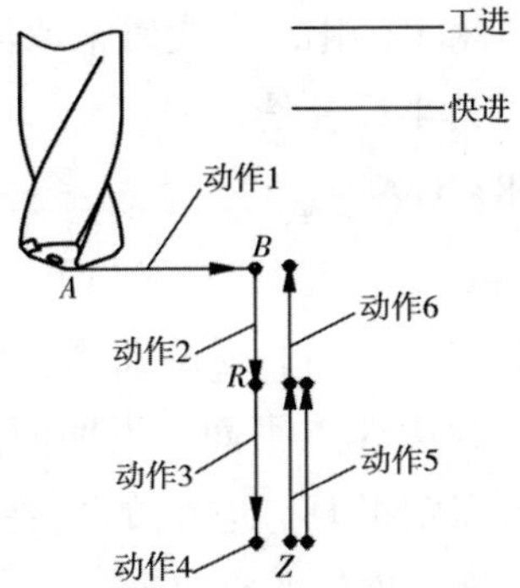

图13-3　固定循环的六个基本动作

动作1　G17平面快速定位。

动作2　*Z*向快速进给到*R*点。

动作3　*Z*向切削进给至孔底。

动作4　孔底部的动作。

动作5　*Z*向退刀。

动作6　*Z*轴快速返回起始位置。

3. 固定循环指令的一般格式

G98/G99　G73-G89 X __Y __Z __R __Q __P __F __L __;

…………

G80。

其中：

X、*Y*：指定孔在*X*、*Y*平面中的位置。

Z：指定孔底平面的位置。

R：指定安全平面的位置。

Q：当有间歇进给时，刀具每次加工深度；精镗或反镗孔循环中的退刀量。

P：指定刀具在孔底的暂停时间，不加小数点，以毫秒（ms）表示。

F：孔加工切削进给时的速度。

L：指定孔加工的循环次数，只对等间距孔有效，须以增量方式指定。

G80：取消固定循环。

注意：

（1）除*L*外，各参数均为模态值，在后面的重复加工中不必重新指定。

（2）固定循环可用 G80 和 01 组的 G 代码来取消。

（3）固定循环中不用刀具半径补偿。

4. 返回点平面指令 G98、G99

由 G98 或 G99 决定刀具在返回时到达的平面，如图 13－4。

如用 G98 时，则返回到初始平面，返回面高度由初始点的 *Z* 值指定。

如用 G99 时，则返回时到达 *R* 点平面，返回面高度由 *R* 值指定。

G98 和 G99 代码只用于固定循环，它们的主要作用就是在孔之间运动时绕开障碍物。障碍物包括夹具、零件的突出部分、未加工区域以及附件等。

采用固定循环进行孔系加工时，一般不用返回到初始平面，只有在全部孔加工完成后，或孔之间存在凸台或夹具等干涉件时，才回到初始平面。

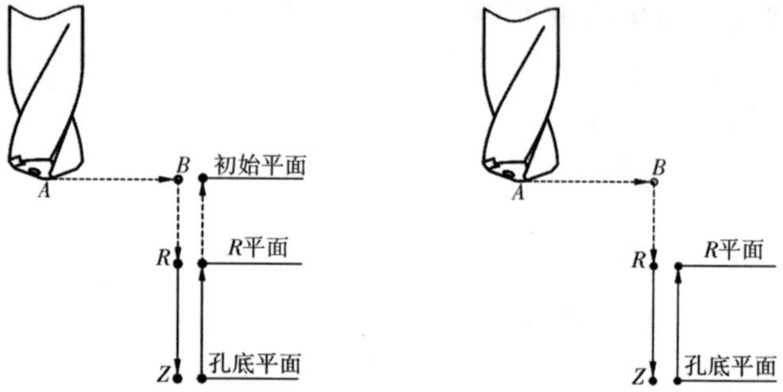

（a）G98　　（b）G99

图 13－4　G98/G99 指令动作示意图

5. 钻孔循环 G81

指令格式：

G98/G99 G81 X __Y __Z __R __F __L __。

X、*Y*：孔位数据。

Z：孔底平面位置。

R：指定安全平面的位置，一般取 0.5 ~2 mm。

F：进给速度。

L：指定孔加工的循环次数，只对等间距孔有效，须以增量方式指定。

如图 13－5 所示，G81 刀具在 *X*、*Y* 平面快速定位至孔的上方，然后快速下刀到安全平面，在此处速度由快进转为工进，切削加工到孔底。然后从孔底快速退回到初始平面（G98）或安全平面（G99）。

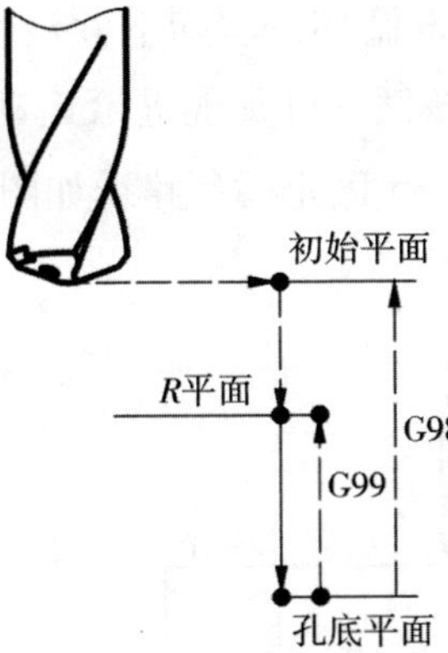

图13－5　G81指令动作示意图

6. 深孔钻削循环G83

指令格式：G98/G99 G83 X __Y __Z __R __Q __F __。

Q：表示每次的切削深度，用增量值规定。

其余地址含义同G81。G83指令动作示意图见图13－6。

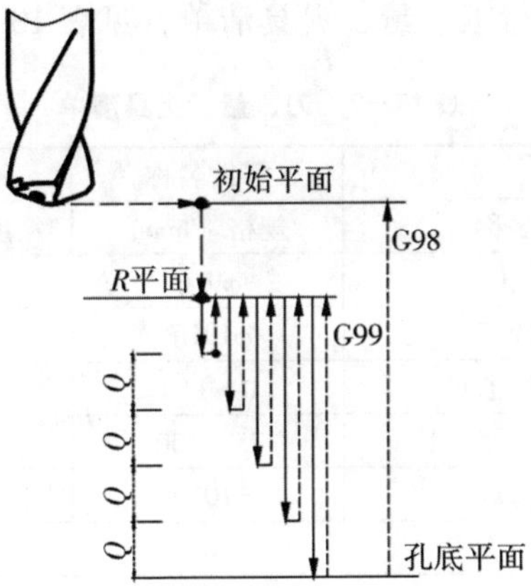

图13－6　G83指令动作示意图

G83指令同样通过Z轴方向的间歇进给来实现断屑与排屑的目的。刀具间歇进给后快速回退到R点，再Z向快速进给到上次切削孔底平面上方距离为d的高度处，从该点处，快进变成工进，工进距离为$Q+d$。d值由机床系统指定，无须用户指定。Q值指定每次进给的实际切削深度，Q值越小，所需的进给次数就越多；Q值越大，则所需的进给次数就越少。

7. 镗孔循环指令G85

指令格式：G98/G99 G85 X __Y __Z __R __L __F __。

铰孔编程也需要用到固定循环，实际上并没有直接定义的铰孔循环，比较合适铰孔的循环为 G85。该循环可实现进给运动“进”和进给运动“出”，且两种运动的进给率相同。G85 固定循环路线如图 13－7 所示。

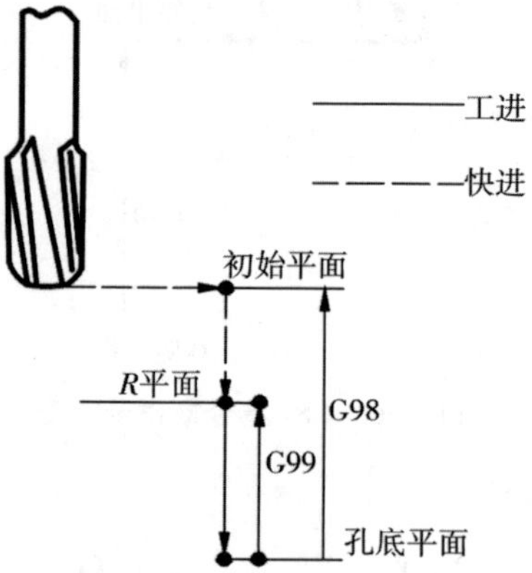

图 13－7　G85 指令动作示意图

（二）刀、量、夹具的准备

根据任务要求，填写工、量、夹具清单，见表 13－7。

表 13－7　刀、量、夹具清单

产品名称或代号			零件名称		零件图号	
种类	序号	名称	规格（mm）	精度（mm）	单位	数量
刀具	1	麻花钻	ϕ9.6		支	1
	2	铰刀	ϕ10H8		支	1
量具	3	游标卡尺	0～150	0.02	把	1
	4	外径千分尺	75～100	0.01	把	1
	5	塞规	ϕ10H8	0.01	把	1
夹具	6	机用虎钳	200		副	1

知识探究

孔径精度可以使用内径千分尺进行测量，比较准确的是使用三爪内测千分尺。若是批量产品的检测，就需要使用塞规。

塞规有通端和止端（图 13－8）。通端是孔径的下偏差；止端是孔径的上偏差。在检测孔径时，通端能塞进去而止端塞不进去，说明孔径在公差范围之内，则此孔径是合格的，否则为不合格。

图 13－8　塞规

三、加工与检测

零件精度检测评分表见表 13－8。

表 13－8　零件精度检测评分表

姓名					班级		日期		
项目名称			底板的编程与加工		零件图号	01	机床编号		
检测项目		序号	考核内容及要求	配分	评分标准	学生自测	小组检测	教师检测	备注
基本检测	程序	1	切削加工工艺制定正确	5	独立完成				
		2	切削用量选用合理	5	独立完成				
		3	程序正确、简单、规范	10	独立完成				
	操作	4	刀具的刃磨与安装	5	独立完成				
		5	设备的正确操作与维护保养	5	独立完成				
		6	安全、文明生产	10	发生不安全情况全扣				
尺寸检测	轮廓尺寸	7	50 ±0.05（两处）	2×5	超差不得分				
		8	4－ϕ10H8	4×10	超差不得分				
	其他	9	表面粗糙度	10	每处降一级扣 1 分				
成绩评定			根据学生自测和组长检测综合考核	100	综合评价				
指导教师					互评员		总分		

知识探究

1. 钻孔质量分析

正确分析铣床上钻孔的质量（见表 13－9）。

表 13－9　铣床上钻孔的质量分析

质量问题	产生原因
孔大于规定尺寸	1. 钻头两切削刃长度不等，高低不一致 2. 主轴径向偏摆或工作台水平偏差 3. 钻头本身弯曲或装夹不好，使钻头有过大的径向跳动现象

续表

质量问题	产生原因
孔壁粗糙	1. 钻头不锋利 2. 进给量太大 3. 切削液选用不当或供给不足 4. 钻头过短、排屑槽堵塞
孔位偏移	1. 工件画线不正确 2. 钻头横刃太长导致定心不准，起钻偏而没有校正
孔歪斜	1. 工件上与孔垂直的平面与主轴不垂直，主轴与台面不垂直 2. 工件安装时，安装接触面上的切屑未清除干净 3. 工件装夹不牢，钻孔时产生歪斜，或工件有砂眼 4. 进给量过大使钻头产生弯曲变形
孔呈多角形	1. 钻头后角太大 2. 钻头两主切削刃长短不一，角度不对称
钻头工作部分折断	1. 钻头用钝仍继续钻孔 2. 钻孔时未经常退钻排屑，使切屑在钻头螺旋槽内阻塞 3. 孔将钻通时没有减小进给量 4. 进给量过大 5. 工件未夹紧，钻孔时产生松动 6. 在钻黄铜一类软金属时，钻头后角太大，前角又没有修磨小，造成扎刀

2. 铰孔质量分析

正确分析铣床上铰孔的质量（见表 13－10）。

表 13－10　铣床上铰孔的质量分析

质量问题	产生原因
表面粗糙度值太大	1. 铰刀刃口不锋利或有崩裂，铰刀切削部分和校准部分不光洁 2. 铰刀切削刃上粘有积屑瘤，容屑槽内切屑粘积过多 3. 铰削余量太大或太小 4. 切削速度太高，以致产生积屑瘤 5. 铰刀退出时反转 6. 切削液选择不当或浇注不充分 7. 铰刀偏摆过大
孔径扩大	1. 铰刀与孔的中心不重合，铰刀偏摆过大 2. 铰削余量和进给量过大 3. 切削速度太高，铰刀温度上升而直径增大 4. 操作者粗心，未仔细检查铰刀直径和铰孔直径
孔径缩小	1. 铰刀超过磨损标准，尺寸变小仍继续使用 2. 铰刀磨钝后继续使用，造成孔径过度收缩 3. 铰削钢料时加工余量太大，铰后内孔弹性变形恢复使孔径缩小 4. 铰铸铁时加了煤油

续表

质量问题	产生原因
孔轴线不直	1. 铰孔前的预加工孔不直，铰小孔时由于铰刀刚度小，而未能纠正原有的弯曲 2. 铰刀导向不良，使铰削时方向发生偏歪
孔呈多棱形	1. 铰削余量太大和铰刀刀刃不锋利，使铰削时发生“啃切”现象，发生振动而出现多棱形 2. 铰前预加工孔圆度误差太大，使铰孔时铰刀发生弹跳现象 3. 机床主轴振摆太大

任务评价

完成任务后，根据学生自评、小组互评和教师评价，填写学生学习过程综合评价表（见表 13－11）。

表 13－11　学习过程综合评价表

姓名		班级		小组号		日期	
任务名称	底板的编程与加工			小组长		指导教师	

检测任务	考核内容与标准	配分	学生自测	小组检测	教师检测	备注
纪律观念	出勤、穿着、佩戴规范	5				
	遵守纪律、服从安排	5				
	具有责任心和团队意识	5				
学习情况	认真、积极学习	5				
	正确完成相关习题和任务	5				
工艺制定	正确选择工、量、夹具	5				
	正确填写各种工艺文件	5				
加工准备	正确准备刀具、量具和夹具	10				
	能独立编写加工程序	10				
零件加工	能独立、熟练操作数控车床	5				
	零件得分 ×0.4	40				
安全文明生产	规范、安全刃磨刀具与操作加工	5				
卫生 6S	能及时清理场地、设备	5				
成绩评定	根据学生自测、小组检测和观察综合评定	100			总分：	
等级评定	60 分以下不合格，60（含）~75 分合格，75（含）~90 分良好，90（含）分以上优秀			等级		

任务拓展

分析图 13 －9 所示零件，制定加工工艺，编写零件的加工程序并进行加工。

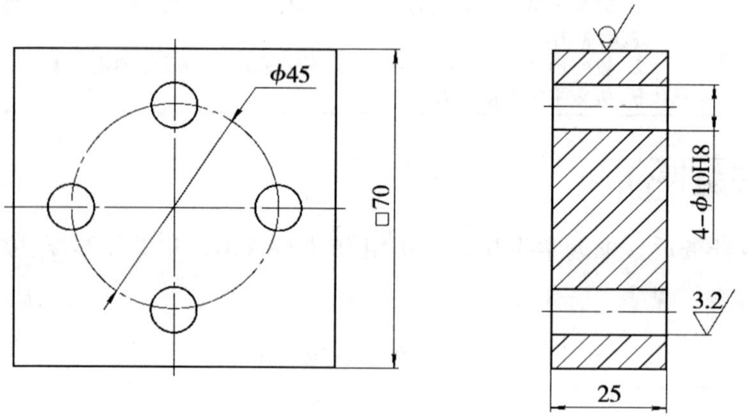

图 13 －9　孔加工

学习任务14　端盖的编程与加工

学习目标

◎**知识目标**

1. 掌握铣孔、镗孔工艺的基本知识。
2. 掌握 G68、G16、G86、G76 指令的编程格式并灵活运用。
3. 掌握铣孔的方法，了解镗刀的结构并掌握其使用方法，选择合适的切削用量。
4. 掌握对刀和控制尺寸精度的方法以及原理。

◎**能力目标**

1. 能根据零件图选择合适的刀具、量具以及切削用量，制定孔加工的加工工艺。
2. 能根据零件的要求，正确运用指令编写铣孔、镗孔加工程序，根据零件结构采用合适指令进行简化编程。
3. 根据孔的要求正确选择刀具，正确使用装夹刀具，熟练操作数控铣床，完成零件的加工。
4. 根据零件的形状及要求正确使用量具检测零件的尺寸。

◎**素养目标**

1. 培养学生认真、细致、精益求精的工匠精神。
2. 养成安全、文明的操作习惯。

学习任务

图 14－1 所示端盖零件图，材料为退火 45#钢，对一毛坯尺寸为 70 mm×70 mm×30 mm 的零件进行内轮廓铣削加工。

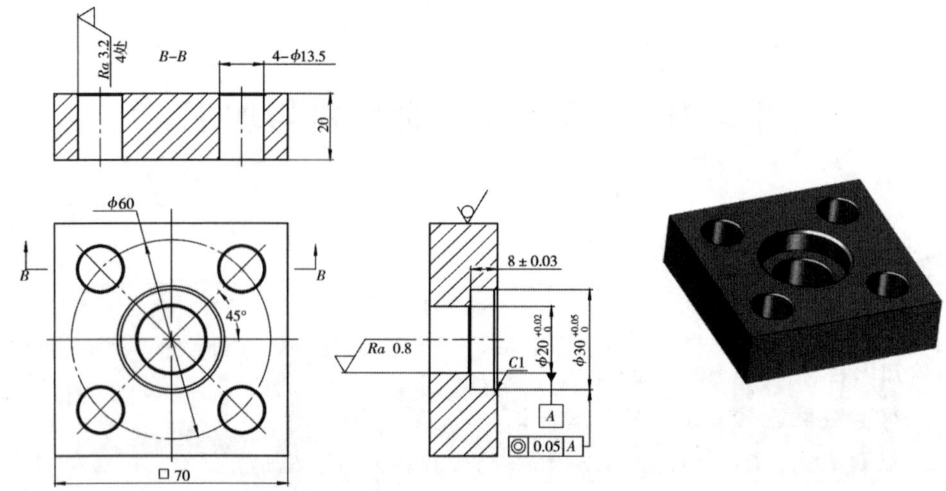

图 14－1　端盖

学习流程

制订计划 → 加工准备 → 加工与检测

学习过程

一、制订计划

（一）分析零件图

零件图分析表见表 14－1。

表 14－1　零件图分析表

零件图	分析要素	基本情况	分析结果
	孔尺寸	孔精度等级为 H8	刀具：立铣刀，镗刀 量具：塞规
	材料	45[#]	
	生产类型	单件	利用平口钳装夹，一道工序完成零件的加工
	毛坯尺寸	70 mm×70 mm×30 mm	
	几何精度	孔距精度 ±0.03 mm	机床精度能保证
	装夹	规则	平口钳装夹

（二）制定加工工艺

根据分析内容填写数控加工工序卡，见表 14－2。

表 14-2　数控加工工序卡片

单位名称		数控加工工序卡	产品名称或代号	零件名称	零件图号	工序名称	工序号
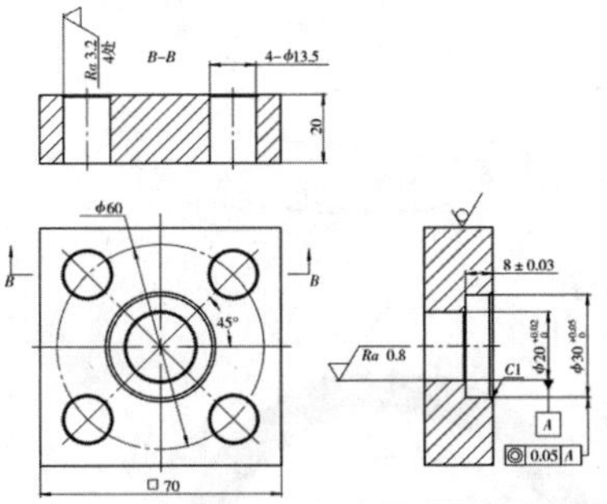				端盖		铣	1
			毛坯尺寸	材料牌号	毛坯种类	每毛坯数	工作液
			70 mm × 70 mm × 30 mm	45#	块料	若干	无
			夹具名称	使用设备	车间	程序编号	准终(min)
			机用虎钳	数控铣床	综合实训室	1	

工步号	工步内容	走刀次数	切削用量			工时/min		刀、量、辅助工具			
			主轴转速 r/min	进给速度 mm/min	切削深度 mm	加工	辅助	刀具号	刀具名称	量具名称	辅助工具
1	钻孔	1	500	80	20				麻花钻	游标尺	
2	铣孔	1	1 200	300	20				立铣刀	游标尺	
3	倒角	1	3 000	600	1.5				倒角刀		
4	镗孔	1	800	200					镗刀	塞规	
编制		审核			批准			年 月 日		共 页	第 页

知识探究

1. 圆孔铣削方法

用铣刀直接加工孔的方法称为铣孔。铣孔精度相对于钻孔要高，又低于镗孔，为 IT8 ~ IT9。但铣孔效率相对镗孔、铰孔要高，在精度要求不高、孔径太大或者需要非标钻头的情况下可采用铣刀直接铣削加工实现。根据实际情况，铣孔常采用全圆铣孔和螺旋铣孔两种工艺方法实现。

1）全圆铣孔

当工件有预制孔时，可将铣刀垂直下到需要的深度进行整圆铣削。若侧面切削宽度过大，也可以在深度方向分层（Z 向分层）进行全圆铣削，如图 14-2 所示。全圆铣孔方式通常用于零件的精加工。

2）螺旋铣孔

螺旋铣是使刀具到达工件表面上一定距离，先切入至孔上一点，再螺旋向下切削到一定深度（见图 14-3）。螺旋插补铣具有恒接触、切入切出次数少和圆度好等优点，是铣孔常用的方法。

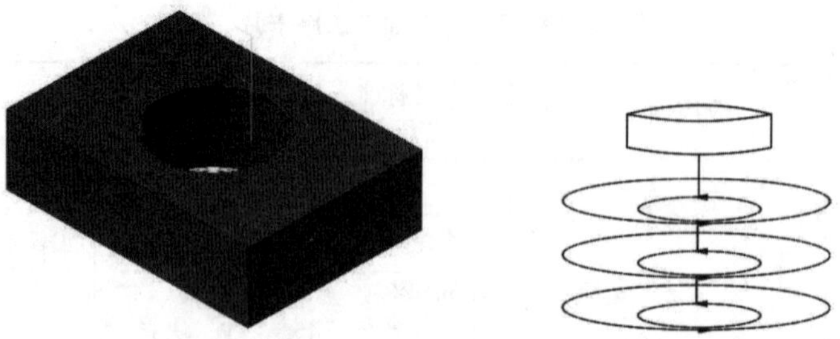

图 14－2　Z 向分层铣孔

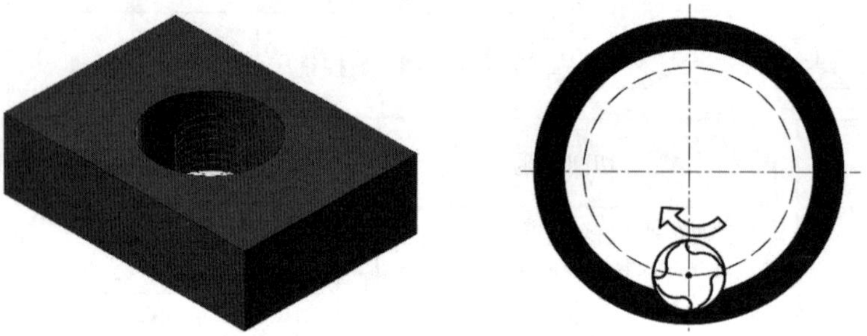

图 14－3　螺旋铣孔

2. 镗孔

1）镗孔加工概述

镗孔是加工中心的主要加工内容之一，它能精确地保证孔系的尺寸精度和形位精度，并纠正上道工序的误差。通过镗削上加工的圆柱孔，大多数是机器零件中的主要配合孔或支承孔，所以有较高的尺寸精度要求。一般配合孔的尺寸精度要求控制在 IT7 ~ IT8，表面粗糙度为 *Ra* 1.6 ~ 0.8 μm。

2）镗刀选用

镗刀用于加工各类不同直径的孔，特别是位置精度要求较高的孔和孔系。镗刀的类型按功能可分为粗镗刀、精镗刀；按切削刃数量可分为单刃镗刀、双刃镗刀和多刃镗刀；按照工件加工表面特征可分为通孔镗刀、盲孔镗刀、阶梯孔镗刀和端面镗刀；按刀具结构可分为整体式、模块式等。对于精度要求不高的几个同尺寸的孔，在加工时，可以用一把刀完成所有孔的加工后，再更换一把刀加工各孔的第二道工序，直至换最后一把刀加工最后一道工序为止。精加工孔则需单独完成，每道工序换一次刀，尽量减少各个坐标的运动以减少定位误差对加工精度的影响。数控铣床常用的精镗孔刀具如图 14－4 所示。

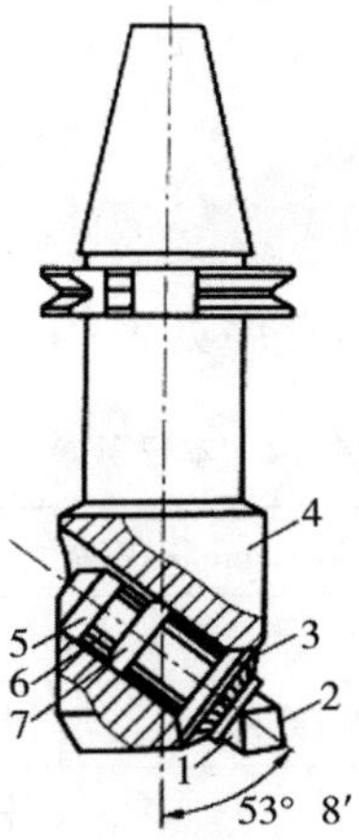

1—刀体　2—刀片　3—微调螺母　4—刀杆　5—螺母　6—拉紧螺钉　7—导向键

图14－4　精镗微调镗刀

3）镗孔切削用量选择

切削用量随刀具材料、工件材料以及粗、精镗的不同而有所区别。粗镗时的切削深度 a_p 主要根据加工余量和工艺系统的刚度来决定。镗孔的切削速度可比铣削略高。镗削钢等塑性较好的材料时需充分浇注切削液。镗孔切削用量参考表14－3。

表14－3　镗孔切削用量参考值

加工方式	刀具材料	铸铁		钢（包括铸钢）		铜、铝及其合金		
		切削速度 v（m/min）	进给量 f（mm/r）	切削速度 v（m/min）	进给量 f（mm/r）	切削速度 v（m/min）	进给量 f（mm/r）	背吃刀量 a_p（mm）
粗镗	高速钢	20～35	0.3～1	20～40	0.3～1.0	100～150	0.4～1.5	2～4
	硬质合金	40～80		40～60		200～250		
半精镗	高速钢	25～40	0.2～0.8	30～50	0.2～0.8	150～200	0.2～1.0	0.8～1.5
	硬质合金	60～100		80～120		250～300	0.2～0.8	
精镗	高速钢	15～30	0.15～0.5	20～35	0.1～0.6	150～200	0.2～1.0	0.05～0.2
	硬质合金	50～80		60～100	0.15～0.5	200～250	0.15～0.5	

4）镗孔对刀

X 向、Y 向对刀（分中）可用寻边器完成，操作步骤和外圆柱面相同，只是寻边器接触的表面是内孔，这里不再赘述。Z 向对刀可根据具体情况确定，若需要镗削的是通孔，Z 向对刀可粗略一些，不必太精确。若是盲孔则需要考虑孔的深度，防止刀具碰到孔底，发生撞刀事故，此时可采用 Z 轴设定器来完成精确对刀。

二、加工准备

（一）编制数控加工程序

编制数控加工程序时的参考程序见表 14 -4。

表 14 -4　本任务参考程序

O6001（钻 4 - ϕ13.5 mm 内孔，采用 ϕ12 mm 麻花钻）		
段号	程序内容	说明
N10	G54 G90 G17 G40 G49 G80 G0 Z50；	建立工件坐标系，绝对编程
N20	M03 S500；	主轴正转，转速 500 r/min
N30	G99G83 X0 Y0 Z -25 R2 F80；	钻工件中心处通孔
N40	G16 X30 Y45；	钻右上角通孔
N50	Y135；	钻左上角孔
N60	Y225；	钻左下角孔
N70	Y -45；	钻右下角孔
N100	G15G80；	取消固定循环
N110	G0 Z100；	抬高至安全高度
N120	M05；	主轴停止
N130	M30；	程序结束
O6002（精铣 4 - ϕ13.5 mm 内孔，采用 ϕ10 mm 立铣刀）		
N10	G54 G90 G17 G40 G49 G80 G0 Z50；	建立工件坐标系，绝对编程
N20	M03 S1200；	主轴正转，转速 1 200 r/min
N30	G16 X30 Y45；	使用极坐标定位至右上角
N40	M98 P6003；	精铣内孔
N50	G16 X30 Y135；	使用极坐标定位至左上角
N60	M98 P6003；	精铣内孔
N70	G16 X30 Y225；	使用极坐标定位至左下角
N100	M98 P6003；	精铣内孔
N110	G16 X30 Y -45；	使用极坐标定位至右下角
N120	M98 P6003；	精铣内孔
N130	G0 Z100；	快速抬高至安全高度
N140	M05；	主轴停止
N150	M30；	程序结束

续表

O6003（精铣 4－ϕ13. 5 mm 内孔子程序）		
N10	G15Z10；	取消极坐标，使用直角坐标
N20	G1 Z21 F200；	下深 21 mm，确保通孔铣削完整
N30	G41 X－6. 75 D1；	建立刀补 $D=5$ mm
N40	G3 I6. 75；	全圆铣孔
N50	G40 G1 X0；	取消刀补
N60	G0 Z10；	快速抬高至 10 mm 高度
N70	M99；	子程序结束，返回主程序
O6004（铣中心处 ϕ30 mm 及 ϕ20 mm 孔，采用 ϕ10 mm 合金立铣刀）		
N10	G54 G90 G17 G40 G49 G80 G0 Z50；	建立工件坐标系，绝对编程
N20	M3 S3000；	主轴正转，转速 3 000 r/min
N30	G0 X0 Y0；	定位到点（0，0）
N40	Z10；	快速下刀
N50	G1 Z－21 F200；	垂直下刀至－21 mm 深度
N60	G41 G1 X－10 D1；	建立刀补，粗铣时 $D=5.3$ mm
N70	G3 I10；	铣 ϕ20 mm 孔
N80	G40 G1 X0；	取消刀补，至（0，0）
N90	Z－8；	提刀至－8 mm 处
N100	G41 G1 X－15 D2；	建立左刀补，粗细时 $D=5.3$ mm
N110	G3 I15；	铣 ϕ30 mm 孔
N120	G40 G1 X0；	取消刀补
N130	G0 Z100；	抬刀至安全高度
N140	Y150；	将工件靠近操作者，便于测量
N150	M05；	主轴停止
N160	M30；	程序结束

知识探究

1. 极坐标

在平面内取一个定点 O，叫极点，引一条射 OX，叫作极轴，再选定一个长度单位和角度的正方向（通常取逆时针方向）。对于平面内任何一个点 M，用 r 表示线段 OM 的长度（有时也用 r 表示），q 表示从 OX 到 OM 的角度，r 叫作点 M 的极径，q 叫作点 M 的极角，有序数对（r，q）就叫点 M 的极坐标，这样建立的坐标系叫作极坐标系（图14-2）。通常情况下，M 的极径坐标单位为1（长度单位），极角坐标单位为rad［或（°）］。

数控编程中多数时候使用直角坐标系，但有些时候采用直角坐标系不方便计算基点坐标，而采用极坐标又比较简便。如图14-1，4个 ϕ13.5 mm的孔位置如果采用直角坐标还需要去计算，而采用极坐标就很方便知道四个孔中心位置坐标为（30，45°）、（30，135°）、（30，235°）、（30，315°）。

数控编程中要使用极坐标需用指令G16指定，它的格式为G16 X __Y __，其中 X 对应的是极坐标的极径 r，Y 对应的是极角 q。如图14-1中，要用极坐标指定第一孔的坐标位置，其程序为G16 X30 Y45，其中Y45不写出度数符号（°）。

2. 极坐标指令G16、G15

有部分零件在采用直角坐标系表示基点坐标时计算不方便，此时采用极坐标更好。FANUC数控系统提供了极坐标指令G16来实现。

极坐标指令格式：

G16 X __Y __

………………

G15；

G16：使用极坐标。

X：以工件坐标系的零点（当使用G90时）或当前位置（当使用G91时）为零点，X 值为圆的半径。

Y：与极轴的夹角。

G15：取消极坐标。

说明：极坐标中半径和角度均可以用绝对值指令或增量值指令（G90，G91）。

图中4个 ϕ13.5 mm孔的钻削编程如下：

N10　G90 G54 G00 G43 Z100 H01；

N20　M03 S2000；

N30　X0 Y0；

N40　G99 G81 G16 X30 Y45 R5 Z-2 F100；（孔加工固定循环，极坐标编程；孔位置在以工件坐标系原点为圆心，以30 mm为半径，并与极轴夹角为45°的圆上）

N50　G91 Y90　K3；（增量编程，极角 90°为增量，循环加工 3 次）

N60　G80 G90 G00 G15 Z200；

N70　M05；

N80　M30；

3. 坐标系旋转指令 G68、G69

指令格式：

G68 X __Y __R __

………………

G69；

X、*Y*：旋转中心的坐标值（可以是 *X*、*Y*、*Z* 中的任意两个，它们由当前平面选择指令 G17、G18、G19 中的一个确定）。当 *X*、*Y* 省略时，G68 指令认为当前的位置即为旋转中心。

R：旋转角度。逆时针旋转定义为正方向，顺时针旋转定义为负方向。若程序中未设定 *R* 值，则参数 NO. 716 中的值为旋转角度。*R* 中指令须带小数点，若未带小数点，则旋转角度单位为 0. 001°。

G69：取消坐标系旋转。

说明：（1）关于刀具补偿，首先对指令程序进行坐标旋转处理，坐标旋转后，才进行刀具补偿、刀具长度补偿、刀具位置偏移等偏移的处理。

（2）G68 的程序段之后，对绝对值位置指令之前的增量位置指令，被认为没有指令旋转中心。

4. 精镗孔循环指令 G76

1）指令格式

G76　X __　Y __　Z __　R __　Q __　P __　F __；

X、*Y*：孔位数据。

Z：孔底平面位置。

R：指定安全平面的位置。

Q：退刀量。值为正值，位移方向由 MDI 设定，可为 ± *X* 或 ± *Y*。

P：指定刀具在孔底的暂停时间，不加小数点，以毫秒（ms）表示。

F：孔加工切削进给时的速度。

2）G76 指令动作

G76 指令循环动作如图 14 -5 所示。同样包括孔加工动作的 6 个步骤。

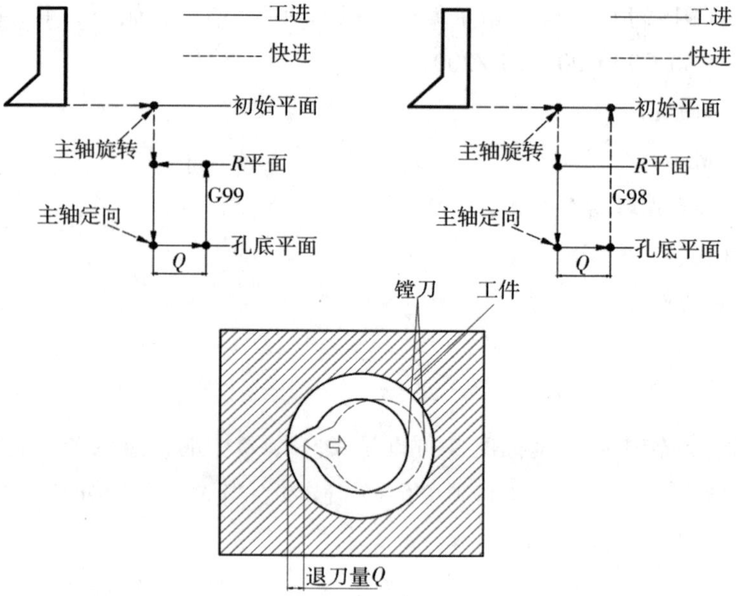

图 14－5　G76 镗孔循环动作图

G76 的动作顺序是，主轴快速定位到孔中心位置，快速至 R 点同时旋转主轴，从 R 点开始工进镗孔，到达孔终点后暂停，然后主轴刀尖准确地停止在一个确定的位置上（主轴定向），此时刀尖向离开孔表面的方向（也就是工作台往刀尖相同方向）移动一个距离 Q，此时刀尖脱离内孔加工表面，然后主轴快速提起至 R 点或起始点（由 G98、G99 确定），机床再次回移一个 Q 值返回到原来主轴的位置，主轴恢复正转，准备加工下一孔。这样退刀时便不会划伤已加工好的工件表面，可以得到较好的精度及较低的表面粗糙度。需要特别注意的是，使用该固定循环要检查主轴定向后刀尖的方向与要求是否相符，如不符会损坏工件、刀具甚至机床。

使用 G76 时应注意以下两点：

（1）孔底的移动距离由孔加工参数 Q 给定，Q 始终应为正值，移动方向由机床内部参数决定。

（2）装镗孔刀之前主轴是要处于定向停止的状态（M19），装镗孔刀时要确定好刀尖的朝向，刀尖的朝向与机床的偏移方向一致。

（二）刀、量、夹具的准备

根据任务要求，填写工、量、夹具清单，见表14－5。

表14－5　刀、量、夹具清单

产品名称或代号			零件名称		零件图号	
种类	序号	名称	规格（mm）	精度（mm）	单位	数量
刀具	1	麻花钻	ϕ9.6		支	1
	2	铰刀	ϕ10H8		支	1
量具	3	游标卡尺	0～150	0.02	把	1
	4	外径千分尺	75～100	0.01	把	1
	5	塞规	ϕ10H8	0.01	把	1
夹具	6	机用虎钳	200		副	1

三、加工与检测

零件精度检测评分表见表14－6。

表14－6　零件精度检测评分表

姓名					班级		日期			
项目名称		端盖的编程与加工		零件图号	01		机床编号			
检测项目		序号	考核内容及要求	配分	评分标准		学生自测	小组检测	教师检测	备注
基本检测	程序	1	切削加工工艺制定正确	5	独立完成					
		2	切削用量选用合理	5	独立完成					
		3	程序正确、简单、规范	10	独立完成					
	操作	4	刀具的刃磨与安装	5	独立完成					
		5	设备的正确操作与维护保养	5	独立完成					
		6	安全、文明生产	10	发生不安全情况全扣					
尺寸检测	轮廓尺寸及表面粗糙度	7	M30×1.5	10	超差不得分					
		8	$\phi 20^{+0.02}_{0}$	10	超差不得分					
		9	8±0.03	10	超差不得分					
		10	*Ra*0.8	5	超差不得分					
		11	4－ϕ13.5	4×2.5	超差不得分					
		12	*Ra*3.2（四处）	4×2.5	超差不得分					
		13	ϕ60	5	超差不得分					
成绩评定			根据学生自测和组长检测综合考核	100	综合评价					
指导教师				互评员				总分		

知识探究

圆柱孔镗削质量分析见表 14－7。

表 14－7　圆柱孔镗削质量分析

质量问题	产生原因	防止措施
表面粗糙度大	1. 刀尖角或刀尖圆弧半径太小 2. 进给量过大 3. 刀具磨损 4. 切削液使用不当	1. 修磨刀具，增大刀尖圆弧半径 2. 减小进给量 3. 修磨刀具 4. 合理选择及使用切削液
孔呈椭圆形	立铣头“零”位不准，并用升降台垂向进给	重新校正立铣头“零”位
孔壁产生振纹	1. 镗刀杆刚性差，刀杆悬伸太长 2. 工作台进给爬行 3. 工件夹持不当	1. 选择合适的镗刀杆，镗刀杆另一端尽可能增加支承 2. 调整机床塞铁并润滑导轨 3. 改进夹持方法或增加支承面积
孔壁有划痕	1. 退刀时刀尖背向操作者 2. 主轴未停稳，快速退刀	1. 退刀时将刀尖拨转到朝向操作者 2. 主轴停止转动后再退刀
孔径尺寸超差	1. 镗刀回转半径调整不准 2. 测量不准 3. 镗刀产生偏让	1. 重新调整镗刀回转半径 2. 仔细测量 3. 增加镗刀杆刚性
孔呈锥形	1. 切削过程中刀具磨损 2. 镗刀松动	1. 修磨刀具，合理选择切削速度 2. 安装刀头时要紧牢紧固螺钉
孔的轴线歪斜	1. 工件定位基准选择不当 2. 装夹工件时，清洁工作未做好 3. 采用主轴进给时，“零”位未校正	1. 选择合适的定位基准 2. 装夹时做好基准面与工作台台面的清洁工作 3. 重新校正主轴“零”位
圆度误差大	1. 工件装夹变形 2. 主轴回转精度差 3. 立镗时，工作台纵、横向进给未紧固 4. 镗刀杆、镗刀弹性变形	1. 薄壁工件装夹要适当；精镗时，应重新压紧，并适当注意减小压紧力 2. 检查机床，调整主轴精度 3. 工作台不进给的方向应紧固 4. 增加镗刀杆、镗刀的刚度；选择合理的切削用量
平行度误差大	1. 不在一次装夹中镗几个平行孔 2. 在钻孔和粗镗时，孔已不平行，精镗时刀杆产生弹性偏让 3. 定位基准面与进给方向不平行，使镗出的孔与基准不平行	1. 在一次装夹中镗削所有轴线平行的孔；至少要采用同一个基准面 2. 提高钻孔、粗镗的加工精度；增加镗刀杆的度 3. 精确校正基准面

任务评价

完成任务后，根据学生自评、小组互评和教师评价，填写学生学习过程综合评价表（见表 14－8）。

表 14－8　学习过程综合评价表

<table>
<tr><td>姓名</td><td></td><td>班级</td><td colspan="2"></td><td>小组号</td><td></td><td>日期</td><td></td></tr>
<tr><td>任务名称</td><td colspan="4">端盖的编程与加工</td><td>小组长</td><td></td><td>指导教师</td><td></td></tr>
<tr><td>检测任务</td><td colspan="2">考核内容与标准</td><td>配分</td><td>学生自测</td><td colspan="2">小组检测</td><td>教师检测</td><td>备注</td></tr>
<tr><td rowspan="3">纪律观念</td><td colspan="2">出勤、穿着、佩戴规范</td><td>5</td><td></td><td colspan="2"></td><td></td><td></td></tr>
<tr><td colspan="2">遵守纪律、服从安排</td><td>5</td><td></td><td colspan="2"></td><td></td><td></td></tr>
<tr><td colspan="2">具有责任心和团队意识</td><td>5</td><td></td><td colspan="2"></td><td></td><td></td></tr>
<tr><td rowspan="2">学习情况</td><td colspan="2">认真、积极学习</td><td>5</td><td></td><td colspan="2"></td><td></td><td></td></tr>
<tr><td colspan="2">正确完成相关习题和任务</td><td>5</td><td></td><td colspan="2"></td><td></td><td></td></tr>
<tr><td rowspan="2">工艺制定</td><td colspan="2">正确选择工、量、夹具</td><td>5</td><td></td><td colspan="2"></td><td></td><td></td></tr>
<tr><td colspan="2">正确填写各种工艺文件</td><td>5</td><td></td><td colspan="2"></td><td></td><td></td></tr>
<tr><td rowspan="2">加工准备</td><td colspan="2">正确准备刀具、量具和夹具</td><td>10</td><td></td><td colspan="2"></td><td></td><td></td></tr>
<tr><td colspan="2">能独立编写加工程序</td><td>10</td><td></td><td colspan="2"></td><td></td><td></td></tr>
<tr><td rowspan="2">零件加工</td><td colspan="2">能独立、熟练操作数控车床</td><td>5</td><td></td><td colspan="2"></td><td></td><td></td></tr>
<tr><td colspan="2">零件得分 ×0.4</td><td>40</td><td></td><td colspan="2"></td><td></td><td></td></tr>
<tr><td>安全文明生产</td><td colspan="2">规范、安全刃磨刀具与操作加工</td><td>5</td><td></td><td colspan="2"></td><td></td><td></td></tr>
<tr><td>卫生 6S</td><td colspan="2">能及时清理场地、设备</td><td>5</td><td></td><td colspan="2"></td><td></td><td></td></tr>
<tr><td>成绩评定</td><td colspan="2">根据学生自测、小组检测
和观察综合评定</td><td>100</td><td></td><td colspan="2"></td><td colspan="2">总分：</td></tr>
<tr><td>等级评定</td><td colspan="4">60 分以下不合格，60（含）～75 分合格，
75（含）～90 分良好，90（含）分以上优秀</td><td colspan="2">等级</td><td colspan="2"></td></tr>
</table>

任务拓展

图 14－6 所示零件为法兰，请制定加工工艺，编写零件的加工程序并进行加工。

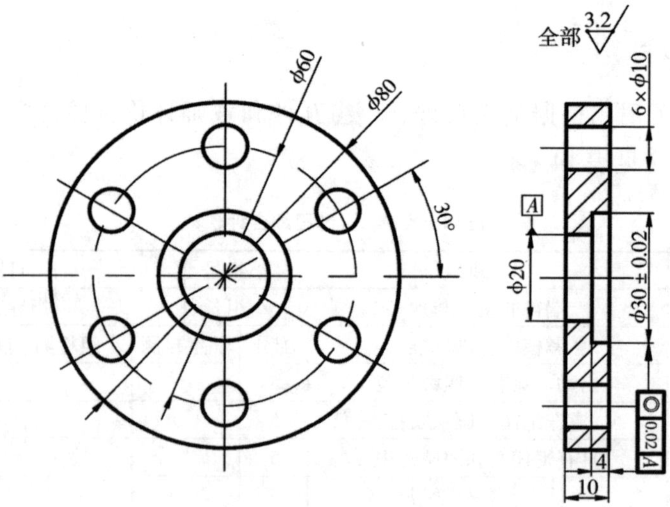

图 14-6　法兰

学习任务 15　底座的编程与加工

学习目标

◎**知识目标**

1. 掌握螺纹的基本知识。
2. 掌握螺纹加工方法以及丝锥、螺纹铣刀的基本知识。
3. 掌握攻螺纹指令 G84 格式及注意事项。
4. 掌握铣螺纹的编程方法。

◎**能力目标**

1. 根据图纸要求，正确制定加工工艺。
2. 正确计算底孔直径，选择合适的刀、量、夹具及辅具。
3. 能正确运用指令编写加工程序。
4. 熟练操作数控铣床完成零件的加工。

◎**素养目标**

1. 培养学生认真、细致、精益求精的工匠精神。
2. 养成安全、文明的操作习惯。

学习任务

图 15－1 所示底座零件图，材料为退火 45#钢，编写加工工艺并进行零件的加工。

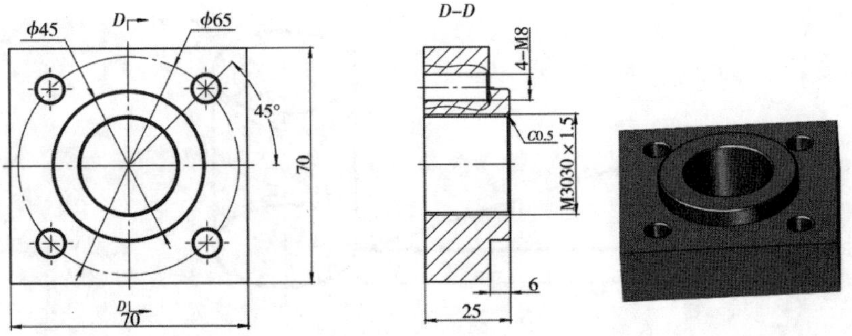

图 15－1　底座

学习流程

制订计划 → 加工准备 → 加工与检测

学习过程

一、制订计划

（一）分析零件图

零件图分析表见表 15－1。

表 15－1　零件图分析表

零件图	分析要素	基本情况	分析结果
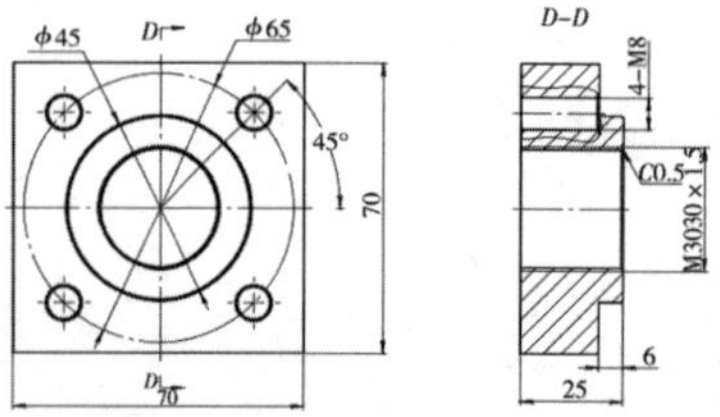	孔尺寸	孔精度等级为 H8	刀具：麻花钻，立铣刀，螺纹铣刀 量具：螺纹塞规
	材料	$45^{\#}$	
	生产类型	单件	利用平口钳装夹，一道工序完成零件的加工
	毛坯尺寸	70 mm×70 mm ×30 mm	
	几何精度	螺纹尺寸	机床精度能保证
	装夹	规则	平口钳装夹

知识探究

1. 螺纹的形成

如用一个三角形 K 沿螺旋线运动并使 K 平面始终通过圆柱体轴线 $y-y$，这样就构成了三角形螺纹。同样改变平面图形 K，可得到矩形、梯形、锯齿形。如图 15－2 所示。

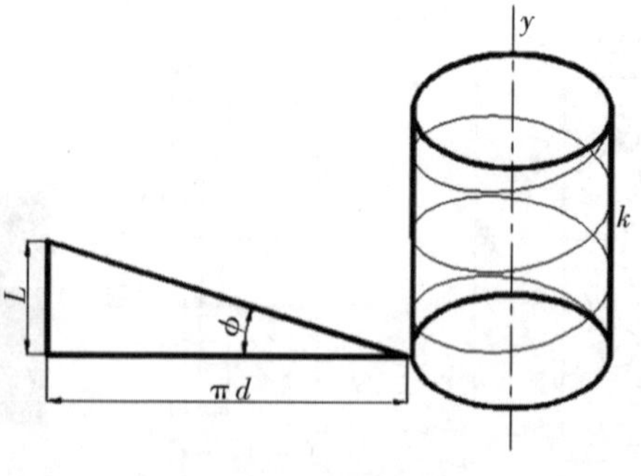

图 15－2　螺纹的形成

2. 螺纹的分类

1）按螺纹牙型分类

在通过螺纹轴向的剖面上，螺纹的轮廓形状称为螺纹牙型。按螺纹牙型的不同，可分为三角形螺纹、矩形螺纹、梯形螺纹和锯齿螺纹等几种牙型，见图15－3。

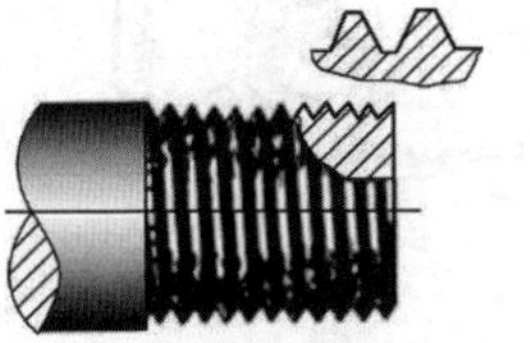
（a）三角形螺纹

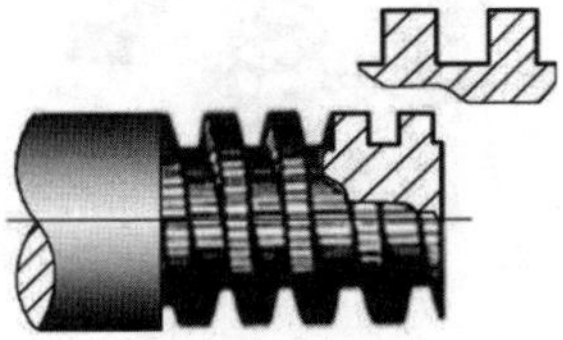
（b）矩形螺纹

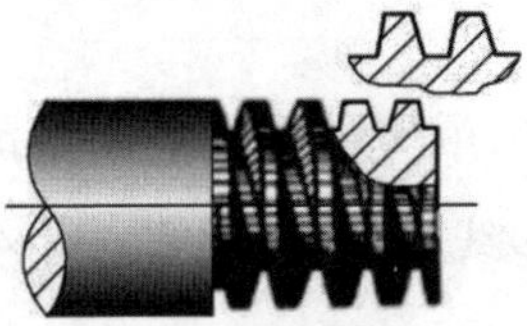
（c）梯形螺纹

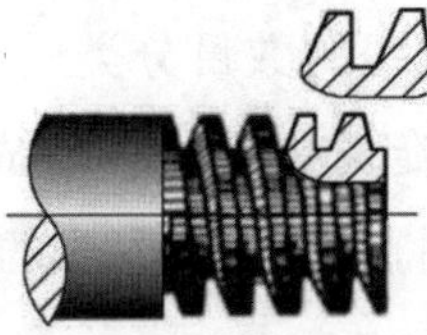
（d）锯齿螺纹

图15－3　螺纹的分类

2）按螺纹所处位置分类

在圆柱或圆锥外表面上所形成的螺纹称为外螺纹。在圆柱或圆锥内表面上所形成的螺纹称为内螺纹（见图15－4）。

（a）外螺纹

（b）内螺纹

图15－4　外螺纹和内螺纹

3）按螺纹的旋向分类

按螺纹的旋向不同，顺时针旋转时旋入的螺纹称为右旋螺纹。逆时针旋转时旋入的螺纹称为左旋螺纹。

螺纹的旋向可以用右手来判定，伸出右手，掌心对着自己，四指并拢与螺杆的轴线平行，并指向旋入方向，若螺纹的旋向与拇指的指向一致，则为右旋螺纹；若螺纹的旋向与拇指的指向相反，该螺纹为左旋螺纹（见图 15 -5）。

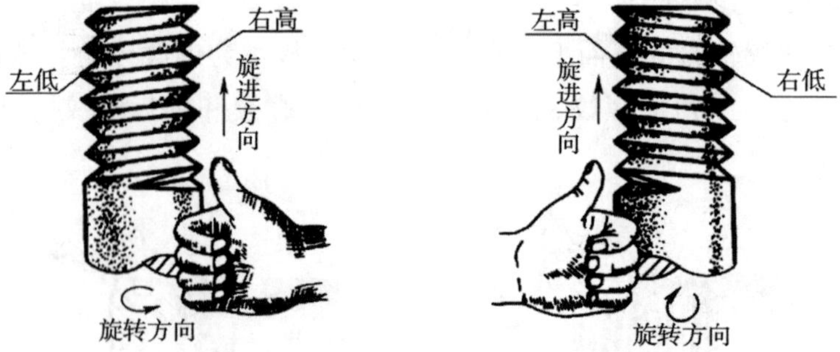

（a）右旋　　（b）左旋

图 15 -5　螺纹的旋向

4）按螺纹线的数目分类

沿一条螺旋线（$n=1$）形成的螺纹叫作单线螺纹；沿两条或两条以上在轴向等距分布的螺旋线所形成的螺纹叫作多线螺纹（$n=2$、3、4、…），n 为螺纹线数（见图 15 -6）。

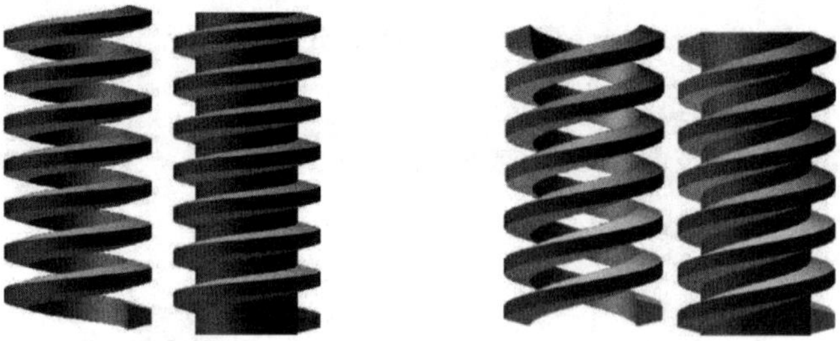

（a）单线螺纹　　（b）多线螺纹

图 15 -6　螺纹的线数

3. 螺纹的基本参数

如图 15 -7 所示，普通螺纹主要参数有 8 个，即大径、小径、中径、螺距、线数、导程、牙型角和螺纹升角。对标准螺纹来说，只要知道大径、线数、螺距和牙型角就可以了，其他参数可通过计算或查表得出。

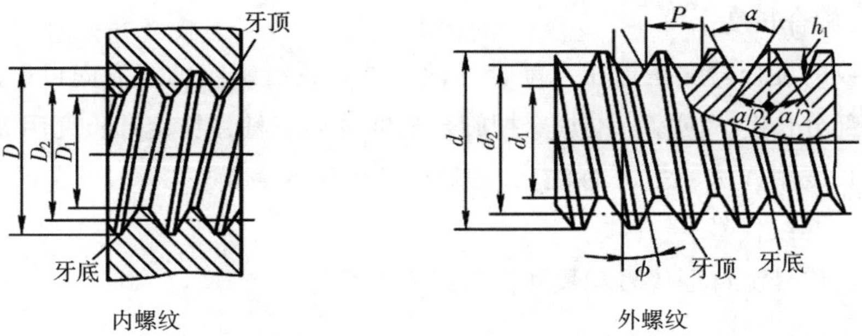

图15－7　普通螺纹的主要参数

1）牙型角 α

连接牙顶和牙底的侧面称为牙侧。相邻两牙侧面的夹角 α 称为牙型角。β 为牙型半角。

2）大径 D、d

大径是指与外螺纹牙顶（或内螺纹牙底）相重合的假想圆柱面的直径。标准中将螺纹大径的基本尺寸定为公称直径，是代表螺纹尺寸的直径。

3）小径 D_1、d_1

小径是指与外螺纹牙底或内螺纹牙顶相重合的假想圆柱面的直径。

4）中径 D_2、d_2

中径是一个假想圆柱的直径。该圆柱的母线通过牙型上沟槽和凸起宽度相等的地方，假想圆柱称为中径圆柱。中径是确定螺纹几何参数与配合性质的直径。

5）螺距 P

螺距是相邻两牙在中径线上对应两点间的轴向距离，用 P 表示。

6）线数 n

线数是指一个螺纹零件的螺旋线数目，用 n 表示。

7）导程 P_h

导程是指同一条螺旋线上的相邻两牙在中径上对应两点间的轴向距离，用 P_h 表示，$P_h = nP$。

8）螺纹升角 ψ

在中径圆柱上螺旋线的切线与垂直于螺纹轴线的平面间的夹角，用 ψ 表示，单位为度（°）。

$$\tan\psi = \frac{np}{\pi d_2}$$

9）旋合长度

螺纹的旋合长度是指相互配合的内、外螺纹沿螺纹轴线方向可以旋合在一起的部分长度，国家标准规定把旋合长度分为三种，长旋合长度用 *L* 表示，中旋合长度用 *N* 表示（不标注），短旋合长度用 *S* 表示。

10）螺纹代号

螺纹代号由特征代号和尺寸代号组成。

A. 普通螺纹

粗牙普通螺纹用字母 M 与公称直径表示；细牙普通螺纹用字母 M 公称直径×螺距表示。当螺纹为左旋时，在代号之后加“LH”字。

【例】

M40——表示公称直径为 40 mm 的粗牙普通螺纹。

M40×1.5——表示公称直径为 40 mm，螺距为 1.5 mm 的细牙普通螺纹。

M40×1.5LH——表示公称直径为 40 mm，螺距为 1.5 mm 的左旋细牙普通螺纹。

螺纹完整的标记是由螺纹代号、螺纹公差带代号和螺纹旋合长度代号组成。

如 M30×1—5 g 6 g—S 中“S”表示短旋合长度。

B. 管螺纹的标记

（1）非螺纹密封的管螺纹：螺纹特征代号为 G，尺寸代号，公差等级代号—旋向。非螺纹密封的管螺纹，其螺纹公差等级分 A、B 两级，而内管螺纹只有一种等级，故不标记公差等级代号。

（2）螺纹密封的管螺纹：螺纹特征代号为 R 或 Rc 或 Rp，尺寸代号—旋向。

（3）圆锥外螺纹代号为 R，圆锥内螺纹代号为 RC，圆柱内螺纹代号为 RP。

标注举例：

（1）非螺纹密封的外管螺纹，尺寸代号为 1/2、左旋，公差等级为 A 级。标记形式：G1/2A—LH。如图 15－8（a）所示。

（2）螺纹密封的圆锥（外）管螺纹，尺寸代号 3/4、右旋。标记形式：R3/4。

（3）螺纹密封的圆锥（内）管螺纹，尺寸代号 1/2、左旋。标记形式：

RC1/2—LH，如图 15－8（b）所示。

管螺纹的标注用指引线由螺纹的大径线引出。其尺寸代号数值，不是指螺纹大径，而是指带有外螺纹管子的内孔直径（通径）。螺纹的大小径数值可根据尺寸代号在有关标准中查到。

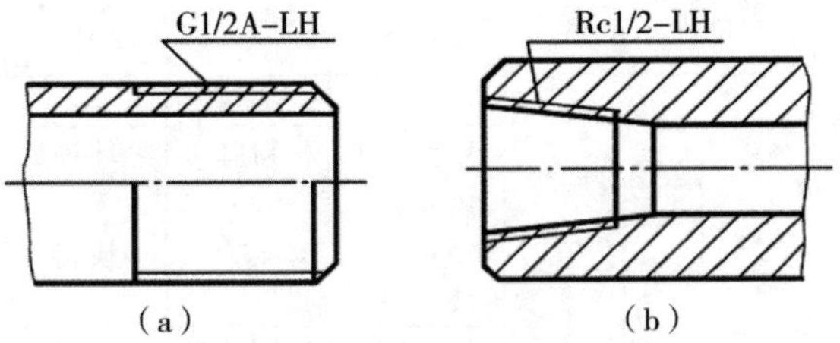

图 15－8　管螺纹的标记

C. 梯形螺纹

（1）单线梯形螺纹：螺纹特征代号 Tr 公称直径 × 螺距旋向－公差带代号－旋合长度。

（2）多线梯形螺纹：螺纹特征代号 Tr 公称直径 × 导程（P 螺距）旋向－公差带代号－旋合长度。

梯形螺纹的公差带代号只注中径公差带代号。旋合长度有中等旋合长度 N 和长旋合长度 L。旋合长度、螺纹公称直径和螺距尺寸在有关标准中查阅。

标注举例：

公称直径 $d=40$ mm，双线，螺距 $P=7$ mm，左旋，中径公差带代号为 7H，中等旋合长度的梯形螺纹。标记形式为：Tr40 × 14（$P7$）LH－7H。如图 15－9 所示。

D. 锯齿形螺纹

锯齿形螺纹的特征代号为 B。如：B40 ×7 －7a 表示锯齿形外螺纹，大径 40，螺距 7，单线，中径顶径公差代号为 7a，如图 15－10 所示。

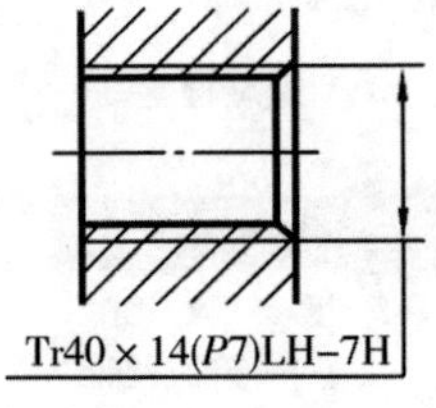

图 15－9　梯形螺纹

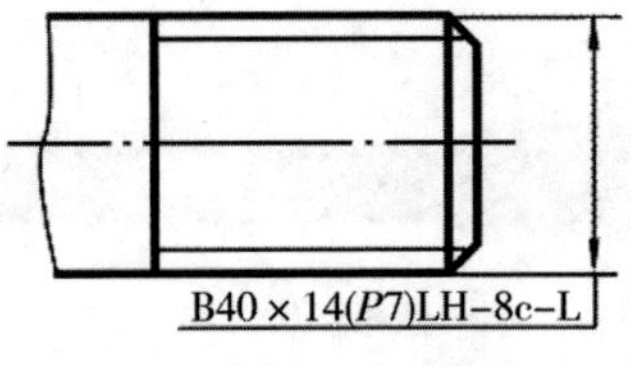

图 15－10　锯齿形螺纹

（二）制定加工工艺

根据分析内容填写数控加工工序卡，见表 15－2。

表 15－2　数控加工工序卡

<table>
<tr><td colspan="2">单位名称</td><td colspan="2"></td><td colspan="2">数控加工工序卡</td><td>产品名称或代号</td><td>零件名称</td><td>零件图号</td><td>工序名称</td><td colspan="2">工序号</td></tr>
<tr><td colspan="6" rowspan="5">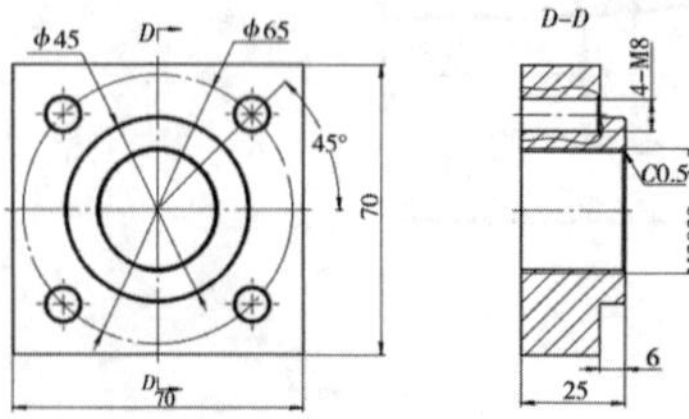</td><td></td><td>端盖</td><td></td><td>铣</td><td colspan="2">1</td></tr>
<tr><td>毛坯尺寸</td><td>材料牌号</td><td>毛坯种类</td><td>每毛坯数</td><td colspan="2">工作液</td></tr>
<tr><td>70 mm × 70 mm × 10 mm</td><td>45#</td><td>块料</td><td>若干</td><td colspan="2">无</td></tr>
<tr><td>夹具名称</td><td>使用设备</td><td>车间</td><td>程序编号</td><td colspan="2">准终（min）</td></tr>
<tr><td>机用虎钳</td><td>VID－8</td><td>综合实训室</td><td>1</td><td colspan="2"></td></tr>
<tr><td rowspan="2">工步号</td><td rowspan="2">工步内容</td><td rowspan="2">走刀次数</td><td colspan="3">切削用量</td><td colspan="2">工时（min）</td><td colspan="4">刀、量、辅助工具</td></tr>
<tr><td>主轴转速（r/min）</td><td>进给速度（mm/min）</td><td>切削深度（mm）</td><td>加工</td><td>辅助</td><td>刀具号</td><td>刀具名称</td><td>量具名称</td><td>辅助工具</td></tr>
<tr><td>1</td><td>钻孔</td><td>1</td><td>1 000</td><td>80</td><td>4.8</td><td></td><td></td><td></td><td>麻花钻</td><td>游标尺</td><td></td></tr>
<tr><td>2</td><td>攻丝</td><td>1</td><td>300</td><td>30</td><td>0.2</td><td></td><td></td><td></td><td>丝锥</td><td>塞规</td><td></td></tr>
<tr><td>3</td><td>铣孔</td><td></td><td></td><td></td><td></td><td></td><td></td><td></td><td>立铣刀</td><td></td><td></td></tr>
<tr><td>4</td><td>铣螺纹</td><td></td><td></td><td></td><td></td><td></td><td></td><td></td><td>螺纹铣刀</td><td></td><td></td></tr>
<tr><td>编制</td><td></td><td>审核</td><td colspan="2"></td><td>批准</td><td colspan="2"></td><td colspan="2">年　月　日</td><td>共　页</td><td>第　页</td></tr>
</table>

知识探究

1. 攻螺纹加工

1）丝锥

丝锥是加工螺纹孔的主要工具。丝锥的种类按不同的分类方式有各种名称（见图 15－11）。

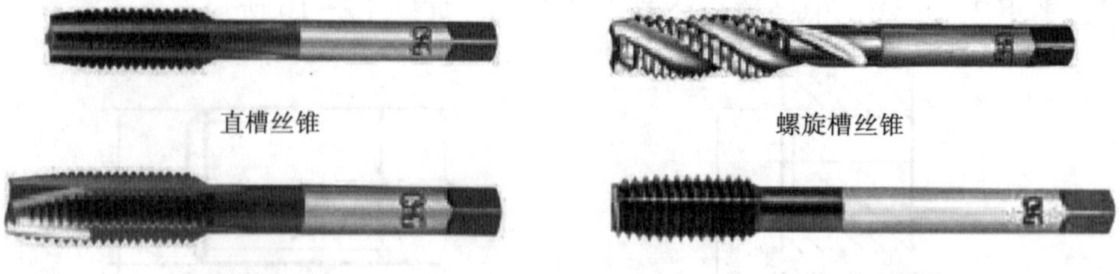

图 15－11　丝锥

（1）按驱动方式不同可分为手用丝锥和机用丝锥，手用丝锥一般有两支，分头攻和二攻，机用丝锥只有一支。

（2）按加工方式不同可分为切削丝锥和挤压丝锥。切削丝锥通过切削方式加工螺纹，会产生切屑，故需要有容屑槽。挤压丝锥通过金属的塑形变形加工螺纹，不产生切屑，又叫无屑丝锥。挤压丝锥加工的螺纹表面粗糙度低，强度高、精度高，主要适合加工强度低、塑性好的材料。切削丝锥可加工各种材料，使用最广泛。

（3）按被加工螺纹可分为公制粗牙丝锥、公制细牙丝锥和管螺纹丝锥等。

（4）按形状不同可分为直槽丝锥、螺旋槽丝锥和刃倾角丝锥等。

在生产实践中选用丝锥时，首先根据驱动方式不同选择机用还是手用丝锥，又根据加工螺纹的型号选择对应型号的丝锥，最后根据排屑情况选择直槽还是螺旋槽丝锥。

2）切削螺纹时底孔直径的确定

A. 攻螺纹底孔直径的确定

攻螺纹时，丝锥切削刃除起切削作用外，还对材料产生挤压（见图15－12），因此被挤压的材料在牙型顶端会凸起一部分。材料塑性越好，则挤压处的金属越多。此时，如果丝锥刀齿根部与工件牙型顶端之间没有足够的间隙，丝锥就会被挤压出来的材料扎住，造成崩刃、折断及工件螺纹烂牙。

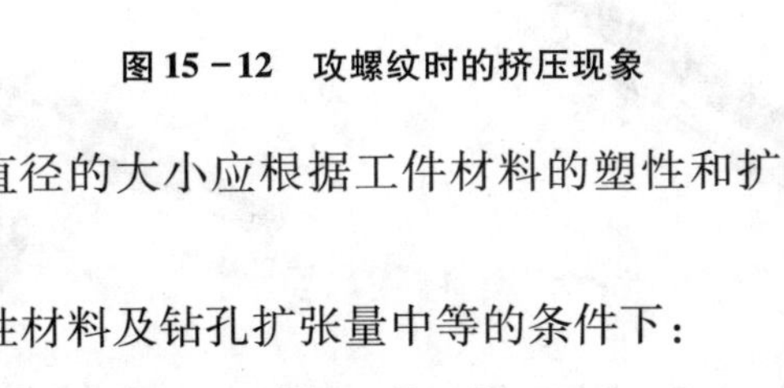

图15－12　攻螺纹时的挤压现象

攻螺纹前底孔直径的大小应根据工件材料的塑性和扩张量来确定，通常根据经验值来计算。

加工钢件和塑性材料及钻孔扩张量中等的条件下：

$$D_{孔}=D-P$$

加工铸铁等脆性材料时：$D_{孔}=D-1.05P$

式中：$D_{孔}$——攻螺纹前底孔直径，单位为mm；

D——螺纹大径，单位为 mm；

P——螺距，单位为 mm。

B. 攻螺纹底孔深度的确定

攻盲孔时，由于丝锥切削部分不能切出完整的牙型，所以钻孔深度要大于所需的螺孔深度，一般要求：

$$H = h + 0.7D$$

式中：H——底孔深度；h——螺纹有效深度；D——螺纹公称直径。

2. 铣削螺纹

当内螺纹是非标螺纹或螺纹底孔直径较大时，可采用螺纹铣刀进行铣削螺纹。铣削螺纹具有成本低、精度高、加工效率高等优点。而且同一把螺纹铣刀既可以加工内螺纹也可以加工外螺纹，还可以加工不同公称直径的内外螺纹，适应性好，在现代制造中得到广泛应用。

1）螺纹铣刀

（1）整体螺纹铣刀（见图 15－13）。整体螺纹铣刀的外形很像是整体式圆柱立铣刀与丝锥的结合体，但它的螺纹切削刃与丝锥不同，刀具上无螺旋升程，加工中的螺旋升程靠机床运动实现。由于这种特殊结构，使该刀具既可加工右旋螺纹，也可加工左旋螺纹，但不适用于较大螺距螺纹的加工。整体螺纹铣刀有单牙和多牙形式，单牙可加工不同螺距的螺纹，多牙螺纹铣刀是定螺距的，只适合加工一种螺距的螺纹。出于对加工效率和耐用度的考虑，螺纹铣刀大都采用硬质合金材料制造，并可涂覆各种涂层以适应特殊材料的加工需要。适用于钢、铸铁和有色金属材料的中小直径螺纹铣削，切削平稳，耐用度高。缺点是刀具制造成本较高，结构复杂，价格昂贵。

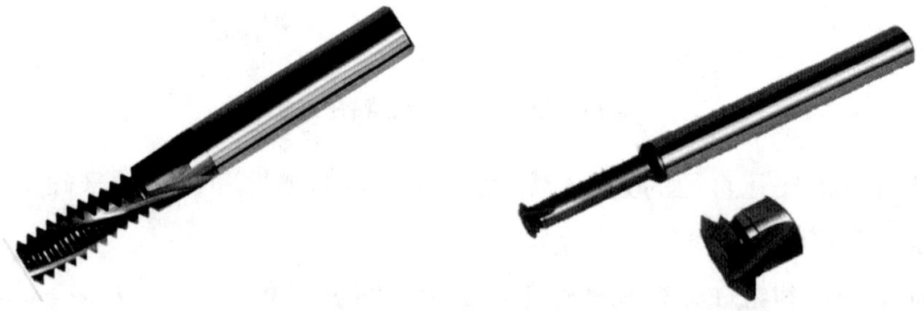

（a）多牙（全牙）整体螺纹铣刀　　（b）单牙整体螺纹铣刀

图 15－13　整体螺纹铣刀

（2）机夹螺纹铣刀及刀片（见图 15－14）机夹螺纹铣刀适用于较大直径

（如 $D>25$ mm）的螺纹加工。其特点是刀片易于制造，价格较低，有的螺纹刀片可双面切削，但抗冲击性能较整体螺纹铣刀稍差。因此，该刀具常推荐用于加工铝合金材料。

图 15－14　机夹螺纹铣刀

二、加工准备

（一）编制数控加工程序

编制数控加工程序时的参考程序见表 15－3。

表 15－3　本任务参考程序

O1501（铣削 ϕ45 mm 外圆，ϕ12 mm 立铣刀）		
段号	程序内容	说明
N10	G54 G90 G17 G40 G49 G80 G0Z50；	建立工件坐标系，绝对编程
N20	M03 S800；	主轴正转，转速 800 r/min
N30	G00 X－45 Y0；	刀具定位
N40	Z10；	快速下刀至 10 mm
N50	G01 Z－6 F200；	进给下刀至 6 mm 深度
N60	G41 G01 X－22.5 D1；	直线切入工件（粗加工时 $D1=6.3$ mm）
N70	G2 I22.5；	铣削整圆
N80	G40 G1 X－45；	退刀，取消刀补
N90	G0 Z100；	抬刀至安全高度
N100	Y100；	移动工件靠近操作者，便于测量
N110	M05；	主轴停止
N120	M30；	程序结束
O1502（铣削 M30×1.5 螺纹孔的底孔，底孔直径为 28.5 mm；刀具为 ϕ12 mm 立铣刀）		
N10	G54 G90 G17 G40 G49 G80 G0Z50；	建立工件坐标系，绝对编程
N20	M03 S800；	主轴正转，转速 800 r/min
N30	G0 X0 Y0；	快速定位
N40	Z5；	快速下刀至 10 mm
N50	G1 Z0 F150；	进给下刀至工件上表面
N60	M98 P1503 L26；	调用子程序，螺旋铣削螺纹底孔
N70	G90 G40 G1 X0 Y0；	退刀
N80	G0 Z100；	抬刀至安全高度
N90	M05；	主轴停止
N100	M30；	程序结束

续表

O 1503（子程序）		
N10	G41 G1 X－14.25 D1；	建立刀补
N20	G91G2 I14.25 Z－1；	螺旋铣削
N30	G90G40 G1 X0 Y0；	退刀至孔中心
N40	M99；	子程序结束，返回主程序
O1504（钻 4－M8 底孔，麻花钻 ϕ6.8 mm，Z0 设置为第二层表面）		
N10	G54 G90 G17 G40 G49 G80 G0 Z50；	建立工件坐标系，绝对编程
N20	M03 S600；	主轴正转，转速 800 r/min
N30	G98 G16 G83 X32.5 Y45 Z－23 R2 F80；	钻第一个孔
N40	Y135；	钻第二个孔
N50	Y225；	钻第三个孔
N60	Y315；	钻第四个孔
N70	G80；	取消固定循环
N80	M05；	主轴停止
N90	M30；	程序结束
O1505（4－M8 攻丝，丝锥 M8，Z0 设置为第二层表面）		
N10	G54 G90 G17 G40 G49 G80 G0 Z50；	建立工件坐标系，绝对编程
N20	M03 S200；	主轴正转，转速 200 r/min
N30	G98 G16 G84 X32.5 Y45 Z－23 R2 F250；	钻第一个孔（注意 $F=n\times S$）
N40	Y135；	钻第二个孔
N50	Y225；	钻第三个孔
N60	Y315；	钻第四个孔
N70	G80；	取消固定循环
N80	M05；	主轴停止
N90	M30；	程序结束
O1506（铣螺纹 M30×1.5，单齿螺纹铣刀，齿尖回转直径为 ϕ16.8 mm）		
N10	G54 G90 G17 G40 G49 G80 G0 Z50；	建立工件坐标系，绝对编程
N20	M03 S3000；	主轴正转，转速 800 r/min
N30	G0 X0 Y0；	快速定位
N40	Z10；	快速下刀
N50	G1 Z0 F300；	直线插补至 Z0 处
N60	G41 G1 X－15 Y0 D1；	建立刀补（分三次加工，粗加工 $D1=8.8$ mm，半精加工 $D1=8.5$ mm，精加工 $D1=8.4$ mm）
N70	M98 P1507 L22；	调用子程序
N80	G90 G40 G1 X0 Y0；	取消刀补
N90	G1 Z5；	退刀至工件表面以上
N110	G0 Z100；	抬刀至安全高度
N120	M05；	主轴停止
N130	M30；	程序结束
O1507（铣螺纹子程序）		
N10	G91G3 I15 Z－1.25；	铣螺纹
N20	M99；	子程序结束，返回主程序

知识探究

1. 攻螺纹指令

1）攻螺纹指令：G84

格式：G98/G99 G84X __Y __Z __R __ F __L __。

X、*Y*：孔位数据。

Z：孔底位置。

R：安全平面位置。

F：切削进给速度，攻螺纹时，切削速度 $F = S \times P$，S 表示主轴转速，P 表示螺纹的螺距。

L：重复次数。

G84 动作指令图（见图 15－15）：

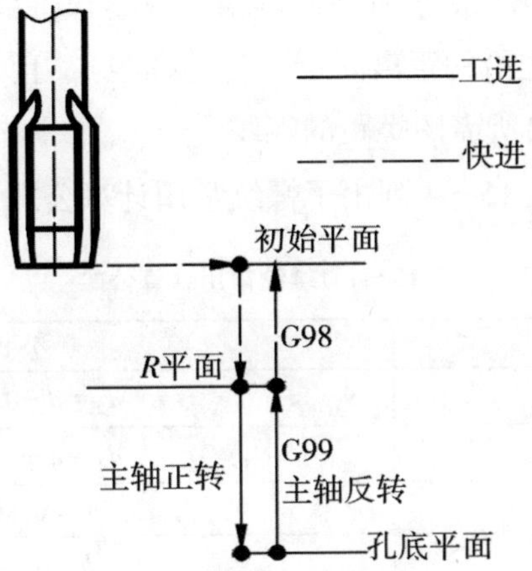

图 15－15　G84 指令动作示意图

2）左旋攻螺纹指令 G74

指令格式：G98/G99 G74X __Y __Z __R __ F __L __

G74 与 G84 除主轴旋转的方向完全相反外，其他完全相同，指令动作参考见图 15－15。需要说明的是，在进行左攻螺纹循环时，必须以 M04 指定主轴反转。

2. 铣螺纹编程

螺纹铣削的原理：采用与被加工螺纹相同齿形的刀刃的螺纹铣刀，刀具在水平平面上每运动一周，垂直平面直线移动一个 *P*（导程），重复这个加工过程就完成了螺纹的加工。在实际加工中，螺纹铣刀在主轴的带动下做螺旋铣削加工，每螺旋铣削一周，刀具的 *Z* 轴方向移动一个下刀高度（导程）（见图 15－16）。

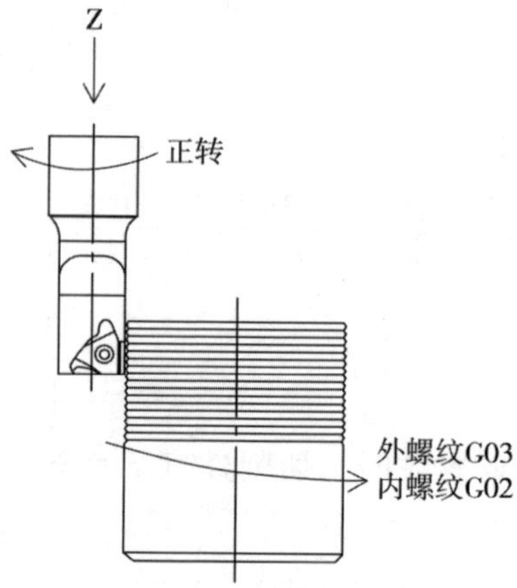

图 15-16 铣螺纹示意图

根据螺纹的结构和形成原理分析可知，只要保证螺纹铣刀在做整圆铣削的过程中，每圈 Z 向进给的距离固定不变（螺距），且每次都从一个固定的 Z 点进刀，就可以加工出所需的螺距的螺纹。

为了计算方便，表 15-4 列出了螺纹常用计算公式。

表 15-4 螺纹常用计算公式

项目	公式
中径（$d2$）	$d_2=d-0.6495t$
内径（$d1$）	$d_1=d-1.0825t$
理论高度（H）	$H=0.8660t$
工作高度（h）	$h=0.5413t$
圆角半径（r）	$r=H/6=0.1443t$
内螺纹的螺纹底孔直径	$d-1.3P$
内螺纹单边加工余量	$0.65P$
P——导程；t——螺距	

1）单刃螺纹铣刀铣削螺纹的编程

单刃螺纹铣刀类似于一把内螺纹车刀，可以加工不同螺距的螺纹。以在 FANUC 0I 数控系统数控铣设备上，用 20 mm 的单线螺纹刀加工 M43×1.5-7H 的非标螺纹，深度为 30 mm 的内螺纹为例（见图 15-17）。

程序编写的思路，就是将一个下刀高度作为螺旋线高度编成一个子程序，通过用户参数设置 G10 指令改变刀具半径补偿值，重复调用螺旋加工子程序，实现自动加工。

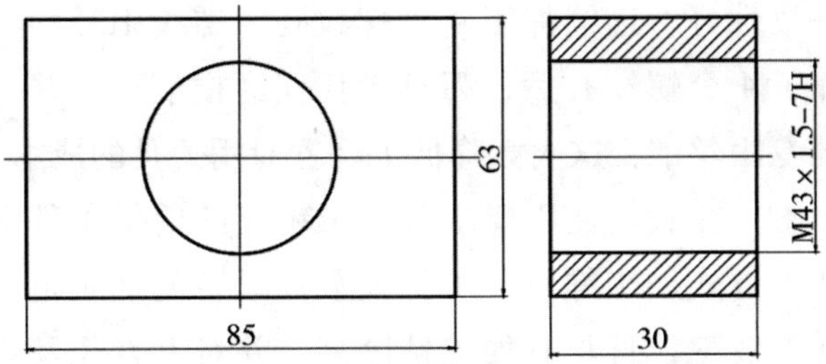

图15－17 铣螺纹图例

程序编写见表15－5：(外螺纹加工程序，只需改动进、退刀点和子程序中的圆弧铣削方向指令即可)

表15－5 螺纹铣削编程示例

O1000（铣削螺纹，单刃合金螺纹铣刀）		
段号	程序内容	说明
N10	G54 G90 G17 G40 G49 G80 G0Z50;	建立工件坐标系，绝对编程
N20	M03 S2000;	主轴正转，转速2 000 r/min
N30	G00 X0 Y0;	刀具定位
N40	Z10 M8;	快速下刀至－10 mm，打开切削液
N50	G10 L12 P1 R10.975;	设定D01初始值
N60	M98 P2000 L3;	调用子程序
N70	G00 Z100;	快速提刀
N80	M05;	主轴停止
N90	M09;	切削液关闭
N120	M30;	程序结束
O2000（子程序1）		
N10	G01 G90 Z1.5 F200;	Z轴进给到1.5 mm
N20	G42 D01 X21.5 Y0;	进给到螺纹起点，建立刀补
N30	M98 P3000 L22;	调用子程序
N40	G01 G90 G40 X0 Y0;	绝对坐标，退刀到0点，取消刀补
N50	Z1.5 F500;	Z轴抬刀
N60	G91 G10 L12 P1 R－0.325;	改变$D1$刀具半径值
N70	M99;	子程序结束，返回主程序O1000
O3000（子程序2）		
N10	G91 G03 Z－1.5 I－21.5;	螺旋铣削螺纹1周，Z向下刀一个螺距1.5 mm
N20	M99;	子程序结束，返回子程序O2000

经在生产实际中加工验证，采用单刃螺纹铣刀和上述加工程序进行螺纹加工时，程序运行时间短，表面质量好，表面粗糙度可达$Ra1.6$ μm；螺纹中

径控制精确、一致性好，连续加工 4 个螺纹孔，螺纹中径均无变化；刀具耐用度高，连续加工 4 个螺纹孔后，刀具无任何磨损痕迹，并且不需要到专业厂家定制非标准专用丝锥，这大大降低了购置专用刀具的成本。

在实际生产中，在满足使用要求和加工精度的前提条件下，尽可能采用单刃螺纹铣削加工方式加工螺纹，可扩大数控设备的加工范围，减少生产投入，提高零件加工效率，且具有加工精度高，并对大直径及非标准螺纹的加工非常方便等诸多优势。因此，在加工中心、数控铣螺纹加工中采用单刃螺纹加工方式有非常重要的意义。

2）多刃铣刀铣削螺纹

多刃铣刀铣削螺纹原理同单刃螺纹铣刀一致，但多刃铣刀加工时一般只需要旋转一周同时下一个螺距就能完成螺纹的铣削，编程不需要子程序，相对更简单。

（二）刀、量、夹具的准备

根据任务要求，填写工、量、夹具清单表，见表 15－6。

表 15－6　刀、量、夹具清单

产品名称或代号			零件名称		零件图号	
种类	序号	名称	规格（mm）	精度（mm）	单位	数量
刀具	1	麻花钻	ϕ9.6		支	1
	2	丝锥	M8		支	1
	3	立铣刀	ϕ10		支	
	4	螺纹铣刀	单刃		支	
量具	5	游标卡尺	0～150	0.02	把	1
	6	外径千分尺	50～75	0.01	把	1
	7	螺纹塞规	M8	0.01	只	1
	8	螺纹塞规	M30×1.5	0.01	只	
夹具	9	机用虎钳	200		副	1

三、加工与检测

零件精度检测评分表见表15－7。

表15－7　零件精度检测评分表

姓名				班级		日期			
项目名称		底座的编程与加工		零件图号	01	机床编号			
检测项目		序号	考核内容及要求	配分	评分标准	学生自测	小组检测	教师检测	备注
基本检测	程序	1	切削加工工艺制定正确	5	独立完成				
		2	切削用量选用合理	5	独立完成				
		3	程序正确、简单、规范	10	独立完成				
	操作	4	刀具的刃磨与安装	5	独立完成				
		5	设备的正确操作与维护保养	5	独立完成				
		6	安全、文明生产	10	发生不安全情况全扣				
尺寸检测	轮廓尺寸	7	M30×1.5	12	超差不得分				
		8	4－M8	4×7	超差不得分				
		9	ϕ45	5	超差不得分				
		10	45°	5	超差不得分				
		11	ϕ65	5	超差不得分				
		12	高6	5	超差不得分				
成绩评定			根据学生自测和组长检测综合考核	100	综合评价				
指导教师				互评员			总分		

任务评价

完成任务后，根据学生自评、小组互评和教师评价，填写学生学习过程综合评价表（见表15－8）。

表15－8　学习过程综合评价表

姓名		班级	小组号		日期	
任务名称	底座的编程与加工		小组长		指导教师	
检测任务	考核内容与标准	配分	学生自测	小组检测	教师检测	备注
纪律观念	出勤、穿着、佩戴规范	5				
	遵守纪律、服从安排	5				
	具有责任心和团队意识	5				

续表

学习情况	认真、积极学习	5				
	正确完成相关习题和任务	5				
工艺制定	正确选择工、量、夹具	5				
	正确填写各种工艺文件	5				
加工准备	正确准备刀具、量具和夹具	10				
	能独立编写加工程序	10				
零件加工	能独立、熟练操作数控车床	5				
	零件得分×0.4	40				
安全文明生产	规范、安全刃磨刀具与操作加工	5				
卫生 6S	能及时清理场地、设备	5				
成绩评定	根据学生自测、小组检测和观察综合评定	100			总分：	
等级评定	60 分以下不合格，60（含）~75 分合格，75（含）~90 分良好，90（含）分以上优秀			等级		

任务拓展

如图 15－18 所示，材料为退火 45#钢，编写加工工艺并进行零件的加工。

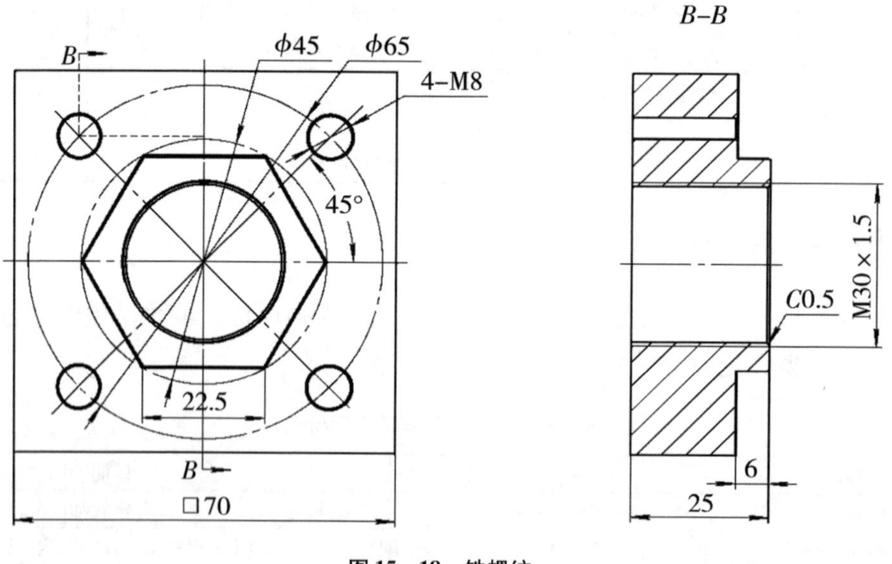

图 15－18　铣螺纹

综合加工篇

学习任务 16　典型零件——钉管的加工

学习目标

◎**知识目标**

1. 掌握分析零件加工工艺的方法和步骤。
2. 综合运用各种指令编写零件加工程序。
3. 掌握量规、定位芯轴的原理、两顶尖装夹的特点和注意事项。

◎**能力目标**

1. 能正确制定零件的加工工艺，选择合理的刀、量、夹具和切削用量。
2. 能熟练运用定位芯轴、前后顶尖装夹工件。
3. 能正确利用各种量具检测、控制零件的尺寸精度。

◎**素质目标**

1. 培养学生认真、细致的学习态度和执着专注、精益求精、一丝不苟、追求卓越的工匠精神。
2. 养成安全、文明的操作习惯。

学习任务

使用 GSK980TDi 系统数控车床，加工图 16－1 射钉器中的零件钉管，材料为 40Cr、管料，毛坯尺寸为 $\phi25$ mm（$\phi8.6$ mm）×84 mm，批量加工。

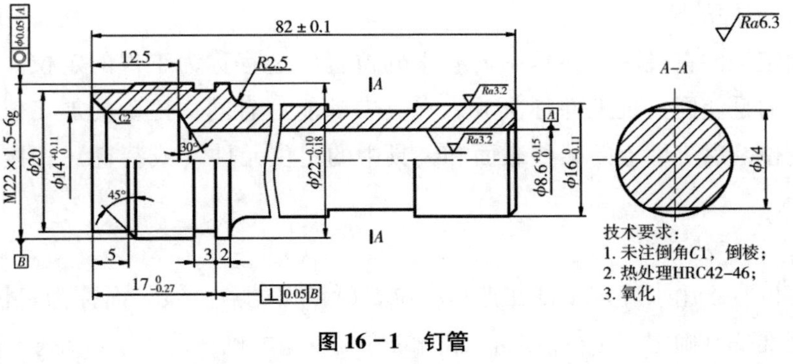

图 16－1　钉管

学习流程

制订计划 → 加工准备 → 加工与检测

学习过程

一、制订计划

（一）分析零件图

零件图分析表见表 16－1。

表 16－1　零件图分析表

	分析要素	基本情况	分析结果
零件图	轮廓	两侧端面，内、外圆柱面、外螺纹、平面、槽	刀具：45°、90°、镗孔车刀、外螺纹车刀、圆柱铣刀等 量具：游标卡尺，千分尺（0～25）、螺纹千分尺螺纹环规
	材料	40Cr	
	生产类型	小批量	需要在车床上完成内、外轮廓的车削，在铣床或加工中心上完成扁方的铣削加工
	毛坯尺寸	ϕ25 mm（ϕ8.6 mm）×84 mm	
	几何精度	外圆 0.08，粗糙度 3.2 μm，同轴度 ϕ0.05 mm	普通数控车床内外轮廓的同轴度需采用两顶尖装夹的方式才能保证，铣床可采用 4 轴加工中心在一次装夹中完成
	图纸的完整性	完整	无须计算与处理

知识探究

1. 工件的定位

1）定位与定位基准

A. 工件的定位

确定工件在机床或夹具中占有正确位置的过程称为工件的定位。工件定位的目的是使同一批工件逐次放入夹具中都能占有同一正确的加工位置。工件的定位是靠工件上的某些表面和夹具中的定位元件（或装置）相接触来实现的。

B. 定位基准

定位时，用来确定工件在夹具中位置所依据的点、线、面称为定位基准。定位基准一旦确定，工件的其他部分的位置也随之确定。

2）六点定位原理

一个自由的物体，它对三个相互垂直的坐标系来说，有六个活动可能性，其中三种是移动，分别是 $\overleftrightarrow{X}$、$\overleftrightarrow{Y}$ 和 $\overleftrightarrow{Z}$，三种是转动 $\overset{\frown}{X}$、$\overset{\frown}{Y}$ 和 $\overset{\frown}{Z}$，如图16－2所示。用六个支承点分别限制工件的六个自由度从而使工件在夹具中得到正确加工位置的方法称为六点定位原理。习惯上把这种活动的可能性称为自由度，因此空间任一自由物体共有六个自由度。在实际生产中根据自由度的限制数量不同通常可分为完全定位、不完全定位、欠定位和过定位。

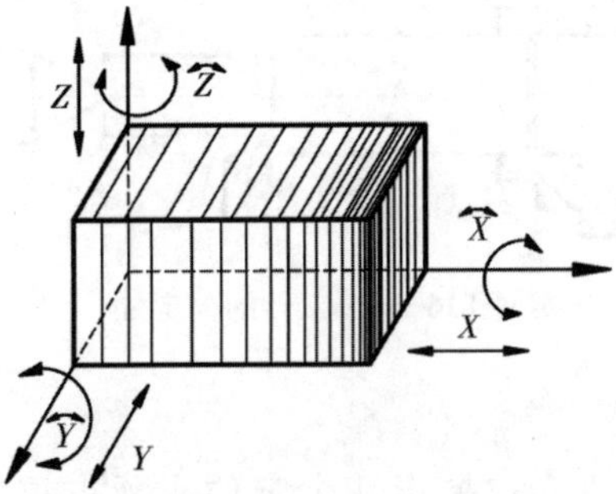

图16－2　零件的自由度

A. 完全定位

工件在夹具中定位，若六个自由度都被限制时，称为完全定位，如图16－3所示。

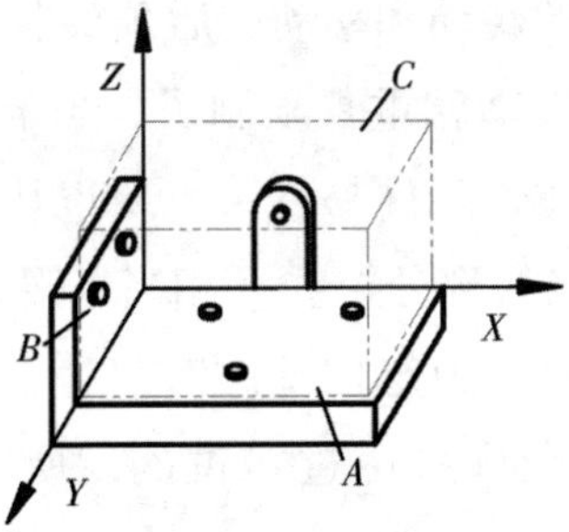

图16－3　完全定位

B. 不完全定位

不完全定位也称部分定位。在定位过程中，根据加工要求，没有必要限制工件的全部自由度，这样的定位称为不完全定位。例如，在车床上车一轴径，要求保证直径的尺寸精度，三爪卡盘夹持工件很长时能限制四个自由度，而工件沿主轴中心线的移动和转动这两个自由度没有被限制，也没有必要限制，就可保证直径的尺寸精度。

C. 欠定位

根据工件的加工要求，应该限制的自由度没有被限制的定位，称为欠定位。欠定位无法保证加工精度，是绝对不允许存在的，在零件的加工中是不允许的。用一夹一顶的方式车削台阶时如图 16－4 所示，若卡盘里没装轴向定位装置，则工件在 X 轴向的位置不准确，从而不能保证台阶的长度。

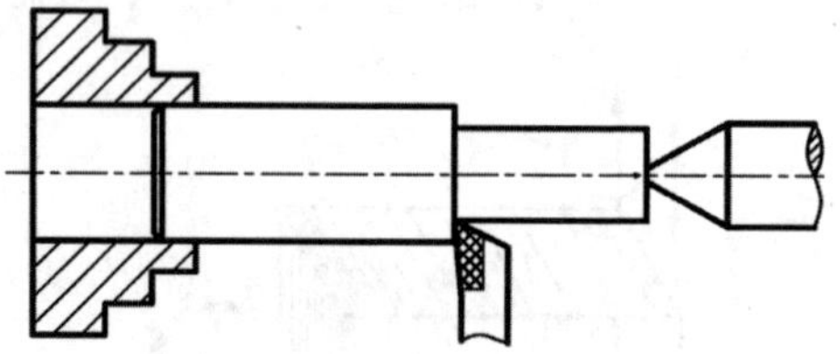

图 16－4　工件的欠定位

D. 过定位

过定位也叫重复定位。它是指几个定位支承点重复限制一个或几个自由度的定位。工件是否允许过定位存在应根据具体情况而定。工件以形状精度和位置精度很低的毛坯表面作为定位基准时，往往会引起工件无法安装或工件本身的很大弹性变形，所以不允许出现过定位。

如图 16－5 所示，用一夹一顶时，当工件夹持较长时，相当于限制了四个自由度，即 Y 轴和 Z 轴的转动和移动，后顶尖相当于限制了 Y 轴和 Z 轴的转动，这样 Y 轴和 Z 轴的转动就重复限制了，当卡盘夹紧后，后顶尖往往顶不到中心处，如果强行顶住，工件易变形。所以用一夹一顶装夹工件时，防止重复定位的方法是卡盘夹持部分短些（相当于限制 Y 轴和 Z 轴的移动）。对于采用形位精度很高的表面作为定位基准时，为了提高工件定位的稳定性和刚度，在一定的条件下是允许采用过定位的，所以不能机械地一概否定过定位。

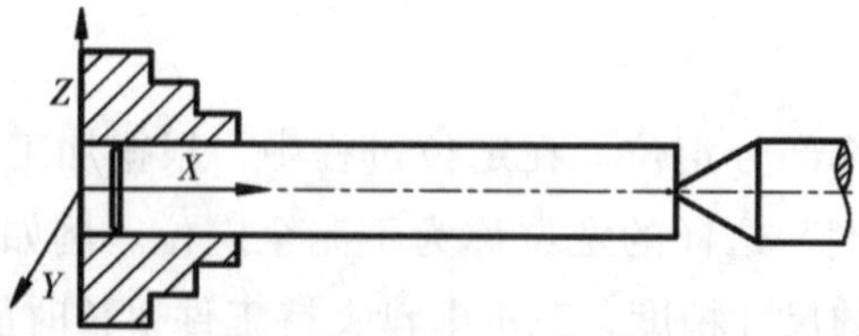

图 16－5　工件的过定位

2. 工件夹紧

工件在定位元件的支承下获得了正确位置。但是，在加工过程中，由于切削力、重力、离心力和惯性力等各种力的影响，会使得工件位置发生改变，定位不稳。为了保证将工件牢固地夹紧在定位元件上，防止工件产生振动和移动，就必须依靠夹紧结构。

1）对夹紧装置的基本要求

（1）夹紧要可靠。夹紧装置的基本功能是夹固工件，保证切削加工的顺利、安全进行。

（2）夹紧不允许破坏定位。工件的精确定位是夹紧的先决条件，夹紧不允许破坏工件的原有定位状态。

（3）夹紧变形要尽量小，且不能损伤工件。对工件的夹紧不应引起工件有较大的夹紧变形，以免松开夹紧后工件的弹性恢复造成加工表面的形状、位置精度下降。同时不允许对工件表面有压伤痕迹，从而影响工件的表面质量。

（4）操作安全、方便、省力，具有良好的结构工艺性，便于制造，方便使用和维修。

2）常用的夹紧机构

常用的夹紧机构有斜楔夹紧机构、螺旋夹紧机构、偏心夹紧机构等。下面简单介绍它们的特点。

A. 斜楔夹紧机构

图16-6是在工件上钻互相垂直的ϕ8F8、ϕ5F8的两组孔。工件装入后，锤击斜楔大头，夹紧工件。加工完成后，锤击小头，松开工件。

斜楔夹紧机构特点：①具有自锁性。②能改变夹紧作用力的方向。③斜楔具有扩力作用。④夹紧行程小。⑤夹紧效率低。由于用斜楔直接夹紧工件夹紧力小且费时费力，所以，生产实际中单独应用的不多，一般情况下是将斜楔与其他机构联合使用。

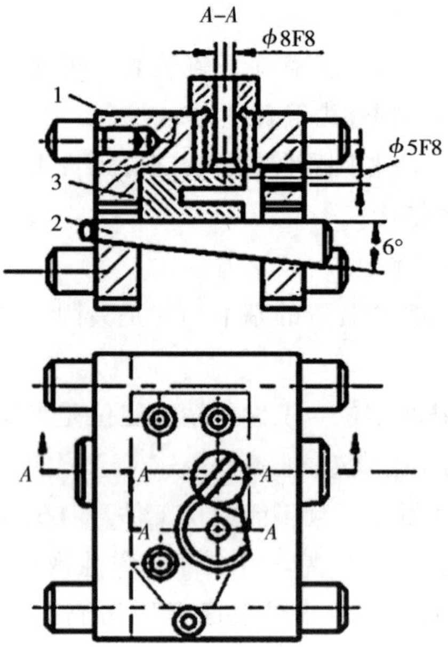

图 16－6　斜楔夹紧机构

B. 螺旋夹紧机构

螺旋夹紧机构是指螺旋副与其他元件（压板、垫片、螺钉等）相结合，对工件实施夹紧的机构（见图 16－7）。螺旋夹紧机构在生产中使用极为普遍，其结构简单，夹紧行程大，且自锁性能好，增力比大，是手动夹紧中用得最多的一种夹紧机构。常用的平口钳就是典型地采用了螺旋夹紧机构的一种工具。

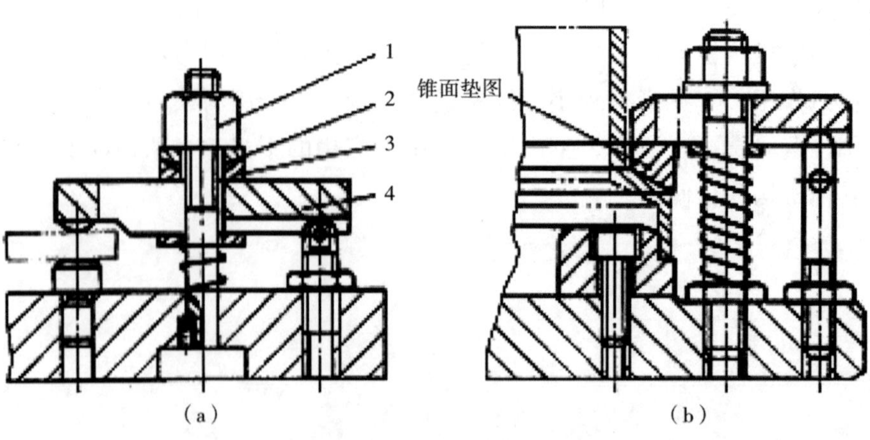

图 16－7　螺旋夹紧机构

C. 偏心夹紧机构

如图 16－8 所示，偏心夹紧机构是依靠偏心轮回转时的半径逐渐增大而产生夹紧力来夹紧工件的，用偏心件直接或间接夹紧工件的机构称为偏心夹紧机构。常用的偏心件是偏心轮和偏心轴。偏心夹紧机构操作方便、夹紧迅速，但夹紧力和行程较小，一般用于切削力不大、振动小、夹压面公差小的场合。

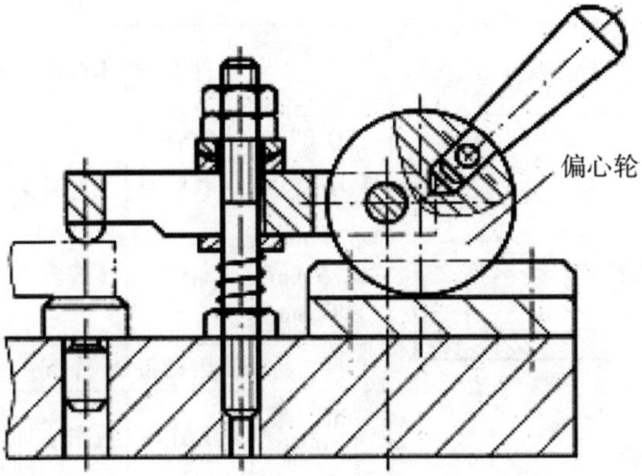

图 16－8　偏心夹紧机构

（二）制定数控加工工艺

1. 制定机械加工工艺过程卡

根据零件图和加工要求可知，该零件尺寸公差不高，关键是内、外轮廓的同轴度要求，这也是本任务的难点，结合毛坯尺寸的加工精度（同轴度在 0.05 mm 内）和生产实践，机械加工工艺过程卡如表 16－2 所示。

表 16－2　机械加工工艺过程卡

×××	机械加工工艺过程卡		产品名称或代号		JD307 射钉器	零件图号	
			零件名称		钉管	文件编号	
材料牌号	40Cr	毛坯种类	管料	毛坯尺寸（mm）	$\phi25(\phi8.6)\times84$	每坯加工件数	1
工序号	工序名称	工序内容	车间	设备	工艺设备	工时	
						准终	单件
1	下料	$\phi25$ mm($\phi8.6$ mm) ×84 mm	下料车间	数控锯床	钢直尺		
2	车 1	车两端端面和内孔	数车实训室	数控车床	三爪，限位芯轴		
3	车 2	两顶尖粗、精车外轮廓	数车实训室	数控车床	三爪，前、后顶尖		
4	铣	铣扁方	数铣实训室	加工中心	三爪、分度头		

续表

5	热处理	淬火 + 高温回火，表面氧化	外协	—	—		
设计		审核		批准	年　月　日	共1页	第1页

2. 制定数控加工工序卡

数控加工工序卡见表16 -3、表16 -4、表16 -5。

表16 -3　数控加工工序卡（工序2 - 车1）

单位名称		数控加工工序卡	产品名称或代号	零件名称	零件图号	工序名称	工序号
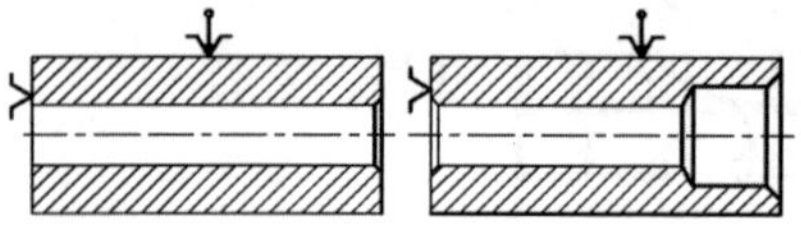			JD307	钉管		车1	1
			毛坯尺寸	材料牌号	毛坯种类	每坯件数	工作液
			ϕ25 mm（ϕ8.6 mm）×84 mm	40[#]	管料	1	无
			夹具名称	使用设备	车间	程序编号	准终(min)
			三爪、限位芯轴	CJK6136	数车实训	91	

工步号	工步内容	走刀次数	切削用量			工时/min		刀、量、辅助工具			
			主轴转速(r/min)	进给速度(mm/min)	吃刀量(mm)	加工	辅助	刀具号	刀具名称	量具名称	辅助工具
1	车右端端面和内孔倒角	1	1 500	150	1			T01	45°车刀	千分尺	芯轴
2	调头车左端端面	1	1 500	120	1			T01	45°车刀	千分尺	芯轴
3	粗车左端内孔	5	1 000	150	0.75			T02	镗孔车刀	游标卡尺	芯轴
4	精车左端内孔	1	1 500	150	0.25			T02	镗孔车刀	量规	芯轴
编制		审核			批准			年　月　日		共　页	第　页

表 16-4　数控加工工序卡（工序 3-车 2）

<table>
<tr><td>单位名称</td><td></td><td>数控加工工序卡</td><td>产品名称或代号</td><td>零件名称</td><td>零件图号</td><td>工序名称</td><td>工序号</td></tr>
<tr><td colspan="3" rowspan="6">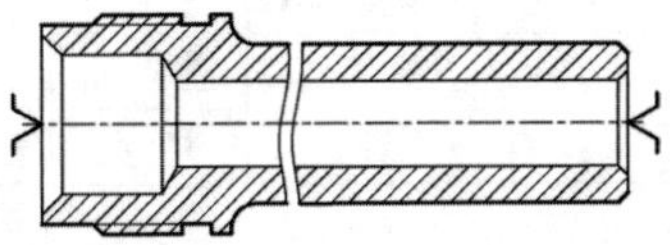</td><td>JD307</td><td>钉管</td><td></td><td>车 2</td><td>1</td></tr>
<tr><td>毛坯尺寸</td><td>材料牌号</td><td>毛坯种类</td><td>每坯件数</td><td>工作液</td></tr>
<tr><td>ϕ25 mm
（ϕ8.6 mm）
×84 mm</td><td>40Cr</td><td>管料</td><td>1</td><td>无</td></tr>
<tr><td>夹具名称</td><td>使用设备</td><td>车间</td><td>程序编号</td><td>准终（min）</td></tr>
<tr><td>三爪、前、后顶尖</td><td>CJK6136</td><td>数车实训</td><td>92</td><td></td></tr>
</table>

<table>
<tr><td rowspan="2">工步号</td><td rowspan="2">工步内容</td><td rowspan="2">走刀次数</td><td colspan="3">切削用量</td><td colspan="2">工时/min</td><td colspan="4">刀、量、辅助工具</td></tr>
<tr><td>主轴转速（r/min）</td><td>进给速度（mm/min）</td><td>背吃刀量（mm）</td><td>加工</td><td>辅助</td><td>刀具号</td><td>刀具名称</td><td>量具名称</td><td>辅助工具</td></tr>
<tr><td>1</td><td>粗车右端外轮廓</td><td>5</td><td>800</td><td>150</td><td>1.5</td><td></td><td></td><td>T01</td><td>90°车刀</td><td>千分尺</td><td>两顶尖</td></tr>
<tr><td>2</td><td>精车右端外轮廓</td><td>1</td><td>1 400</td><td>120</td><td>0.25</td><td></td><td></td><td>T01</td><td>90°车刀</td><td>千分尺</td><td>两顶尖</td></tr>
<tr><td>3</td><td>精车左端外轮廓和退刀槽</td><td>2</td><td>1 400</td><td>150</td><td>1</td><td></td><td></td><td>T02</td><td>左偏刀</td><td>游标卡尺</td><td>两顶尖</td></tr>
<tr><td>4</td><td>车螺纹 M22×1.5</td><td>3</td><td>1 000</td><td></td><td></td><td></td><td></td><td>T03</td><td>螺纹车刀</td><td>螺纹环规</td><td>两顶尖</td></tr>
<tr><td>编制</td><td></td><td>审核</td><td></td><td></td><td>批准</td><td colspan="2"></td><td colspan="2">年　月　日</td><td>共　页</td><td>第　页</td></tr>
</table>

表 16-5　数控加工工序卡片（工序 4-铣）

<table>
<tr><td>单位名称</td><td></td><td>数控加工工序卡</td><td>产品名称或代号</td><td>零件名称</td><td>零件图号</td><td>工序名称</td><td>工序号</td></tr>
<tr><td colspan="3" rowspan="6">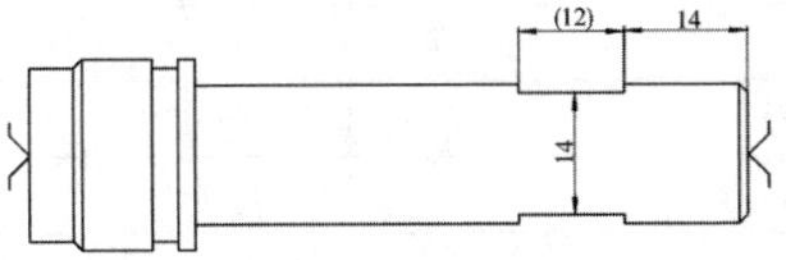</td><td>JD307</td><td>钉管</td><td></td><td>铣</td><td>4</td></tr>
<tr><td>毛坯尺寸</td><td>材料牌号</td><td>毛坯种类</td><td>每坯件数</td><td>工作液</td></tr>
<tr><td>ϕ25 mm
（ϕ8.6 mm）
×84 mm</td><td>40Cr</td><td>半成品</td><td>1</td><td>无</td></tr>
<tr><td>夹具名称</td><td>使用设备</td><td>车间</td><td>程序编号</td><td>准终（min）</td></tr>
<tr><td>三爪卡盘、顶尖</td><td>四轴加工中心</td><td>实训加工中心</td><td>Oxxx</td><td></td></tr>
</table>

续表

工步号	工步内容	走刀次数	切削用量			工时/min		刀、量、辅助工具			
			主轴转速（r/min）	进给速度（mm/min）	背吃刀量（mm）	加工	辅助	刀具号	刀具名称	量具名称	辅助工具
1	铣扁方 1	2	1 600	300	1			T01	立铣刀 $\phi12$	无	
2	铣扁方 2	2	1 600	300	1			T01	立铣刀 $\phi12$	游标尺	
编制		审核			批准			年 月 日		共 页	第 页

二、加工准备

（一）刀、量、夹具的准备

1. 填写刀、量、夹具清单

根据任务要求，正确填写刀、量、夹具清单，见表 16－6。

表 16－6　刀、量、夹具清单

产品名称或代号			零件名称		零件图号	
种类	序号	名称	规格（mm）	精度（mm）	单位	数量
刀具	1	45°车刀	20×20		把	1
	2	90°车刀	20×20		把	1
	3	左偏刀	20×20		把	1
	4	内孔车刀	$\phi10$		把	1
	5	立铣刀	$\phi12$		把	1
量具	6	游标卡尺	0～150	0. 02	把	1
	7	千分尺	25～50	0. 01	把	1
	8	螺纹环规	M22×1. 5	6 g	副	1
	9	量规	$\phi14$		把	1
夹具	10	三爪	200		副	1
	11	定位芯轴			副	1
	12	前顶尖	自制		个	1
	13	活动顶尖	莫式 4 号		个	1
	14	尾座				
	15	三爪卡盘				

2. 定位芯轴的选用与制作

在实际生产中，为提高加工效率，都要设置定位基准，当工件较短时可在三爪上车削台阶来作为重复定位基准，但当工件较长时就需要在主轴锥孔中安装定位基准，主轴锥孔中的定位基准（定位芯轴）如图 16－9 所示。定位芯轴的结构如图 16－10 所示：由标准机床芯轴、自制圆锥芯轴、螺杆和螺母组成，其中自制圆锥芯轴和螺杆可根据需要自己制作，在组装时要注意：

（1）螺杆伸出长度根据工件的夹持长度调整适中，当工件的内孔直径很大时，可在螺纹右端面上再套一个盲孔螺帽。

（2）螺母预紧力要足够，否则可能出现工件重复定位不准确。

（3）自制圆锥芯轴与标准芯轴锥孔配合要紧密。

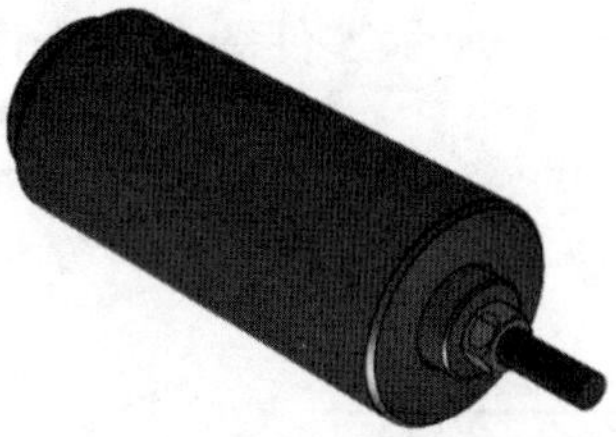

图 16－9　限位芯轴

图 16－10　限位芯轴的结构

3. 量规的选用与制作

量规也称为光滑极限量规，按检测对象分为光滑圆柱极限量规、锥体量规、位置量规、专用量规（螺纹量规、轴用量规、孔用量规等）等；按用途可以分为工作量规、验收量规和校对量规 3 种。检验孔的量规称为塞规，如图 16－11 所示。检验轴的量规称为环规或卡规。量规有通规和止规，通规按孔或轴的最大实体尺寸制造，一般用 T 表示；止规按孔或轴的最小实体尺寸制造，一般用 Z 表示。利用量规检测时，通端过、止端不过即为合格。

量规是专门针对某一尺寸而设计的量具，适合批量加工零件的检测，具有测量方便、快速的优点，缺点是不能准确测量出工件尺寸，长时间使用后会磨损，影响检测精度。对于一些常用的尺寸公差可以购买，但对于一些不常用的尺寸公差可以自己制作。根据本任务零件内孔的要求，可以自己设计并制作，如图 16－12 所示：通端较长，用内孔的最小极限尺寸来加工；止端较短，用内孔的最大极限尺寸来加工。

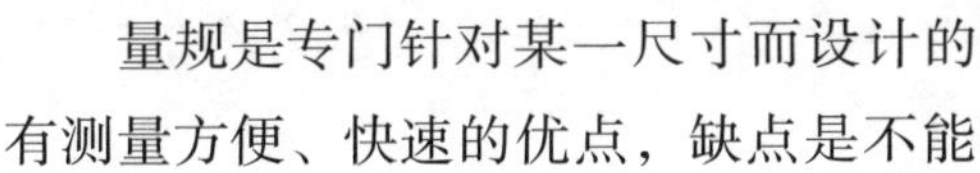

图 16－11　塞规

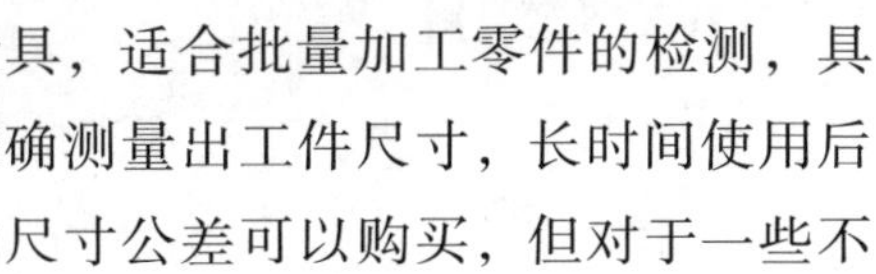

图 16－12　自制塞规

（二）编制数控加工程序

1. 左偏刀的编程应用

为保证内、外轮廓的同轴度要求，零件的第三道工序采用两顶尖装夹的方式来保证，加工时，为提高加工效率，零件的左端轮廓和退刀槽只需采用一把左偏刀来车削即可。左偏刀与右偏刀的主要区别是：刀尖位置和刀具在纵向切削时走刀方向不一样，左偏刀刀尖在最右侧，刀具在纵向切削时是从左往右切削，所用编程指令可根据轮廓实际情况来选择，既可以用循环指令来编写，也可以用基本指令 G0、G1 来编写。图 16－13 所示零件图参考程序如下（螺纹外轮廓尺寸已由右偏刀车到 22 mm）：

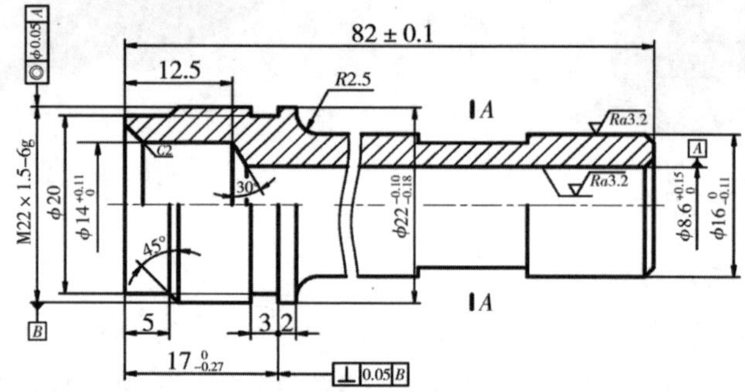

图 16－13　零件图

左偏刀参考程序：

……

M3 S1200 T0202；

G0 X25 Z－1；

X19；

G1 Z0 F180；

X20 W0. 5；

Z5；

X21. 8 W0. 9；

Z13. 1；

X20 W0. 9；

W3；

X21；

X23 W1；

G0 X150 Z50;

……

2. 编程注意事项

（1）内孔的倒角程序。由于内孔右端不用加工，在倒角时，最好由里向外切进行切削，保证倒角处不会留下毛刺。

（2）利用左偏刀编程时，要先计划好工件坐标系的位置。由于左偏刀的刀尖在最右侧，不利于工件右端面的对刀，所以左偏刀的工件坐标系最好设置在零件的左端面或轮廓中台阶的左侧面上（本任务设置在工件左端面上），在编程时就要注意工件轮廓点在坐标系中的位置，特别是长度方向的位置。

（3）利用两顶尖装夹时，要正确设置退刀点和换刀点。如图 16－14 所示：由于尾座和套筒距离刀架很近，要防止刀具在退刀时刀架中的滑板与尾座（底座）发生碰撞，以及换刀时车刀与尾座或套筒发生碰撞。所以要正确设置退刀点和换刀点，特别是 *Z* 向退刀。通常这两点可设置成一个点，比如 G0 X150 Z2。

（4）利用两顶尖装夹，但没有采用鸡心夹头带动工件旋转时，被吃刀量可小一点，防止因切削阻力过大造成主轴旋转而工件不动现象。

图 16－14　两顶尖装夹工件

三、加工与检测

应知

（1）定位基准的安装与调试。

（2）两顶尖装夹的步骤与注意事项。

（3）钉管常见质量误差的原因。

应会

（1）能正确组装和安装定位芯轴。

（2）能正确安装前后顶尖、工件和刀具。

（3）能正确分析并纠正零件的加工误差。

知识探究

（一）定位芯轴的安装与调试

1. 定位芯轴的安装（见图 16－15）

（1）清洁机床主轴芯轴表面。

（2）将夹具装入机床主轴锥孔。

（3）用铜棒轻轻敲击，让机床主轴芯轴与机床主轴锥孔配合紧密。

图 16－15　定位芯轴的安装

2. 工件的装夹

工件在装夹时要注意：

（1）清洁工件定位面。

（2）将工件定位面与螺杆定位面贴紧，防止重复定位精度不准。

（二）两顶尖的装夹步骤与注意事项

1. 安装死顶尖与活顶尖

装夹时，死顶尖安装在三爪卡盘里，活顶尖安装在尾座套筒里，如图 16－16 所示。在安装前顶尖时，为保证前顶尖与主轴轴线的同轴度，可将顶尖锥面车削一刀，也可以用百分表找正。

图 16－16　前、后顶尖的装夹

2. 安装工件与刀具

工件的安装如图 16－17 所示。

图16－17　工件的装夹

（1）将工件安装在死顶尖与活顶尖之间。

（2）依次安装右偏刀、左偏刀和螺纹车刀，并调整刀具的伸出量。

操作注意事项：①必须保证前、后顶尖的同轴度要求，否则加工出来的工件容易出现锥度；②刀具的伸出长度要合适，防止进刀时刀架与套筒发生碰撞。

3. 调整套筒的伸出量

根据刀具的伸出长度，调整套筒的伸出量，如图16－18所示，防止进刀时2号刀的刀尖与尾座发生碰撞。尾座套筒的伸出量在不影响车刀切削的前提下，尽量伸出短些，以提高加工刚性，减少振动。

图16－18　调整套筒伸出量

4. 锁紧尾座和套筒

锁紧尾座和套筒如图16－19所示。

（1）先提起固定手柄。

（2）锁紧尾座螺栓。

（3）旋紧进给手柄。

（4）锁紧套筒手柄。

操作注意事项：①尾座必须锁紧，防止加工时出现尾座后退，造成安全事故；②在没有采用鸡心夹头时，进给手柄的旋紧力要稍大一点，防止主轴旋转而工件不动现象。

图 16-19　锁紧尾座与套筒

（三）任务质量分析

任务质量分析见表 16-7。

表 16-7　任务质量分析

问题现象	产生原因	预防和消除
长度尺寸不准确	1. 程序不对 2. 对刀或首件试切错误 3. 芯轴或螺杆松动 4. 工件装夹时未贴紧或工件端面未清洁	1. 仔细检验程序 2. 仔细对刀并试切 3. 让芯轴与主轴锥孔贴紧并锁紧螺杆 4. 装夹工件时清洁工件端并用力贴紧
两顶尖装夹车削时工件松动	1. 进给手柄锁紧力太小 2. 尾座后退 3. 吃刀量太大	1. 加大进给手柄的锁紧力 2. 利用六角扳手锁紧尾座 3. 减小吃刀量
两顶尖装夹时退刀、换刀与尾座发生碰撞	1. 程序编写错误 2. 尾座套筒伸出太短	1. 正确设置退刀点和换刀点 2. 调整套筒的伸出量
外圆出现锥度	1. 后顶尖与主轴轴线不同轴 2. 前顶尖与主轴轴线不同轴	1. 横向调整尾座 2. 车削前顶尖圆锥面
内、外尺寸或螺纹不对	1. 程序错误 2. 量具或检测错误 3. 刀具安装不正确	1. 认真检查程序 2. 认真校验量具和检测 3. 规范装夹刀具

（四）零件精度检测评分

零件精度检测评分表见表 16-8。

表 16 - 8　零件精度检测评分表

姓名				班级		日期		
任务名称		钉管的加工		零件图号		机床编号		
检测任务		考核内容	配分	评分标准	学生自测	小组检测	教师检测	备注
基本检测	程序	切削加工工艺制定正确	2	独立完成				
		切削用量选用合理	2	独立完成				
		程序正确、简单、规范	10	独立完成				
	操作	刀具的刃磨、安装和对刀	8	独立完成				
		设备的正确操作与维护保养	3	视情况扣分				
		安全、文明生产	10	视情况扣分				
尺寸检测	直径	$\phi 22_{-0.18}^{-0.1}$	8	超差不合格				
		$\phi 16_{-0.11}^{0}$	8	超差不合格				
		$\phi 14_{0}^{+0.1}$	8	超差不合格				
		$\phi 20$	2	超差不合格				
	长度	82 ± 0.1	8	超差不合格				
		$17_{-0.27}^{0}$	6	超差不合格				
		12.5	2	超差不合格				
	其他	垂直度 0.04	4	超差不合格				
		同轴度 $\phi 0.05$	4	超差不合格				
		$R2.5$	2	超差不合格				
		倒角	4	超差不合格				
		M22X1.5 - 6g	8	超差不合格				
		表面粗糙度	4	超差不合格				
成绩评定		根据产品要求，凡是尺寸检查不合格的，成绩评定均为 0 分	100	综合考核				
指导教师			小组长			总分		

任务评价

完成任务后，根据学生自评、小组互评和教师评价，填写学习过程综合评价表（见表 16 - 9）。

表 16－9　学习过程综合评价表

姓名	班级	小组号			日期	
任务名称	钉管的加工	小组长			指导教师	
检测任务	考核内容与标准	配分	学生自测	小组检测	教师检测	备注
纪律观念	出勤、穿着、佩戴规范	5				
	遵守纪律、服从安排	5				
	具有责任心和团队意识	5				
学习情况	认真、积极学习	5				
	正确完成相关习题和任务	5				
工艺制定	正确选择工、量、夹具	5				
	正确填写各种工艺文件	5				
加工准备	正确准备刀具、量具和夹具	10				
	能独立编写加工程序	10				
零件加工	能独立、熟练操作数控车床	5				
	零件得分 ×0.4	40				
安全文明生产	规范、安全刃磨刀具与操作加工	5				
卫生 6S	能及时清理场地、设备	5				
成绩评定	根据学生自测、小组检测和观察综合评定	100			总分：	
等级评定	60 分以下不合格，60（含）~75 分合格，75（含）~90 分良好，90（含）分以上优秀			等级		

任务拓展

如图 16－20 所示为 JD307 射钉器中活塞杆的零件图，材料为 40Cr，毛坯尺寸为 $\phi17$ mm × 152 mm，对其批量加工，试分析该零件的机械加工工艺过程，确定数控车削工艺，并完成零件的加工。

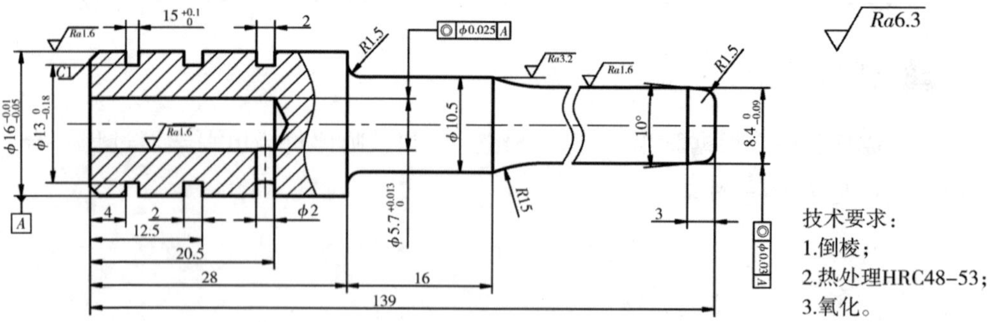

图 16－20　活塞杆

学习任务 17　典型零件——活塞筒的加工

学习目标

◎**知识目标**

1. 掌握生产零件的工艺分析方法和步骤。
2. 掌握内螺纹程序编写指令的格式和注意事项。
3. 掌握生产中设置重复定位基准的编程技巧。

◎**能力目标**

1. 能正确制定零件的加工工艺，选择合理的刀、量、夹具以及切削用量。
2. 能正确使用内螺纹车刀。
3. 能正确检测和控制零件的几何精度。

◎**素养目标**

1. 培养学生认真、细致的学习态度和执着专注、精益求精、一丝不苟、追求卓越的工匠精神。
2. 养成安全、文明的操作习惯。

学习任务

根据所学知识，分析 JD307 射钉器中的活塞筒，如图 17－1 所示，制定机械加工工艺，选择正确的加工设备、刀具、量具、夹具以及切削用量，完成小批量加工（每组 30 件），材料 40Cr，管料，毛坯尺寸为 ϕ28.5 mm（ϕ16 mm）×170 mm。

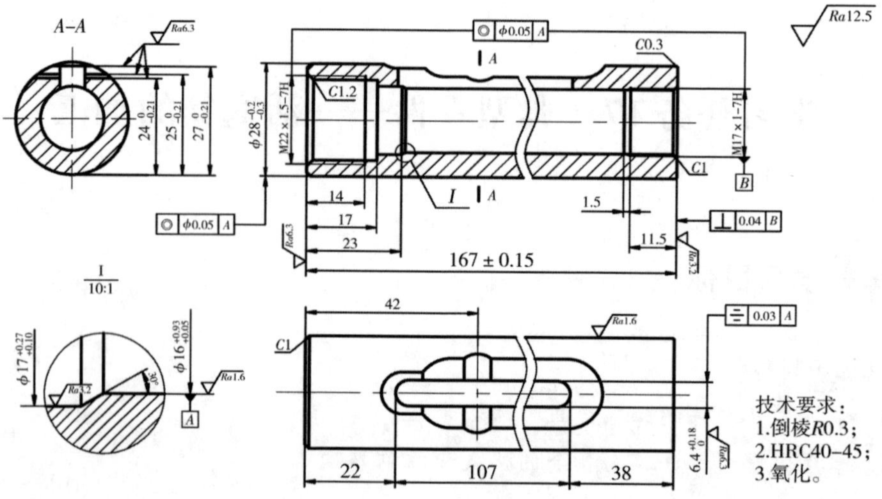

图 17－1　活塞筒

学习流程

制订计划 → 加工准备 → 加工与检测

学习过程

一、制订计划

（一）分析零件图

零件图分析表见表 17－1。

表 17－1　零件图分析表

	分析要素	基本情况	分析结果
零件图	轮廓	两侧端面，内、外圆柱面、内螺纹、平面、曲面、槽	刀具：45°、90°、镗孔车刀、内螺纹车刀、圆柱铣刀等 量具：游标卡尺，千分尺（25～50）、螺纹塞规
	材料	40Cr	
	生产类型	小批量	在车床上完成内、外轮廓的车削，两顶尖装夹保证内外圆的同轴度要求；铣床完成槽、平面和曲面的铣削加工
	毛坯尺寸	ϕ28.5 mm（ϕ16 mm）×170 mm	
	几何精度	外圆 0.05 mm，粗糙度 1.6 μm，同轴度 ϕ0.05 mm，垂直度 0.04 mm和对称度 0.03 mm	普通数控车床，内外轮廓的同轴度需采用两顶尖装夹的方式才能保证，铣床可采用 4 轴加工中心在一次装夹中完成
	图纸的完整性	完整	无须计算与处理

（二）制定加工工艺

1. 制定机械加工工艺过程卡

根据零件图和加工要求可知：该零件尺寸公差不高，ϕ16 内孔不用加工，保证零件图中的4个形位公差（即：内外轮廓的同轴度、左右两端内螺纹轴线的同轴度、槽的对称度和 M17 螺纹轴线与右端面的垂直度）要求才是本零件的难点。结合生产实践，机械加工工艺过程卡如表 17－2 所示。

表 17－2　机械加工工艺过程卡

<table>
<tr><td colspan="2" rowspan="2">×××</td><td rowspan="2">机械加工工艺过程卡</td><td>产品名称或代号</td><td>JD307 射钉器</td><td>零件图号</td><td colspan="2"></td></tr>
<tr><td>零件名称</td><td>活塞筒</td><td>文件编号</td><td colspan="2"></td></tr>
<tr><td>材料牌号</td><td>40Cr</td><td>毛坯种类　管料</td><td>毛坯尺寸</td><td>ϕ28.5 mm（ϕ16 mm）×170 mm</td><td>每坯加工件数</td><td colspan="2">1</td></tr>
<tr><td rowspan="2">工序号</td><td rowspan="2">工序名称</td><td rowspan="2">工序内容</td><td rowspan="2">车间</td><td rowspan="2">设备</td><td rowspan="2">工艺设备</td><td colspan="2">工时</td></tr>
<tr><td>准终</td><td>单件</td></tr>
<tr><td>1</td><td>下料</td><td>ϕ28.5 mm（ϕ16 mm）×170 mm</td><td>下料车间</td><td>数控锯床</td><td></td><td></td><td></td></tr>
<tr><td>2</td><td>车端面</td><td>车两端面，保证工件总长</td><td>数车实训室</td><td>数控车床</td><td>三爪，限位心轴</td><td></td><td></td></tr>
<tr><td>3</td><td>车外圆</td><td>两顶尖装夹精车外圆</td><td>数车实训室</td><td>数控车床</td><td>三爪，前、后顶尖</td><td></td><td></td></tr>
<tr><td>4</td><td>车内孔</td><td>粗、精加工左右内孔</td><td>数车实训室</td><td>数控车床</td><td>三爪，限位心轴</td><td></td><td></td></tr>
<tr><td>5</td><td>铣 1</td><td>铣槽</td><td>数铣实训室</td><td>加工中心</td><td>平口钳</td><td></td><td></td></tr>
<tr><td>6</td><td>铣 2</td><td>平面以及圆弧面</td><td>数铣实训室</td><td>加工中心</td><td>平口钳</td><td></td><td></td></tr>
<tr><td>7</td><td>热处理</td><td>淬火＋低温回火，表面氧化</td><td>外协</td><td>—</td><td>—</td><td></td><td></td></tr>
<tr><td colspan="2">设计</td><td>审核</td><td>批准</td><td></td><td>年　月　日</td><td>共1页</td><td>第1页</td></tr>
</table>

2. 根据分析内容填写数控加工工序卡

具体填写内容见表 17－3、表 17－4、表 17－5、表 17－6、表 17－7。

表 17－3 数控加工工序卡（工序 2－车 1）

单位名称		数控加工工序卡	产品名称或代号	零件名称	零件图号	工序名称	工序号
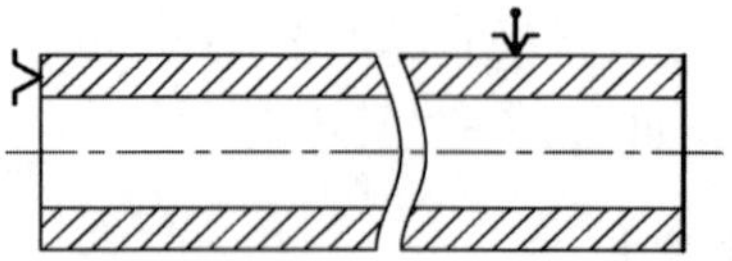			JD307	活塞筒		车端面	2
			毛坯尺寸	材料牌号	毛坯种类	每坯件数	工作液
			ϕ28.5 mm（ϕ16 mm）×170 mm	40Cr	管料	1	无
			夹具名称	使用设备	车间	程序编号	准终(min)
			三爪卡盘、心轴	CJK6136	数车实训	1	

工步号	工步内容	走刀次数	切削用量			工时/min		刀、量、辅助工具			
			主轴转速(r/min)	进给速度(mm/min)	背吃刀量(mm)	加工	辅助	刀具号	刀具名称	量具名称	辅助工具
1	三爪夹持，车一端端面	1	1 200	120	1			T01	45°车刀	游标卡尺	芯轴
2	调头，车另一端面，并保证总长	1	1 200	120	1			T01	45°车刀	游标卡尺	芯轴
编制		审核		批准		年 月 日			共 页		第 页

表 17－4 数控加工工序卡（工序 3－车 2）

单位名称		数控加工工序卡	产品名称或代号	零件名称	零件图号	工序名称	工序号
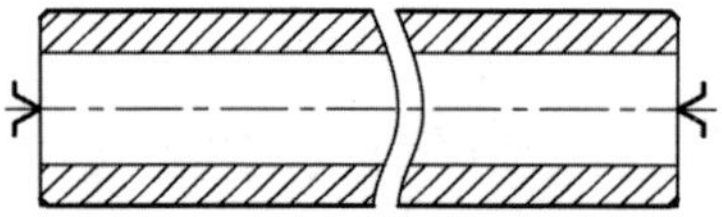			JD307	活塞筒		车外圆	3
			毛坯尺寸	材料牌号	毛坯种类	每坯件数	工作液
			ϕ28.5 mm（ϕ16 mm）×170 mm	40Cr	管料	1	无
			夹具名称	使用设备	车间	程序编号	准终(min)
			三爪，前、后顶尖	CJK6136	数车实训	2	

工步号	工步内容	走刀次数	切削用量			工时/min		刀、量、辅助工具			
			主轴转速(r/min)	进给速度(mm/min)	背吃刀量(mm)	加工	辅助	刀具号	刀具名称	量具名称	辅助工具
1	两顶尖装夹车外圆	1	1 200	120	0.25			T01	90°车刀	千分尺	前、后顶尖
编制		审核		批准		年 月 日			共 页		第 页

表 17-5 数控加工工序卡（工序 4-车 3）

单位名称		数控加工工序卡	产品名称或代号	零件名称	零件图号	工序名称	工序号
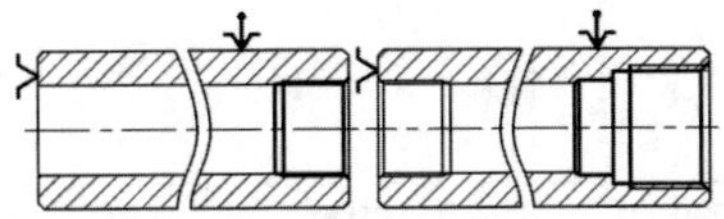			JD307	活塞筒		车内孔	4
			毛坯尺寸	材料牌号	毛坯种类	每坯件数	工作液
			ϕ28.5 mm（ϕ16 mm）×170 mm	40Cr	管料	1	无
			夹具名称	使用设备	车间	程序编号	准终（min）
			三爪卡盘、心轴	CJK6136	数车实训	3	

工步号	工步内容	走刀次数	切削用量 主轴转速（r/min）	切削用量 进给速度（mm/min）	切削用量 背吃刀量（mm）	工时/min 加工	工时/min 辅助	刀、量、辅助工具 刀具号	刀具名称	量具名称	辅助工具
1	车右端内孔	1	1 200	120	0.5			T02	内螺纹车刀	千分尺	芯轴
2	车右端内螺纹 M17×1	3	1 000					T02	内螺纹车刀	螺纹环规	芯轴
3	调头，车左端内孔	1	1 200	120	0.25			T01	内孔车刀	量规	芯轴
4	车左端内螺纹	4	800					T02	内螺纹车刀	螺纹环规	芯轴
编制		审核		批准		年 月 日			共 页	第 页	

表 17-6 数控加工工序卡（工序 5-铣 1）

单位名称		数控加工工序卡	产品名称或代号	零件名称	零件图号	工序名称	工序号
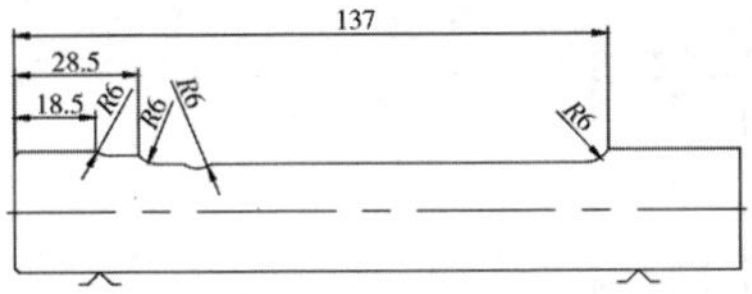			JD307	活塞筒		铣面	5
			毛坯尺寸	材料牌号	毛坯种类	每坯件数	工作液
			ϕ28.5 mm（ϕ16 mm）×167 mm	40Cr	管料	1	有
			夹具名称	使用设备	车间	程序编号	准终（min）
			专用夹具	铣床	数铣车间		

工步号	工步内容	走刀次数	切削用量 主轴转速（r/min）	切削用量 进给速度（mm/min）	切削用量 背吃刀量（mm）	工时/min 加工	工时/min 辅助	刀、量、辅助工具 刀具号	刀具名称	量具名称	辅助工具
1	铣侧面	1	1 200	120	3			T01	立铣刀	游标卡尺	
编制		审核		批准		年 月 日			共 页	第 页	

表 17-7　数控加工工序卡（工序 6-铣 2）

单位名称		数控加工工序卡	产品名称或代号	零件名称	零件图号	工序名称	工序号
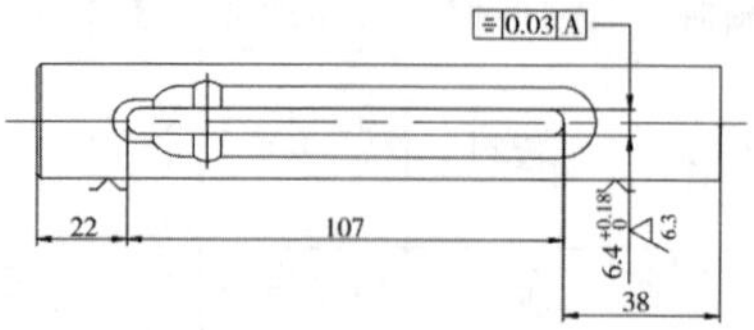			JD307	活塞筒		铣面	5
			毛坯尺寸	材料牌号	毛坯种类	每坯件数	工作液
			ϕ28.5 mm (ϕ16 mm) ×167 mm	40Cr	管料	1	有
			夹具名称	使用设备	车间	程序编号	准终(min)
			专用夹具	铣床	数铣车间		

工步号	工步内容	走刀次数	切削用量			工时/min		刀、量、辅助工具			
			主轴转速（r/min）	进给速度（mm/min）	背吃刀量（mm）	加工	辅助	刀具号	刀具名称	量具名称	辅助工具
1	铣槽	1	1 500	150	3			T01	立铣刀	游标卡尺	
2	槽倒角	1	3 000	500	0.3			T02	倒角刀		
编制		审核		批准				年　月　日		共　页	第　页

二、加工准备

1. 内螺纹程序的编写

内螺纹和外螺纹的编程指令都一样，都可以用 G32、G92 和 G76 来编写，不同的是 X 向定位点和进刀方向不同。车内螺纹的定位点小于或等于内螺纹的小径 $D1$（车钢件 $D1=D-P$，车铸 $D1=D-1.05P$），X 向的进刀由小径 $D1$ 到大径 D 变化，图 17-2 所示为内螺纹的大径 D、中径 $D2$ 和小径 $D1$。

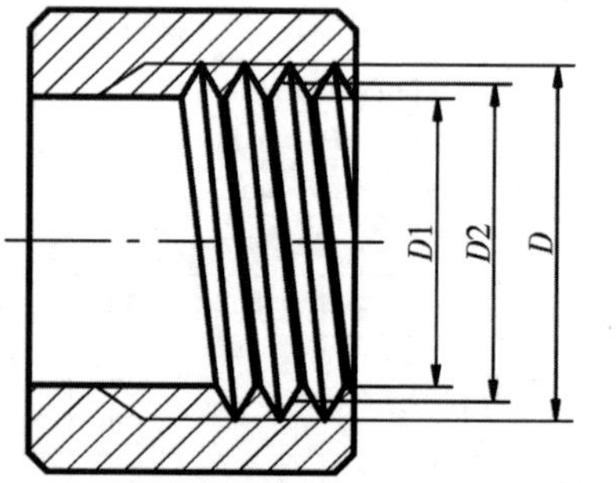

图 17-2　内螺纹的大、中和小径

零件图 17-3 所示的内螺纹参考程序如下：

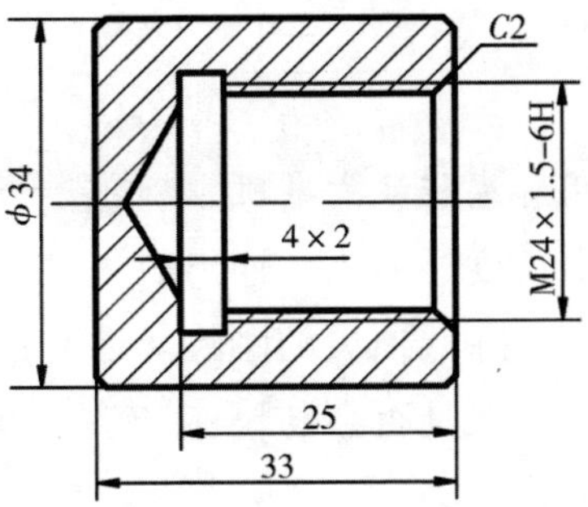

图 17－3　零件图

参考程序：

M03 S800 T0303；

G0 X21 Z4；

G92 X23.1 Z－23 F1.5；

X23.6；

X23.9；

X24.1；根据公差要求可大 0.1；

G0 X50 Z50；

……

2. 刀、量、夹具的准备

刀、量、夹具清单见表 17－8。

表 17－8　刀、量、夹具清单

产品名称或代号			零件名称		零件图号	
种类	序号	名称	规格（mm）	精度（mm）	单位	数量
刀具	1	45°车刀	20×20		把	1
	2	90°车刀	20×20		把	1
	3	内螺纹车刀	ϕ14		把	1
	4	内孔车刀	ϕ14		把	1
量具	5	游标卡尺	0～150	0.02	把	1
	6	千分尺	25～50	0.01	把	1
	7	螺纹塞规	M22×1.5	6g	副	1
	8	螺纹塞规	ϕ17×1		把	1
夹具	9	三爪卡盘	200		副	1
	10	定位芯轴			副	1
	11	前顶尖	自制		个	1
	12	活动顶尖	莫式 4 号		个	1

三、加工与检测

1. 两顶尖装夹的使用和编程注意事项

（1）尾座套筒的伸出长度要适当。伸出短了易造成刀架在进刀时与尾座发生碰撞；伸出太长了又会降低顶尖的刚性。通常情况下，可先将刀具装夹好，再手动进刀观察一下刀架是否会与尾座产生干涉，最后再锁紧尾座。如图 17－4 所示。

（2）90°车刀在安装时要伸出长一点，以防止刀尖还没接触到工件，刀架就与顶尖发生碰撞。

（3）编程时要正确设置退刀点和换刀点。为防止刀架在退刀或换刀时与尾座发生碰撞，故在编程时特别要注意 Z 的退刀量，在本程序中可写成：G0 X100 Z2；如果需要换刀时，可把 X 值加大，例如：G0 X150 Z2，但也不要超限。

图 17－4　两顶尖的使用

（4）在工序 2 中车端面时，刀具必须从里向外车削，以免在孔口留有毛刺，影响（工序 3）两顶尖装夹时外圆与内孔的同轴度。

2. 内螺纹车刀的安装与对刀

内螺纹车刀在安装时，既要保证中心高，也要注意螺纹刀尖中心线与工件轴线的垂直度，否则车出的螺纹将不合格。安装时直接将螺纹刀片的端面与工件端面贴紧，再车紧螺栓即可，内螺纹车刀的对刀与内孔车刀的对刀是一样的。

3. 零件精度检测评分

零件精度检测评分表见表17－9。

表17－9　零件精度检测评分表

姓名				班级		日期		
任务名称		活塞筒的加工		零件图号		机床编号		
检测任务		考核内容	配分	评分标准	学生自测	小组检测	教师检测	备注
基本检测	程序	切削加工工艺制定正确	2	独立完成				
		切削用量选用合理	2	独立完成				
		程序正确、简单、规范	10	独立完成				
	操作	刀具的刃磨、安装和对刀	8	独立完成				
		设备的正确操作与维护保养	3	视情况扣分				
		安全、文明生产	10	视情况扣分				
尺寸检测	直径	$\phi 28_{-0.3}^{-0.2}$	8	超差不合格				
		$\phi 16_{+0.10}^{+0.27}$	8	超差不合格				
	长度	167 ± 0.15	8	超差不合格				
		17	2	超差不合格				
		23	2	超差不合格				
	其他	同轴度$\phi 0.05$	4	超差不合格				
		垂直度0.04	4	超差不合格				
		M22×1.5－7H	10	超差不合格				
		M17×1－7H	10	超差不合格				
		倒角及毛刺	5	未倒不合格				
		表面粗糙度	4	超差不合格				
成绩评定		根据产品要求，凡是尺寸检查不合格的，成绩评定均为0分	100	综合考核				
指导教师			小组长		总分			

任务评价

完成任务后，根据学生自评、小组互评和教师评价，填写学习过程综合评价表（见表 17－10）。

表 17－10　学习过程综合评价表

<table>
<tr><td>姓名</td><td></td><td>班级</td><td></td><td>小组号</td><td></td><td>日期</td><td></td></tr>
<tr><td>任务名称</td><td colspan="3">活塞筒的加工</td><td>小组长</td><td></td><td>指导教师</td><td></td></tr>
<tr><td>检测任务</td><td colspan="2">考核内容与标准</td><td>配分</td><td>学生自测</td><td>小组检测</td><td>教师检测</td><td>备注</td></tr>
<tr><td rowspan="3">纪律观念</td><td colspan="2">出勤、穿着、佩戴规范</td><td>5</td><td></td><td></td><td></td><td></td></tr>
<tr><td colspan="2">遵守纪律、服从安排</td><td>5</td><td></td><td></td><td></td><td></td></tr>
<tr><td colspan="2">具有责任心和团队意识</td><td>5</td><td></td><td></td><td></td><td></td></tr>
<tr><td rowspan="2">学习情况</td><td colspan="2">认真、积极学习</td><td>5</td><td></td><td></td><td></td><td></td></tr>
<tr><td colspan="2">正确完成相关习题和任务</td><td>5</td><td></td><td></td><td></td><td></td></tr>
<tr><td rowspan="2">工艺制定</td><td colspan="2">正确选择工、量、夹具</td><td>5</td><td></td><td></td><td></td><td></td></tr>
<tr><td colspan="2">正确填写各种工艺文件</td><td>5</td><td></td><td></td><td></td><td></td></tr>
<tr><td rowspan="2">加工准备</td><td colspan="2">正确准备刀具、量具和夹具</td><td>10</td><td></td><td></td><td></td><td></td></tr>
<tr><td colspan="2">能独立编写加工程序</td><td>10</td><td></td><td></td><td></td><td></td></tr>
<tr><td rowspan="2">零件加工</td><td colspan="2">能独立、熟练操作数控车床</td><td>5</td><td></td><td></td><td></td><td></td></tr>
<tr><td colspan="2">零件得分×0.4</td><td>40</td><td></td><td></td><td></td><td></td></tr>
<tr><td>安全文明生产</td><td colspan="2">规范、安全刃磨刀具与操作加工</td><td>5</td><td></td><td></td><td></td><td></td></tr>
<tr><td>卫生 6S</td><td colspan="2">能及时清理场地、设备</td><td>5</td><td></td><td></td><td></td><td></td></tr>
<tr><td>成绩评定</td><td colspan="2">根据学生自测、小组检测
和观察综合评定</td><td>100</td><td></td><td></td><td colspan="2">总分：</td></tr>
<tr><td>等级评定</td><td colspan="4">60 分以下不合格，60（含）~75 分合格，
75（含）~90 分良好，90（含）分以上优秀</td><td>等级</td><td colspan="2"></td></tr>
</table>

任务拓展

分析图 17－5 所示射钉器 JD307 中外套体，制定零件的机械加工工艺，选择合适的设备、工具、量具、夹具以及切削用量。

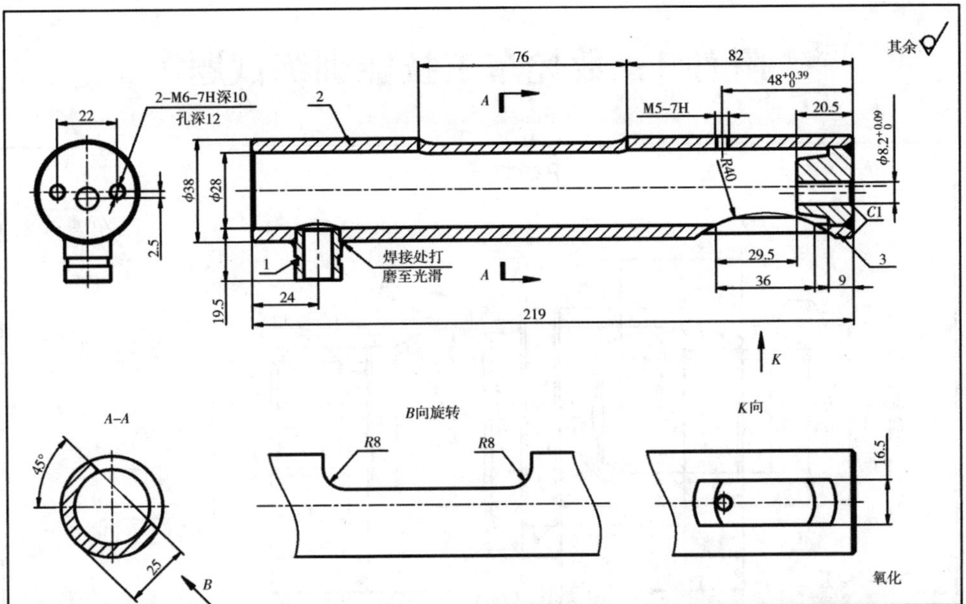

3	JD307.02-3	尾　　体	1	圆钢 $\frac{30-GB702-86}{45-GB/T699-99}$	
2	JD307.02-2	外　　套	1	45(38×5/精拔管)	
1	JD307.02-1	限　位　套	1	圆钢 $\frac{18-GB702-86}{45-GB/T699-99}$	
序号	代　　号	名　　称	数量	材　　料	备 注

标记	处数	更改文件号	签字	日期	JD307射钉器	JD307.02			
设计			工艺		外套体(S5)	所属装配号	JD307.00		
校核		2009.12.29	标准			图样标记	数量	重量	比例
			审定			S	1	0.815	1:1
审查			批准			共　张	第　张	张　次	

图17-5　外套体

附件 1：数控车工技能训练试题

中级试题（一）

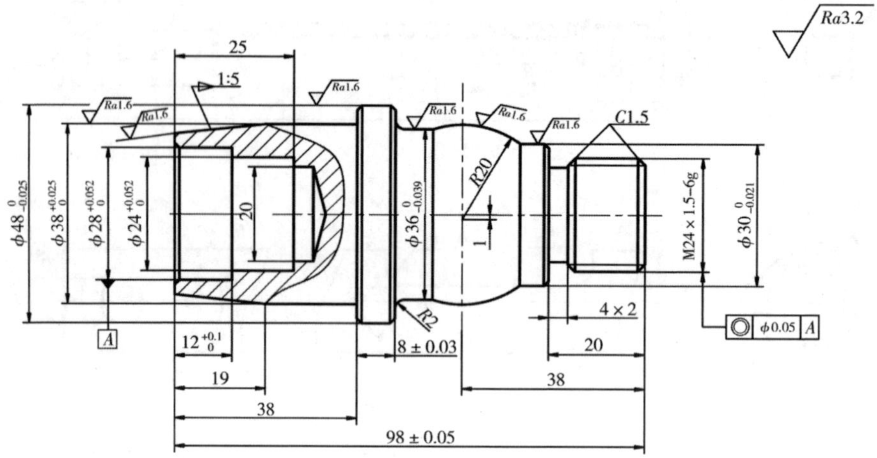

技术要求：

1. 未注倒角按 C1 处理，锐边倒毛刺 C0. 5。
2. 未注公差等级：GB/T 1804 – m。
3. 不允许用锉刀、砂布修饰加工表面。

零件材料	毛坯尺寸	加工时间
45#钢	ϕ50 mm × 100 mm	180 min

中级试题（二）

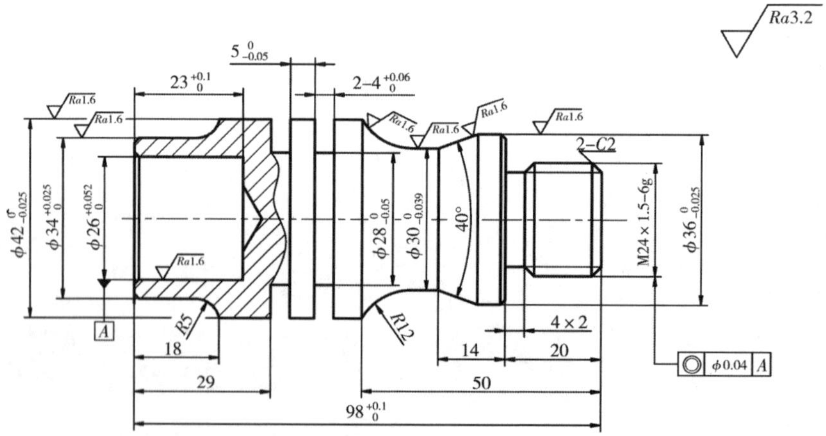

技术要求：

1. 未注倒角按 C1 处理，锐边倒毛刺 C0. 5。
2. 未注公差等级：GB/T 1804 – m。
3. 不允许用锉刀、砂布修饰加工表面。

零件材料	毛坯尺寸	加工时间
45#钢	ϕ50 mm × 100 mm	210 min

续表

中级试题（三）

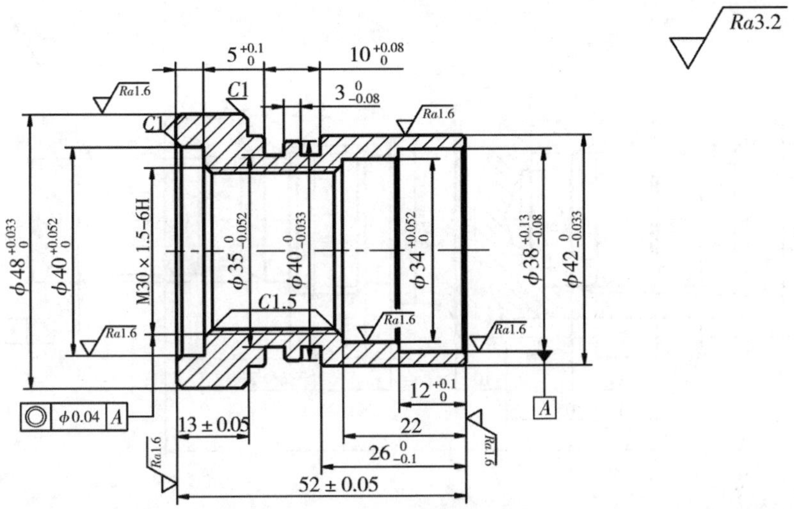

技术要求：
1. 未注倒角按 C0.5 处理，锐边倒毛刺。
2. 未注公差等级：GB/T 1804 - m。
3. 不允许用锉刀、砂布修饰加工表面。

零件材料	毛坯尺寸	加工时间
45#钢	φ55 mm × 55 mm	210 min

中级试题（四）

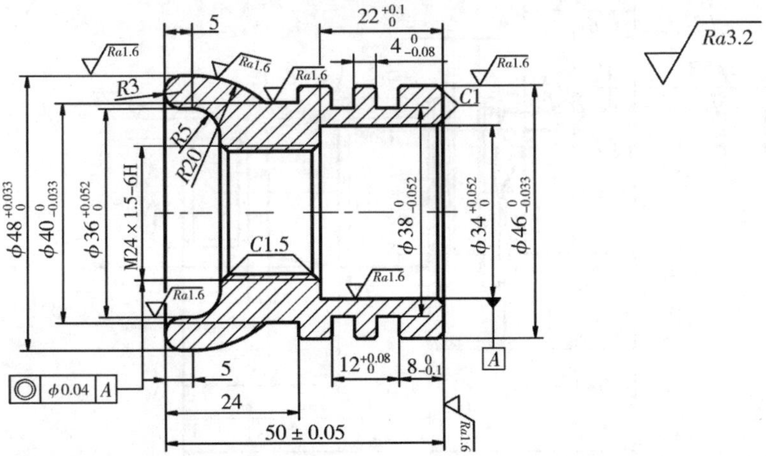

技术要求：
1. 未注倒角按 C0.5 处理，锐边倒毛刺。
2. 未注公差等级：GB/T 1804 - m。
3. 不允许用锉刀、砂布修饰加工表面。

零件材料	毛坯尺寸	加工时间
45#钢	φ50 mm × 55 mm	210 min

续表

中级试题（五）

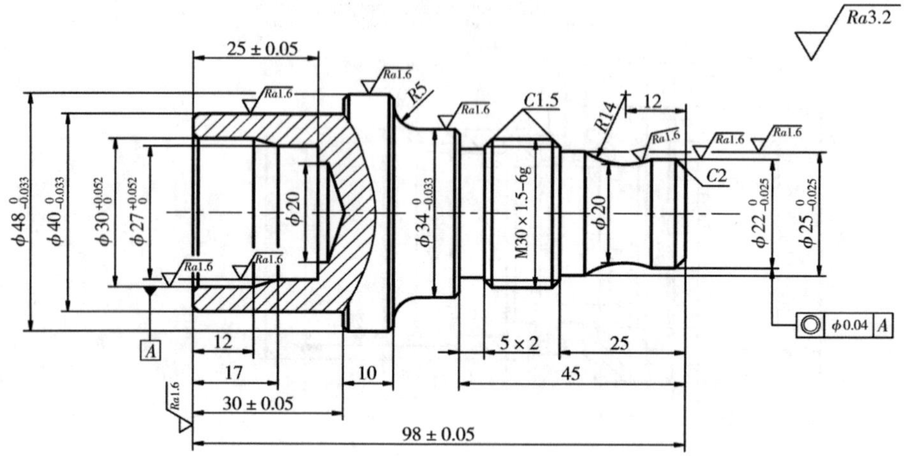

技术要求：
1. 未注倒角按 C1 处理，锐边倒毛刺 C0.5。
2. 未注公差等级：GB/T 1804 – m。
3. 不允许用锉刀、砂布修饰加工表面。

零件材料	毛坯尺寸	加工时间
45#钢	ϕ50 mm × 100 mm	210 min

中级试题（六）

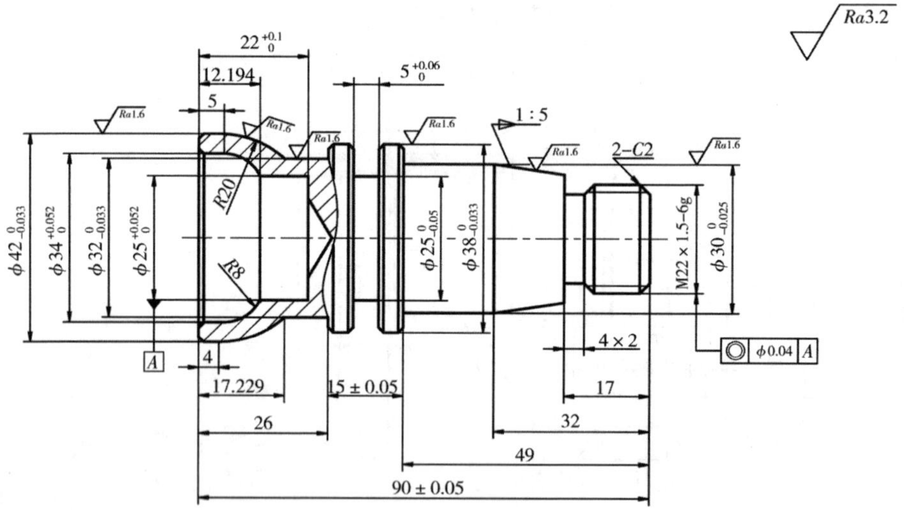

技术要求：
1. 未注倒角按 C1 处理，锐边倒毛刺 C0.5。
2. 未注公差等级：GB/T 1804 – m。
3. 不允许用锉刀、砂布修饰加工表面。

零件材料	毛坯尺寸	加工时间
45#钢	ϕ50 mm × 100 mm	210 min

高级数控车工技能操作训练试题

件一

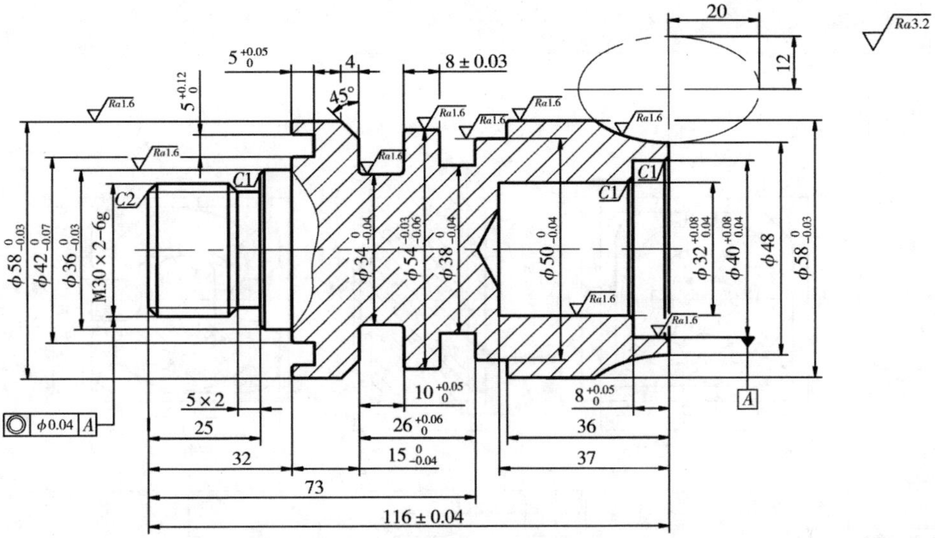

件二

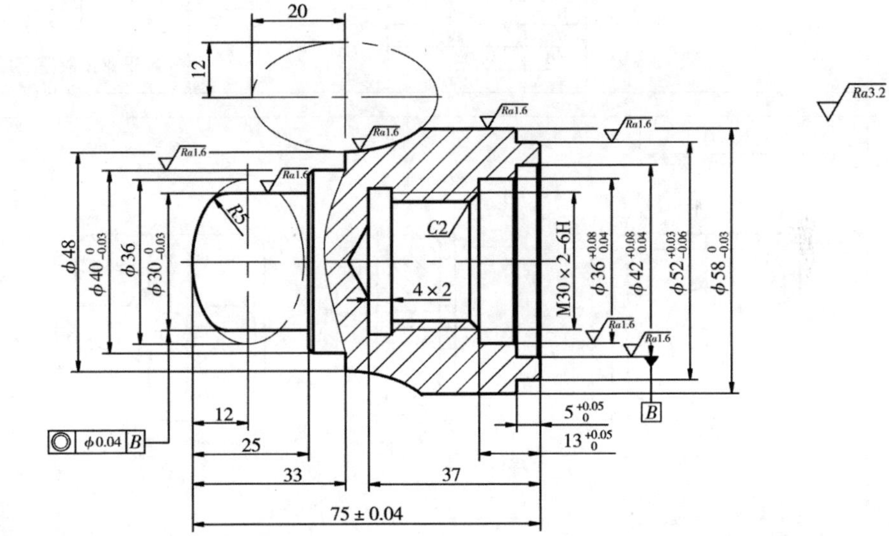

技术要求：

1. 未注倒角按 C0.5 处理，锐边倒毛刺。
2. 未注公差等级：GB/T 1804 − m。
3. 不允许用锉刀、砂布修饰加工表面。

零件材料	毛坯尺寸	加工时间
45[#]钢	ϕ60 mm × 120 mm，ϕ60 mm × 80 mm	300 min

附件 2：数控铣工技能训练试题

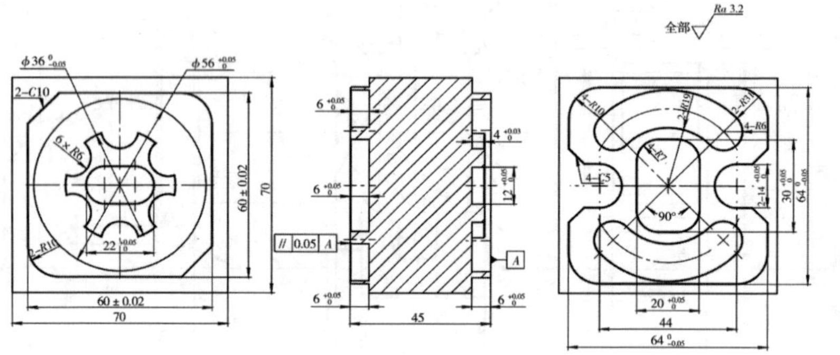

借通用件登记
描图
校描
旧底图总号
签字
日期

							图样样记	重量	比例
标记	处数	更改文件号	签字	日期				1:1
设计		标准审查				共 页		第 页
校对		审定				××职业技能鉴定站		
审核		批准						
工艺审查		日期						

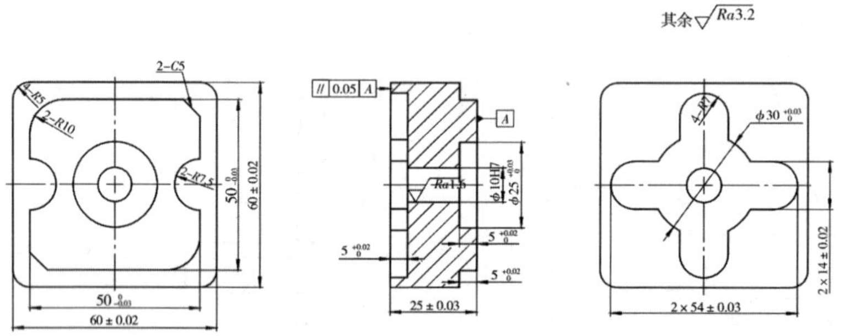

技术要求：

1. 未注公差按 IT12 加工。
2. 锐边倒棱 C0.2。

借通用件登记
描图
校描
旧底图总号
签字
日期

					零件			
						图样样记	重量	比例
标记	处数	更改文件号	签字	日期				1:1
设计		标准审查			45 钢	共 页		第 页
校对		审定				××职业技能鉴定站		
审核		批准						
工艺审查		日期						

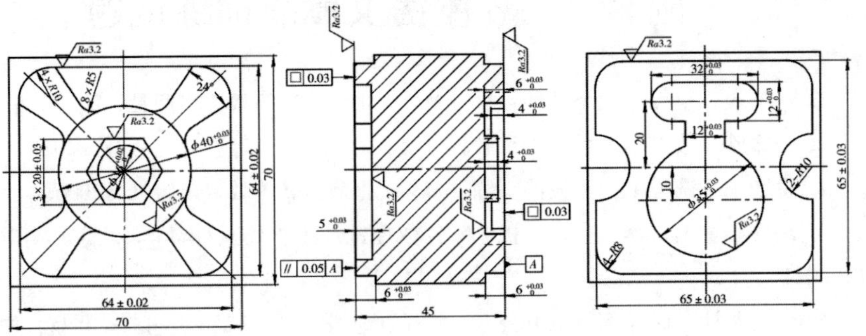

借通用件登记
描图
校描
旧底图总号
签字
日期

标记	处数	更改文件号	签字	日期	
设计		标准审查			
校对		审定			
审核		批准			
工艺审查		日期			

图样样记	重量	比例
		1:1
共 页	第 页	

× ×职业技能鉴定站

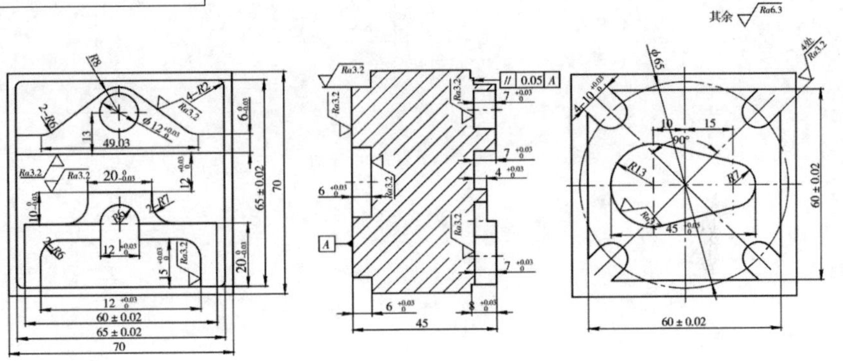

借通用件登记
描图
校描
旧底图总号
签字
日期

技术要求：
1. 未注公差按 IT11 完成加工。
2. 锐边倒棱 C0.2。

标记	处数	更改文件号	签字	日期	
设计		标准审查			
校对		审定			
审核		批准			
工艺审查		日期			

图样样记	重量	比例
		1:1
共 页	第 页	

× ×职业技能鉴定站

参考文献

1. 蒋增福．车工工艺与技能训练［M］．北京：高等教育出版社，2014.

2. 张瑜胜．数控车工项目训练教程［M］．北京：高等教育出版社，2011.

3. 蒋增福．铣工工艺与技能训练［M］．北京：高等教育出版社，2006.

4. 冯穗心主编，李力主审．机械零件数控铣加工工作页［M］．北京：高等教育出版社，2011.

5. 劳动和社会保障部教材办公室．铣工工艺学（第三版）［M］．北京：中国劳动社会保障出版社，2005.

6. 杨叔子．机械加工工艺师手册［M］．北京：机械工业出版社，2002.